职业教育计算机网络技术专业创新型系列教材

HTML5+CSS3+JavaScript 网页制作与实训

主编　张学义　毕明霞

科学出版社

北　京

内 容 简 介

本书语言简洁，项目实用，系统地介绍了使用 HTML5+CSS3+JavaScript 制作网页的全过程。全书共 10 个项目。项目一主要介绍 HTML 基本知识；项目二介绍 HTML5 脚本语言的结构特点，重点介绍语义元素的使用方法；项目三介绍移动网站的表单结构、元素特点；项目四介绍 HTML5 多媒体设计的特点和方法，结合具体项目，运用音频/视频技术制作多媒体网页；项目五介绍如何使用 canvas 元素绘制图形，这是 HTML5 非常实用的功能；项目六介绍 CSS3 样式基础，各种样式表的应用是该部分的重点；项目七介绍 CSS3 定位与布局，该部分内容是建立网站的重点；项目八简单介绍 JavaScript 基础知识；项目九在 JavaScript 的基础上介绍 jQuery 编程；项目十介绍 HTML5 设计微网站，描述一个微网站的设计全过程。

本书提供课件及代码资源，读者可从 www.abook.cn 免费下载使用。本书既可作为职业院校计算机类专业学生学习网页制作的教材，也可作为相关职业培训教材。

图书在版编目（CIP）数据

HTML5+CSS3+JavaScript 网页制作与实训/张学义，毕明霞主编. —北京：科学出版社，2022.4

（职业教育计算机网络技术专业创新型系列教材）

ISBN 978-7-03-067880-5

Ⅰ. ①H… Ⅱ. ①张… ②毕… Ⅲ. ①超文本标记语言-程序设计 ②网页制作工具 ③JAVA 语言-程序设计 Ⅳ. ①TP312.8 ②TP393.092.2

中国版本图书馆 CIP 数据核字（2020）第 270707 号

责任编辑：陈砺川 赵玉莲 / 责任校对：王 颖

责任印制：吕春珉 / 封面设计：东方人华平面设计部

科学出版社 出版

北京东黄城根北街 16 号

邮政编码：100717

http://www.sciencep.com

三河市中晟雅豪印务有限公司印刷

科学出版社发行 各地新华书店经销

*

2022 年 4 月第 一 版 开本：787×1092 1/16

2022 年 4 月第一次印刷 印张：17

字数：453 000

定价：49.00 元

（如有印装质量问题，我社负责调换〈中晟雅豪〉）

销售部电话 010-62136230 编辑部电话 010-62135120-1028

前　言
PREFACE

随着互联网的迅猛发展，网站建设已成为互联网领域的一门重要技术，开发网站离不开超文本标记语言（hyper text markup language，HTML），HTML语言经过30多年的发展，由超文本标记语言1.0版到4.0版，再到HTML5，已经发生了革命性的变化，应用越来越广泛，移动设备也提供了对HTML5的支持。CSS也由1.0版发展到3.0版，其美化网页的功能越来越强大，HTML5+CSS3+JavaScript成为当今网站开发的热门和主流技术。本书全面介绍了HTML5、CSS3和JavaScript三种制作网页技术，体现"以就业为导向、以能力为本位"的职业教育思想，突出培养学生的动手能力和实践能力，努力实现中职人才培养的目标。

1. 本书的主要特点

1）本书编写采用任务驱动和项目教学相结合的方法，可全面拓展学生的职业技能。在各个任务中，首先，简明扼要地讲解各个知识点，并结合具体的操作步骤完成各个任务；其次，以项目为引领，根据学生的接受能力，把知识点贯穿于精心设计的项目中，引导学生完成项目，掌握网页的制作方法和技巧，培养学生进行信息收集、分析和表达的能力；最后，通过项目实训，进一步培养学生的实践能力与创新能力。

2）项目案例实用、完整。将各知识点融合到各项目中，符合学生的认知规律。每个项目既有独立性又有联系性。全书内容由浅及深，由易到难，循序渐进，可使学生在实践中提高自身技能水平。

3）紧跟技术潮流，融合全国职业技能大赛的知识点。近年来，企业网络搭建及应用项目竞赛题中要求应用移动网页测试网站，网站建设项目和微网站制作项目规程中明确要求使用HTML5+CSS3+JavaScript技术完成相关的竞赛任务。

4）注重内容的内在联系。全书内容以Web标准为线索组织编写。Web标准逐步成为由结构、表现和行为三大部分组成的标准集，对应的网站也分为三方面：结构化标准语言（以HTML语言为代表）、表现标准语言（主要包括CSS）和行为标准语言（以JavaScript语言为代表）。其中，HTML5、CSS3是本书学习重点。

5）全书图文并茂，在培养学生网页审美能力的同时，还可提高学生网页制作的兴趣。

2. 内容安排

全书共10个项目。项目一介绍HTML基本知识，主要包括HTML的特点和主要标签的使用，为后面学习HTML5打好基础；项目二介绍HTML5脚本语言的结构特点，重点介绍语义元素的使用方法；项目三介绍移动网站的表单结构、元素特点，利用HTML5语言跨平台的优势，制作含有表单元素的移动 Web；项目四介绍 HTML5 多媒体设计的特点和方法，结合具体项目，运用音频/视频技术制作多媒体网页；项目五介绍如何使用 canvas 元素绘制图形；项目六介绍 CSS3 样式基础，包括认识 CSS 样式表、文本和段落样式表、超链接和背景图像样式、列表样式，各种样式表的应用是该部分的重点；项目七介绍 CSS3 定位与布局，该部分内容是建立网站的重点与难点；项目八简单介绍 JavaScript 基础知识，让学生了解有关语法、函数和对象的使用方法；项目九在 JavaScript 语言的基础上介绍 jQuery 编程；项目十介绍 HTML5 设计微网站，通过对一个微网站的设计全过程描述，让学生全面掌握 HTML5 制作微网站的流程、技巧和方法。

3. 教学建议

1）以学生实践为主，教师讲解为辅。教师讲解知识点应以示例演示为突破点，项目引导以难点答疑为重点，项目实训则以学生为主体，独立完成项目的制作。

2）多编写代码。尽管电子文档中含有网站的源代码，但应避免让学生直接复制、粘贴代码，鼓励学生手动编写代码，灵活使用各种 HTML 标签元素、CSS 样式表，学会结构与布局网页，练就熟练的编程技能，为成为 Web 程序员做好准备。

3）熟练使用文本编辑工具。本书介绍了文本编辑工具（记事本、Sublime Text 3）、可视化编辑工具（Dreamweaver CS6、Visual Studio Code），建议测试本书的示例、项目时采用 Sublime Text 3。Sublime Text 3 界面简洁易用，功能强大，堪称编程工具中的“神器”。

4）建议下载多种浏览器。书中示例、项目测试可分别采用 IE（Internet Explorer）、Firefox 和 Chrome 浏览器。使用多种浏览器便于测试 Web 页面的兼容性和显示效果，毕竟不同的客户可能使用不同的浏览器。目前，所有浏览器均为免费产品，可直接从互联网下载安装。

4. 课时安排

本书各项目理论、实践有所侧重，教师可根据实际情况合理安排课时，各项目内容的学时分配建议如下。

课程内容	理论学时	实践学时	合计
项目一　HTML 基本知识	2	4	6
项目二　HTML5 构建网站	2	4	6
项目三　创建移动设备的 Web 表单	2	4	6
项目四　HTML5 多媒体设计	2	2	4
项目五　使用 canvas 元素绘图	2	4	6
项目六　CSS3 样式基础	4	6	10
项目七　CSS3 定位与布局	4	6	10
项目八　JavaScript 基础编程	1	3	4
项目九　jQuery 编程	2	8	10
项目十　HTML5 设计微网站	1	5	6
学时合计	22	46	68

本书由张学义、毕明霞担任主编，其中项目一～项目四由毕明霞编写，项目五～项目十

由张学义编写。全书由张学义负责统稿。

由于编者水平有限，加上编写时间仓促，书中难免有不妥之处，恳请广大读者批评指正，编者电子邮箱地址：zxueyi@163.com。

编　者

2022 年 1 月

目　录
CONTENTS

HTML 基本知识

HTML 自 1990 年产生后，几乎所有网页都是由 HTML 或嵌入 HTML 中的其他语言编写，可以说 HTML 是编写网页的基础。用 HTML 编写的网页最早用于互联网信息浏览，浏览器显示的内容无法改变，称为静态网页。随着互联网的发展，人们需要动态的交互信息，就产生了动态网页，称为 DHTML（dynamic HTML）。DHTML 主要由 HTML4、DOM（document object model，文档对象模型）、脚本语言（如 JavaScript、VBScript 等）、CSS（cascading style sheets，串联样式表）等组成。HTML 仍然是动态网页的核心部分。Dreamweaver 是可视化的网页编程工具，可极大地提高编程效率。Dreamweaver 提供了更加人性化的 HTML 编辑视图，使开发者运用 HTML 编写网页更加方便。HTML 成为搭建复杂网站的架构性语言。因此，学习网页编程首先要学好 HTML，也可为学习 HTML5 编程打好基础。

任务目标

- 了解 HTML 的发展历史与特点。
- 掌握 HTML 语言的主要标签，如文字类标签、段落和版面类标签、超链接标签、表格标签、表单标签、框架标签和图形标签等。
- 掌握在 Dreamweaver 中编写 HTML 的方法。

任务一 认识HTML

通过对本任务的学习，熟悉HTML的发展历史，重点掌握HTML语言的特点。

一、HTML的发展历史

HTML的发展经历了不同的发展阶段，由简单到复杂，每个阶段的特点也不尽相同，所制定的标准也越来越规范。

HTML（hyper text markup language，超文本标记语言）是一种用来制作超文本文档的简单标记语言。用HTML编写的超文本文档称为HTML文档，它能独立于各种操作系统平台（如UNIX、Windows等）。HTML自创立以来，不同的组织先后推出了HTML 2.0、HTML 3.2、HTML 4.0版本，2001年之后，又推出了XHTML 1.0、XHTML 2.0版本，经过30多年的发展，HTML已成为一种成熟的超文本标记语言。

二、HTML的特点

HTML作为定义万维网的基本规则之一，最初的设计者是这样考虑的：HTML格式允许人们透明地共享网络上的信息。因此，HTML具有如下特点。

1）HTML是一种标记语言，它不需要编译，可以直接由浏览器执行（属于浏览器解释型语言）。

2）HTML文件也可以说是一个文本文件，它包含了一些HTML元素、标签等，HTML文件必须使用.html或.htm作为文件名后缀，如test.html或test.htm。

3）HTML编写的超文本文档（文件）称为HTML文档（网页），它能独立于各种操作系统平台，如UNIX、Windows等，并且可以通知浏览器显示什么。自1990年以来HTML就一直被用作互联网的信息表示语言，用于描述网页的格式设计和它与互联网上其他网页的连接信息。

4）HTML描述的文件（网页）需要通过浏览器显示效果，如IE、Firefox等浏览器。

5）HTML不区分大小写，HTML与html是一样的。

任务二 HTML标签的使用

HTML文档由标签和要显示的内容组成，标签是HTML文档的基本结构，标签的核心是标签格式和属性。要使用HTML编写网页，首先要熟悉标签的格式和属性。

一、HTML基本结构

01 在记事本中编写如下代码。

```
<html>
<head>
<title>一个简单的 HTML 示例</title>
</head>
<body>
<center>
<h1>欢迎光临我的主页</h1>
<br>
<hr>
<font size=7 color=blue>
这是我第一次做主页
</font>
</center>
</body>
</html>
```

02 在 D 盘下保存该文本文件，并命名为 jiegou.html。

03 双击 jiegou.html 文件，在 IE 浏览器中显示如图 1.1 所示页面。

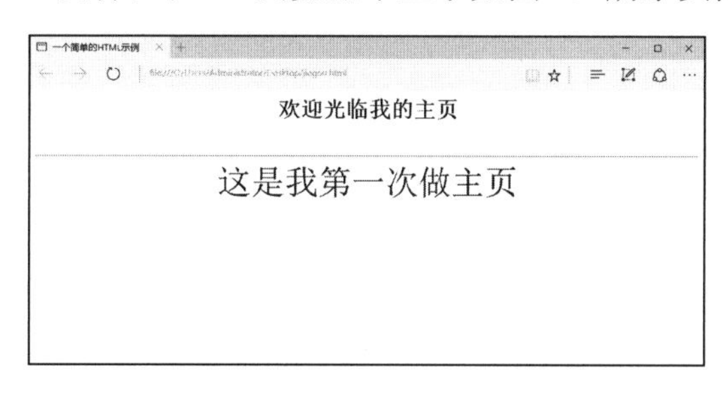

图 1.1　jiegou.html 文件在 IE 浏览器中显示页面

04 从浏览器中不难看出，源代码文件中各种标签不见了，已被浏览器解释执行，只显示需要的内容。现在对 HTML 文档中的源代码进行如下分析。

① 一个 HTML 文档由一系列的元素和标签组成，元素名不区分大小写，HTML 用标签来规定元素的属性和它在文件中的位置。

② <html>和</html>在文档的最外层，文档中的所有文本和 html 标签都包含在其中，它表示该文档是以超文本标识语言（HTML）编写的。

③ <head>和</head>是 HTML 文档的头部标签，在浏览器窗口中，头部信息在正文中不显示，在此标签中可以插入其他标记，用以说明文件的标题和整个文件的一些公共属性，如网页题目、JavaScript 编写的程序等。

④ <title>和</title>嵌套在<head>头部标签中，标签之间的文本是网页标题，在浏览器窗口的标题栏中显示。

⑤ <body>和</body>标签一般不省略，标签之间的文本为正文，是要在浏览器中显示的

页面内容。

⑥ <html>、<head>、<title>、<body>这 4 个标签在 HTML 文档中具有唯一性，这也构成了 HTML 文档的基本架构。

二、文字类标签

1. 标题文字标签<hn>

<hn>标签用于设置网页中的标题文字，被设置的文字将以黑体或粗体的方式显示在网页中。

格式：

```
<hn align=参数>标题内容</hn>
```

<hn>标签是成对出现的，<hn>标签共分为六级，在<h1></h1>之间的文字为第一级标题，是最大最粗的标题文字；<h6></h6>之间的文字为最后一级标题，是最小最细的标题文字。align 属性用于设置标题的对齐方式，其参数为 left（左），center（中），right（右）。<hn>标签本身具有换行的作用，标题总是从新的一行开始。

2. 文字格式控制标签<font>

<font>标签用于控制文字的字体、大小和颜色。控制方式是利用属性设置实现的。

格式：

```
<font face=值 1 size=值 2 color=值 3>文字</font>
```

如果用户的系统中没有 face 属性所指的字体，则将使用默认字体；size 属性的取值为 1～7，也可以用“+”或“-”来设定字号的相对值；color 属性的值为 RGB 颜色，即“#nnnnnn”或颜色的名称。

3. 特定文字样式标签

在有关文字的显示中，常常会使用一些特殊的字形或字体来强调、突出、区别，以达到提示的效果。

<b>标签：用于将放在<b>与</b>标签之间的文字以粗体方式显示。

<i>标签：用于将放在<i>与</i>标签之间的文字以斜体方式显示。

<u>标签：用于将放在<u>与</u>标签之间的文字以下画线方式显示。

<em>标签：用于强调的文本，一般显示为斜体字。

<strong>标签：用于特别强调的文本，显示为粗体字。

<cite>标签：用于引证和举例，通常是斜体字。

<code>标签：用于指出这是一组代码。

<small>标签：用于规定文本以小号字显示。

<big>标签：用于规定文本以大号字显示。

<samp>标签：用于显示计算机常用的一段字体，即宽度相等的字体。

<sup>标签：用于将文字以较小字体显示为上标。

<sub>标签：用于将文字以较小字体显示为下标。

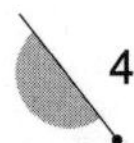

三、段落和版面标签

1）
标签：在 HTML 文件的任何位置只要使用了
标签，当文件显示在浏览器中时，该标签之后的内容将显示下一行。

2）<p>标签：由<p>标签所标识的文字，代表同一个段落的文字。不同段落间的间距等于连续加了两个换行符，也就是要隔一行空白行，用以区别文字的不同段落。它可以单独使用，也可以成对使用。单独使用时，下一个<p>的开始就意味着上一个<p>的结束。比较常见的是成对使用。

格式：

```
<p>
<p align=参数>
```

align 是<p>标签的属性，有 left、center、right 3 个参数。这 3 个参数设置段落文字的左、中、右位置的对齐方式。

3）<pre>标签：要保留原始文字排版的格式，可以通过<pre>标签来实现，方法是把制作好的文字排版内容前后分别加上始标签<pre>和尾标签</pre>。

4）<center>标签：文本在页面中使用<center>标签进行居中显示，<center>是成对标签，在需要居中的内容部分开头处加<center>，结尾处加</center>。

四、超链接标签

HTML 是通过链接标签来实现超链接的，链接标签<a>是成对使用的标签，<a>和</a>之间的内容就是锚标。<a>标签有一个不可省略的属性 href，用于指定链接目标点的位置。

1. 链接属性

（1）href 属性

格式：

```
<a href="资源地址" target="窗口名称"title="指向连接显示的文字">超链接名称</a>
```

标签<a>表示一个链接的开始；标签</a>表示一个链接的结束。属性 href 定义了这个链接所指的目标地址，目标地址是最重要的，一旦路径上出现差错，该资源就无法访问。

（2）target 属性

target 属性用于指定打开链接的目标窗口，其默认方式是原窗口。

（3）title 属性

title 属性用于指定指向链接时所显示的标题文字。

2. 超链接应用

（1）内部链接

内部链接是指在同一个网站内部，不同的 HTML 页面之间的链接关系。在建立网站内部链接时，要明确哪个是主链接文件（即当前页），哪个是被链接文件。内部链接一般采用相对路径链接，如图 1.2 所示。

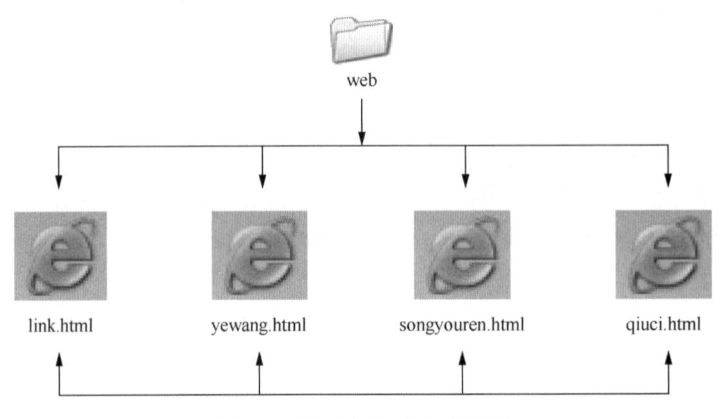

图 1.2　相对路径链接示意图

网站内有根目录 web，web 内有 link.html、yewang.html、songyouren.html、qiuci.html 共 4 个 HTML 文件，link 文件为当前文件，由超链接元素分别链接到 yewang.html、songyouren.html、qiuci.html 文件。link.html 文件代码如下。

```
<html>
<head>
<title>超链接测试</title>
</head>
<body>
<p><a href="yewang.html">野望</a>王绩</p>
<p><a href="songyouren.html">送友人</a>李白</p>
<p><a href="qiuci.html">秋词</a>刘禹锡</p>
</body>
</html>
```

上述代码在 IE 浏览器中的显示效果如图 1.3 所示。

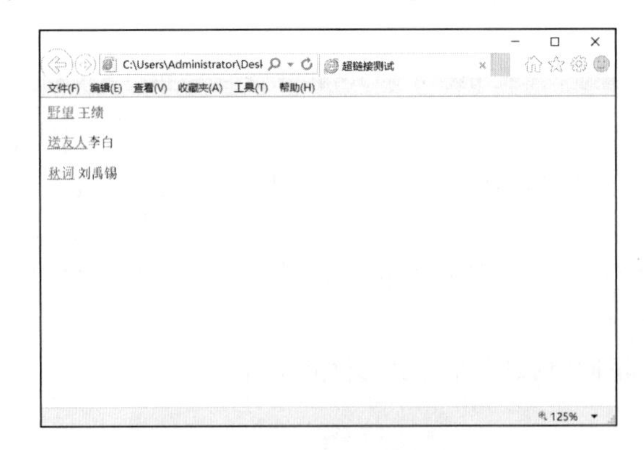

图 1.3　内部链接显示效果

（2）外部链接

外部链接是指跳转到当前网站外部，与其他网站中的页面或其他元素之间的链接关系。这种链接的 URL 地址一般要用绝对路径，要有完整的 URL 地址，包括协议名、主机名、文件所在主机上位置的路径及文件名。

最常用的外部链接格式是：<a href="http://网址">。例如，在 HTML 文档中，<a href="http://www.163.com">网易</a>表示超链接到外部网易网站。

五、表格标签

表格是 HTML 文档中很重要的元素，在网站应用中非常广泛，可以方便灵活地排版。很多动态大型网站也都借助表格排版。表格可以把相互关联的信息元素集中定位，使浏览页面一目了然。

1. 定义表格的基本语法

在 HTML 文档中，表格是通过<table>、<th>、<tr>、<td>标签来完成的，其基本的语法结构如下。

```
<table>
<caption>...<caption>
<tr>
<th>...</th>
<td>...</td>
</tr>
</table>
```

表格中各标签的描述如表 1.1 所示。

表 1.1　表格中各标签的描述

标签	描述
<table>...</table>	用于定义一个表格的开始和结束
<caption>…</caption>	用于给表格添加标题
<th>...</th>	用于定义表头单元格，表格中的文字将以粗体显示；在表格中也可以不用此标签；<th>标签必须放在<tr>标签内
<tr>...</tr>	用于定义一行标签，一组行标签内可以建立多组由<td>或<th>标签所定义的单元格
<td>...</td>	用于定义单元格标签，一组<td>标签内将建立一个单元格；<td>标签必须放在<tr>标签内

注意

一个最基本的表格中必须包含一组<table>标签、一组<tr>标签和一组<td>标签或<th>标签。

2. <table>标签的属性

表格标签<table>有很多属性，最常用的属性如表 1.2 所示。

表 1.2　表格标签<table>的常用属性

属性	描述
width	表格的宽度
height	表格的高度

续表

属性	描述
align	表格在页面的水平摆放位置
background	表格的背景图片
bgcolor	表格的背景颜色
border	表格边框的宽度（以 px 为单位）
bordercolor	表格边框的颜色
bordercolorlight	表格边框明亮部分的颜色
bordercolordark	表格边框昏暗部分的颜色
cellspacing	单元格之间的间距
cellpadding	单元格内容与单元格边界之间的空白距离的大小

3. 单元格的设定

<th>和<td>都是插入单元格的标签，这两个标签必须嵌套在<tr>标签内，并且是成对出现的。<th>用于表头标签，表头标签一般位于首行或首列，标签之间的内容就是位于该单元格内的标题内容，其中的文字以粗体居中显示。数据标签<td>就是该单元格中的具体数据内容，<th>和<td>标签的属性是一样的，常用属性如表 1.3 所示。

表 1.3 <th>和<td>的常用属性

属性	描述
width/height	单元格的宽和高，接受绝对值（如 80）及相对值（如 80%）
colspan	单元格向右合并的栏数
rowspan	单元格向下合并的列数
align	单元格内文字、图片等的摆放位置（水平），可选值为 left、center、right
valign	单元格内文字、图片等的摆放位置（垂直），可选值为 top、middle、bottom
bgcolor	单元格的底色
bordercolor	单元格边框的颜色
bordercolorlight	单元格边框向光部分的颜色
bordercolordark	单元格边框背光部分的颜色
background	单元格的背景图片

六、表单标签

表单在 Web 网页中用来给访问者填写信息，从而获取用户信息，使网页具有交互功能。HTML 主要有<form>、<input>、<select>、<option>、<textarea>表单标签。

1. <form></form>

<form></form>标签对用来创建一个表单，即定义表单的开始和结束位置，标签对之间的一切内容都属于表单。<form>标签具有 action、method 和 target 属性。

1）action 属性：用于处理程序的程序名（包括网络路径：网址或相对路径），如<form action="http://www.study.com.cn/check.asp">，当用户提交表单时，服务器将执行网址 http://www.study.com.cn/上名为 check.asp 的程序。

2） method 属性：用来定义处理程序从表单中获得信息的方式，可取值为 get 或 post。

3）target 属性：用来指定目标窗口或目标帧。

2. <input type="">

<input type="">标签用来定义一个用户输入区，用户可在其中输入信息。此标签必须放在<form></form>标签对之间。<input type="">标签中提供了 8 种类型的输入区，具体是哪一种类型由 type 属性来决定。例如，<input type="TEXT" size="" maxlength="">，type="TEXT" 表示单行文本输入区，size 与 maxlength 属性用来定义此种输入区显示的尺寸大小与输入的最大字符数。当需要用户输入密码时，应将 type 属性设置为 password，产生一个不显示用户输入字符的密码输入框。

3. <select></select>、<option>

<select></select>标签对用来创建一个下拉列表或可以复选的列表框。此标签对用于<form></form>标签对之间。<select>具有 multiple、name 和 size 属性。

<option>标签用来指定列表框中的一个选项，它放在<select></select>标签对之间。此标签具有 selected 和 value 属性，selected 属性用来指定默认的选项，value 属性用来给<option>指定的那一个选项赋值。例如：

```
<html>
<body>
<form action="beijing.asp" method="post">
<p>请选择北京的区:</p>
<select name="mx" size="1">
 <option value="yanq">延庆
<option value="changp" selected>昌平
<option value="huair">怀柔
<option value="miy">密云
</select>
</form>
</body>
</html>
```

在 IE 浏览器中的显示效果如图 1.4 所示。

图 1.4　IE 浏览器显示效果

4. <textarea></textarea>

<textarea></textarea>用来创建一个可以输入多行的文本框，此标签对用于<form>

</form>标签对之间。<textarea>具有 name、cols 和 rows 属性。cols 和 rows 属性分别用来设置文本框的列数和行数，这里列与行以字符数为单位。

七、框架标签

1. 框架的含义和基本构成

框架就是把一个浏览器窗口划分为若干个小窗口，每个窗口可以显示不同的 URL 网页。使用框架可以非常方便地在浏览器中同时浏览不同的页面效果，也可以非常方便地完成导航工作。所有的框架标记要放在一个 HTML 文档中。语法格式：

```
<html>
<head> </head>
<frameset>
  <frame src="url 地址 1">
  <frame src="url 地址 2">
<frameset>
</html>
```

frame 子框架的 src 属性的每个 URL 值指定了一个 HTML 文件（这个文件必须事先定义好）地址，地址路径可使用绝对路径或相对路径，这个文件将载入相应的窗口中。

2. <frameset>标签

HTML 页面的文档体标签<body>被框架集标签<frameset>所取代，然后通过<frameset>的子窗口标签<frame>定义每一个子窗口和子窗口的页面属性。<frameset>的属性如表 1.4 所示。

表 1.4　<frameset>的属性

属性	描述
border	设置边框粗细，默认是 5px
bordercolor	设置边框颜色
frameborder	指定是否显示边框：“0”代表不显示边框，“1”代表显示边框
cols	用“像素数”和“%”分割左右窗口，“*”表示剩余部分
rows	用“像素数”和“%”分割上下窗口，“*”表示剩余部分
framespacing="5"	表示框架与框架之间保留空白的距离
noresize	设定框架不能够调节，只要设定了前面的，后面的将继承

框架结构可以根据框架集标签<frameset>的分割属性分为 3 种，分别是左右分割窗口、上下分割窗口、嵌套分割窗口。

（1）左右分割窗口

如果想要在水平方向将浏览器分割为多个窗口，需要用到框架集的左右分割窗口属性 cols，cols 的值即分割窗口数。例如：

```
<html>
<head> </head>
<frameset cols="40%,2*,*" >
  <frame src="yewang.html">
  <frame src="songyouren.html">
```

```
<frame src="beiqiu.html">
<frameset>
</html>
```

上述代码在浏览器中的显示效果如图 1.5 所示。

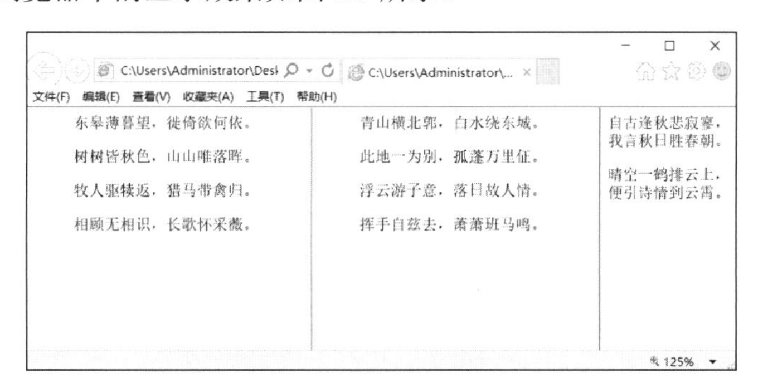

图 1.5 左右分割窗口浏览器显示效果

上面实例将浏览器窗口分为 3 个，其中代码<frameset cols="40%,2*,*">将窗口按比例分为 40%、40%、20%。

（2）上下分割窗口

上下分割窗口的属性 rows 设置和左右窗口的属性设置一样，参照上面所述即可。

（3）嵌套分割窗口

嵌套分割窗口就是在一个页面中，既有水平分割的框架，又有垂直分割的框架。

```
<html>
<head>
<meta http-equiv="Content-Type" content="text/html; charset=gb2312"/>
<title>嵌套分割</title>
</head>
<frameset rows="80,*" cols="*" frameborder="yes" border="0" framespacing
="0">
<frame src="top.html" name="topframe" scrolling="no" noresize="noresize"
id="topframe"/>
<frameset cols="80,*" frameborder="yes" border="0" framespacing="0">
<frame src="left.html" name="leftframe" scrolling="no" noresize="noresize"
id="leftframe"/>
<frame src="right.html" name="mainframe" id="mainframe"/>
</frameset>
</frameset>
<noframesA>
<body>
</body>
</noframesA>
</html>
```

上述代码在 IE 浏览器中的显示效果如图 1.6 所示。

3. 子窗口<frame>标签

<frame>是个单标签，<frame>标签要放在框架集 frameset 中，<frameset>设置了几个子

窗口就必须对应几个<frame>标签，而且每一个<frame>标签内还必须设定一个网页文件（src="*.HTML"）。子窗口的排列遵循从左到右、从上到下的规则。

图 1.6　嵌套分割窗口 IE 浏览器中的显示效果

八、图形标签

网页中有丰富多彩的图形图像，其格式不尽相同，主要有 GIF、JPEG、PNG、BMP 等格式。网页中的图片又分为两类：内嵌图片和外嵌图片，内嵌图片同网页中的文字一同显示；外嵌图片则是与 Web 网页分开的，只有在需要时才被载入。

图形标签格式：

```
<img src="图片文件地址"alt="说明文字">
```

图形标签的常用属性如表 1.5 所示。

表 1.5　图形标签的常用属性

属性	描述
src	用来指定图片文件的地址，可分为绝对地址和相对地址两种
alt	指定图片的说明文字，当浏览器没有完全读入图片，或浏览器不支持内嵌图片，或关闭了图片功能时，说明文字将出现在图片的位置
align	设置图片与文字的对齐方式
border	给图片设置边框，单位为 px
hspace	设置图片与文字之间水平方向的间距，属性值为数字，单位是 px
vspace	设置图片与文字之间垂直方向的间距，属性值为数字，单位是 px

任务三　在 Dreamweaver 中编写 HTML

前面利用记事本编写 HTML 文档时，效率很低，且不易调试；在 Dreamweaver 中编写 HTML，可利用提示功能，高效直观，按 F12 键可在编辑环境中浏览网页效果。在可视化环境下编写 HTML 文档是网页设计的必备技能之一。

一、可视化编辑HTML

可视化编辑 HTML 的具体操作步骤如下。

01 启动 Dreamweaver 后，选择“查看”→“代码”命令，或者直接单击文档编辑窗口中的“代码”切换按钮，即可打开源代码编辑窗口，如图 1.7 所示。

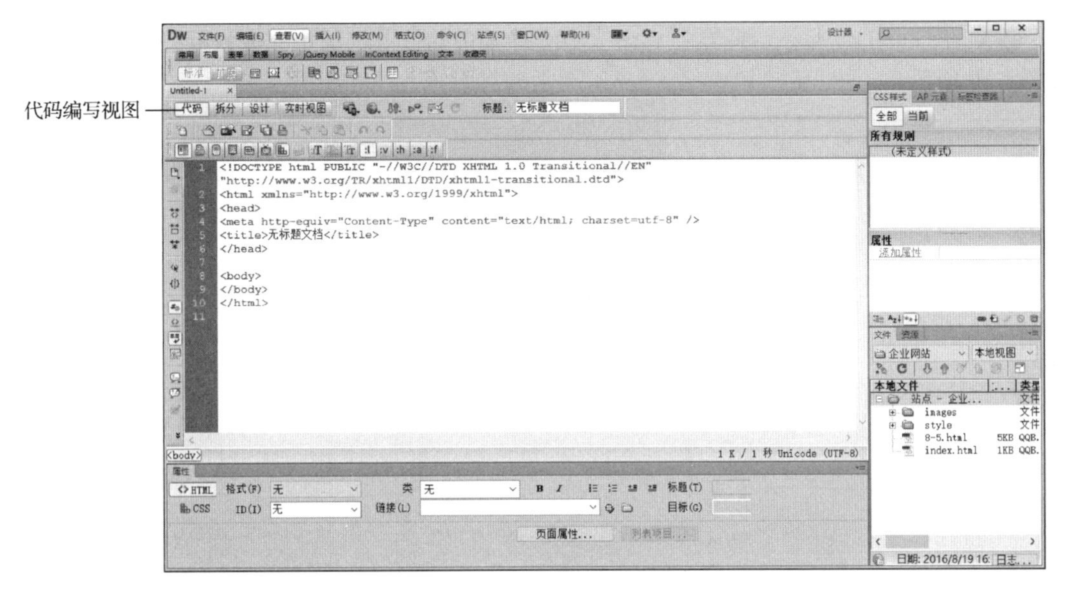

图 1.7　源代码编辑窗口

02 选择“查看”→“代码和设计”命令，或者直接单击文档编辑窗口中的“拆分”切换按钮，既可打开源代码的编辑窗口，又可打开设计窗口，实现在编辑窗口中编写 HTML 的同时，可以看到页面的显示效果。“拆分”窗口如图 1.8 所示。

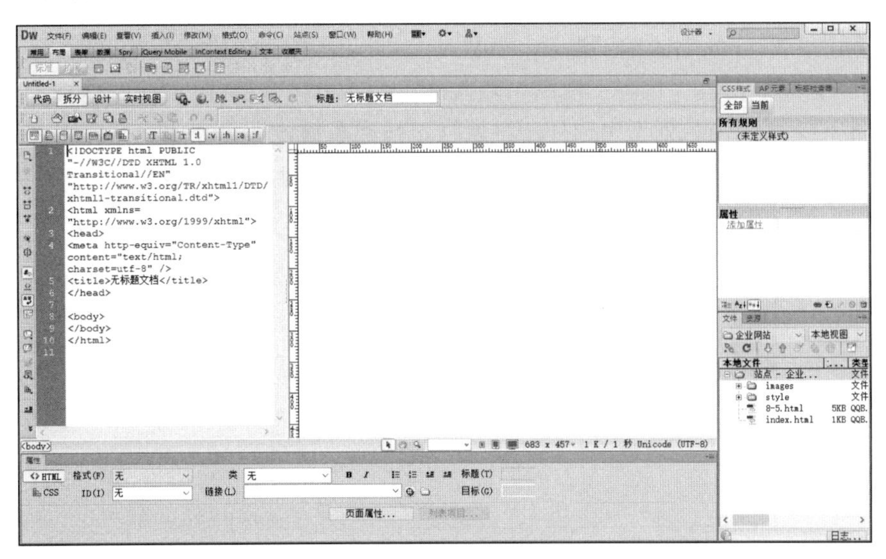

图 1.8　“拆分”窗口

二、HTML标签的快速操作

1. 在 HTML 代码中插入新标签的方法

01 单击文档编辑窗口中的“拆分”按钮，将光标移到标签需要插入的地方后右击，在弹出的快捷菜单中选择“插入标签”命令，如图 1.9 所示。

02 在打开的“标签选择器”对话框中选择其中的标签，即可完成新标签的插入工作，如图 1.10 所示。

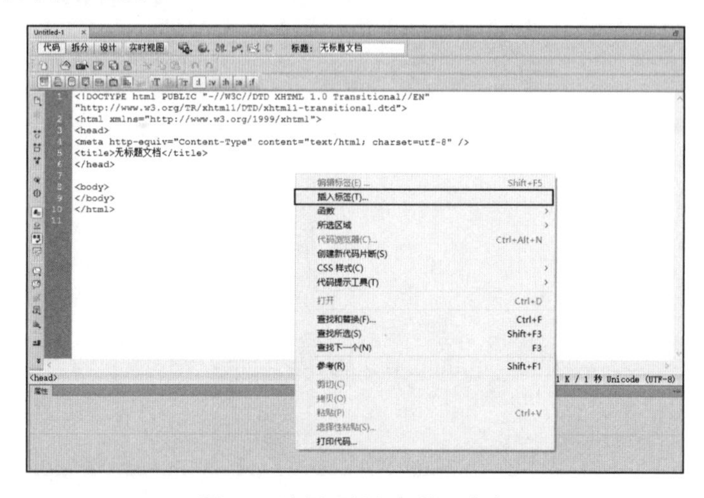

图 1.9　选择“插入标签”命令

图 1.10　在“标签选择器”对话框中选择标签

2. 利用 Dreamweaver 的编码提示功能输入新标签

01 在 HTML 文档“代码”视图中，输入标签符号“<”后，就会出现编码提示，当输入<c 时，就会出现“center”的编码提示，如图 1.11 所示。按回车键即可输入<center>标签。

02 在 HTML 文档“代码”视图中输入标签后，再按空格键，就会出现该标签的属性列表，如图 1.12 所示。从列表中选择一种属性，按回车键，即可完成属性输入。

图 1.11　编码提示

图 1.12　属性列表

项目实训一　制作基本页面标签

实训概述

在网页设计中，当显示文章分段时，都会用到段落<p>标签，因此灵活使用<p>标签是一项必备技能。

实训目的

掌握<p>标签的使用方法。

实训步骤

01 在 Dreamweaver 代码视图中输入如下源代码。

```
<html>
<head>
<title>测试分段控制标签</title>
</head>
<body>
<p>花儿什么也没有。它们只有凋谢在风中的轻微、凄楚而又无奈的吟怨,就像那受到了致命伤害的秋雁,悲哀无助地发出一声声垂死的鸣叫。</p>
<p align="right">或许,这便是花儿那短暂一生最凄凉、最伤感的归宿。</p>
<p align=center>而美丽苦短的花期</p>
<p align="left">却是那最后悲伤的秋风挽歌中的瞬间插曲。</p>
</body>
</html>
```

02 按 F12 键，保存 HTML 文档为 1-1.html 文件，在浏览器中观察显示效果。

项目实训二　制作文字布局标签

实训概述

在网页设计中，文字布局使用最为广泛，熟练使用文字布局标签，是必须掌握的基本技能。

实训目的

掌握文字类标签的使用方法。

实训步骤

01 在 Dreamweaver 代码视图中输入如下源代码。

```
<html>
<head>
<title>控制文字的格式</title>
</head>
<body>
<center>
<font face=黑体 size=6 color="red" >盼望着,盼望着,东风来了,春天的脚步近了。
</font> <p>
<font face=隶书 size=+3 color="green">
一切都像刚睡醒的样子,欣欣然张开了眼。<p>山朗润起来了,水涨起来了,太阳的脸红起来了。
</font><p>
<font face=楷体 size=4 color="#ff00ff">
小草偷偷地从土里钻出来,嫩嫩的,绿绿的。<p>园子里,田野里,瞧去一大片一大片满是的。<p>
坐着,躺着,打两个滚,踢几脚球,赛几趟跑,捉几回迷藏。<p>风轻悄悄的,草软绵绵的。
</font>
</center>
</body>
</html>
```

02 按 F12 键，保存 HTML 文档为 1-2.html 文件，在浏览器中观察显示效果。

项目实训三 制作表格标签

实训概述

在网页设计中，有时会用到表格显示分类内容，有时还会用到表格进行网页布局，因此应扎实掌握表格标签的使用方法。

实训目的

掌握表格标签的使用方法。

实训步骤

01 在 Dreamweaver 代码视图中输入如下源代码。

```
<html>
<head>
<title>李白《关山月》</title>
</head>
<body>
<tr>
<td>明月出天山,苍茫云海间。</td>
<td>长风几万里,吹度玉门关。</td>
<td>汉下白登道,胡窥青海湾。</td>
</tr>
<tr>
<td>由来征战地,不见有人还。</td>
<td>戍客望边色,思归多苦颜。</td>
<td>高楼当此夜,叹息未应闲。</td>
</tr>
</table>
</body>
</html>
```

02 按 F12 键，保存 HTML 文档为 1-3.html 文件，在浏览器中观察显示效果。

项目实训四　制作超链接标签

实训概述

在网页设计中，都会用到超链接技术，灵活使用超链接标签是每个网页设计者必须掌握的重要的技能。

实训目的

掌握超链接标签的使用方法。

实训步骤

01 在 D 盘中建立一个文件夹 link。

02 打开记事本，分别录入如下代码。

```
<html>
<head>
<title>超链接测试</title>
</head>
<body>
<p><a href="yewang.html">野望</a>王绩</p>
<p><a href="songyouren.html">送友人</a>李白</p>
<p><a href="qiuci.html">秋词</a>刘禹锡</p>
</body>
</html>
```

在 D:\link 中保存该文本文件，命名为 shici.html。

```
<html>
<head>
<title>野望</title>
</head>
<body>
<center>
<p>东皋薄暮望,徙倚欲何依。</p><p>树树皆秋色,山山唯落晖。</p><p>牧人驱犊返,猎马带禽归。</p><p>相顾无相识,长歌怀采薇。</p>
</center>
</body>
</html>
```

在 D:\link 中保存该文本文件，命名为 yewang.html。

```
<html>
<head>
<title>送友人</title>
```

```
</head>
<body>
<center>
<p>青山横北郭,白水绕东城。</p><p>此地一为别,孤蓬万里征。</p><p>浮云游子意,落日故人情。</p><p>挥手自兹去,萧萧班马鸣。</p>
</center>
</body>
</html>
```

在 D:\link 中保存该文本文件，命名为 songyouren.html。

```
<html>
<head>
<title>秋词</title>
</head>
<body>
<center>
<p>自古逢秋悲寂寥,我言秋日胜春朝。</p><p>晴空一鹤排云上,便引诗情到碧霄。</p>
</center>
</body>
</html>
```

在 D:\link 中保存该文本文件，命名为 qiuci.html。

03 在 D:\link 中双击 shici.html 文件，在浏览器中观察显示效果，并分别链接到其他 3 个页面，说明该链接属于哪一种。

拓展链接 XML 与 HTML

XML 近年来发展十分迅速，很多读者误将 XML 当成 HTML 的升级版本。其实 XML 是 extensible markup language 的简写，即扩展的标识语言。XML 表面看来与 HTML 有相似之处，但是两种不同的标记语言。XML 主要用来描述数据，而 HTML 则用来显示数据。XML 描述信息本身，XML 文档用浏览器打开，仍然显示的是 XML 源代码。由于 XML 具有可扩展性、灵活性和描述性，因此在 Web 领域得到长足发展，Dreamweaver CS3 中即加强了对 XML 的支持，如可视化操作 XML、增强 XML 编辑和验证等，但 XML 不是 HTML 的替代品，两者可长期并存。

项 目 小 结

本项目简要介绍了 HTML 的发展历史和特点，全面介绍了 HTML 各种标签的使用方法，这也是本项目的重点。熟练掌握 HTML 各种标签的使用方法，能够制作出丰富多彩的网页，也可为后面学习 HTML5 打下牢固的基础。

思考与练习

一、选择题

1．一个 HTML 文件开始使用的 HTML 标签是（　　）。

A．<p></p>　　B．<body></body>

C．<html></html>　　D．<table></table>

2．HTTP 协议是一种（　　）协议。

A．文件传输协议　　B．远程登录协议

C．邮件协议　　D．超文本传输协议

3．以下关于 HTML 文档的说法正确的一项是（　　）。

A．<HTML>与</HTML>这两个标记合起来说明在它们之间的文本表示两个 HTML 文本

B．HTML 文档是一个可执行的文档

C．HTML 文档只是一种简单的 ASCII 码文本

D．HTML 文档的结束标记</HTML>可以省略不写

4．超级链接是一种（　　）的关系。

A．一对一　　B．一对多　　C．多对一　　D．多对多

5．在表单中需要把用户的数据以密码的形式接收，应该定义的表单元素是（　　）。

A．<input type=text>　　B．<input type=password>

C．<input type=checkbox>　　D．<input type=radio>

6．下列标签中，用于定义一个单元格的是（　　）。

A．<tr>…</tr>　　B．<td>…</td>

C．<caption>…</caption>　　D．<head>…</head>

7．在浏览器中显示"JavaScript"，要求加粗宋体、13 号，以下正确的是（　　）。

A．<b><font size=13>JavaScript</b></font>

B．<b><font size="宋体" fontsize=13>JavaScript</b></font>

C．<b><font size="宋体" size=13>JavaScript</b></font>

D．<b><font face="宋体" fontsize=13>JavaScript</b></font>

8．在 HTML 中，标记<pre>的作用是（　　）。

A．标题标记　　B．预排版标记　　C．转行标记　　D．文字效果标记

二、简答题

1．超链接应用中有哪两种方式？

2．绝对路径与相对路径有什么区别？

三、操作题

写出表 1.6 所示的网页的 HTML 源代码。

表 1.6　课程表

课号	课程名	学分
1002201	网络原理	6
1003302	网页设计与制作	5

HTML5 构建网站

HTML5 是一个新的网络标准，现在仍处于发展阶段，其目标是取代现有的 HTML 4.01 和 XHTML 1.0 标准，减少富互联网应用（rich internet application，RIA）对 Flash、Silverlight、JavaFX 等的依赖，并且提供更多能有效增强网络应用的应用程序接口（application program interface，API）。目前，HTML5 应用越来越广泛，各类移动设备都提供了对 IITML5 的支持。

任务目标

- ◆ 了解 HTML5 的基础知识和结构方法。
- ◆ 掌握 HTML5 的结构元素和文本语义元素。
- ◆ 能够在实际项目中灵活运用 HTML5 结构元素。

任务一 认识 HTML5

在使用 HTML5 设计网页之前，首先要掌握 HTML5 的基础知识，如 HTML5 的定义、浏览器的支持情况、编辑工具和文档格式；同时，要了解 HTML5 与之前版本在文档结构及标签元素方面的不同，为 HTML5 构建网站准备必要的知识。

一、HTML5基础知识

1. 什么是 HTML5

HTML5 是 HTML 的最新版本，也是迄今为止最为激进的版本。HTML5 比较引人注目的一些新功能包括以下几个方面。

1）新增音频和视频的内置多媒体标签。

2）新增在浏览器中绘制内容的画布标签。

3）灵活的形式，允许通过使用必要属性完成诸如认证之类的操作。

HTML5 使用一组新的结构化标签（如<header>、<footer>、<article>、<section>），改进了 HTML 文档的构建方法。一个 HTML 文档通过结构化标签分成几个逻辑部分，所用的结构化标签描述了页面包含的内容类型。

2. 浏览器支持情况

HTML5 是一组独立标准的组合，有些标准已经得到一些浏览器很好的支持，有些标准则没有得到支持，不过，近年来主流浏览器的最新版本支持度越来越高。以下浏览器支持 HTML5 的绝大部分标准。

- Chrome 8 及更高版本。
- Firefox 3.5 及更高版本。
- Safari 4 及更高版本。
- Opera 10.5 及更高版本。
- IE 9 及更高版本。

注意

智能手机中绝大多数浏览器对 HTML5 标准有很好的支持，用 HTML5 开发移动 Web 更为高效便捷。

3. 编写 HTML5 的工具

编写 HTML5 可以使用 HTML 之前的工具，如记事本、Notepad 和 EditPlus 等文本编辑器，也可使用可视化编辑工具 Dreamweaver 快速建立 HTML5 文档模板。本书主要使用 Sublime Text 3 编辑器。Sublime Text 3 是一款轻量、简洁、高效、跨平台非常实用的代码编辑器，其界面设置非常人性化，左边是代码缩略图，右边是代码区域，可以在左边的代码缩略图区域轻松定位程序代码的位置，高亮色彩功能非常方便编程工作。Sublime Text 3 编辑器界面如图 2.1 所示。

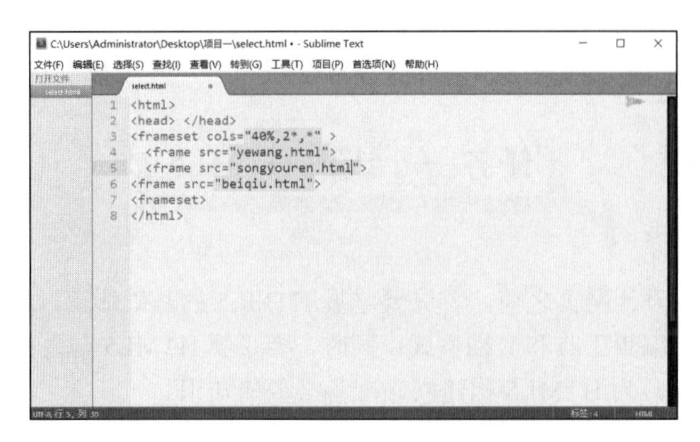

图 2.1　Sublime Text 3 编辑器界面

创建 HTML5 文档的步骤如下。

01 选择“文件”→“新建文件”命令，打开如图 2.2 所示的新建文档界面。

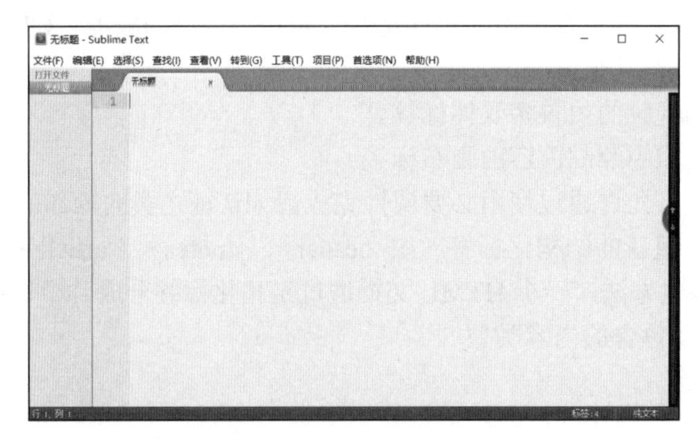

图 2.2　新建文档界面

02 再次选择“文件”→“保存”命令，如图 2.3 所示。

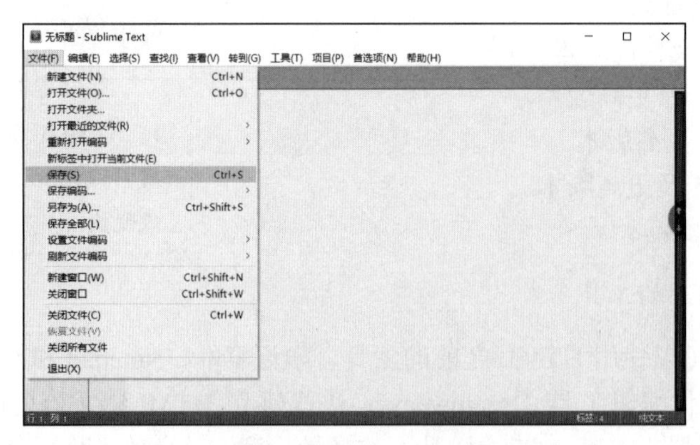

图 2.3　选择“文件”→“保存”命令

03 在打开的“另存为”对话框中输入文件名“test.html”，注意文件扩展名为 html，如图 2.4 所示。

图 2.4　输入文件名“test.html”

04 单击“保存”按钮，进入 HTML 文档编辑界面，注意右下角的提示 HTML，如图 2.5 所示。

05 在 HTML 文档编辑界面中，输入“html:5”，按 Tab 键，自动生成 HTML5 模板文件，如图 2.6 所示。

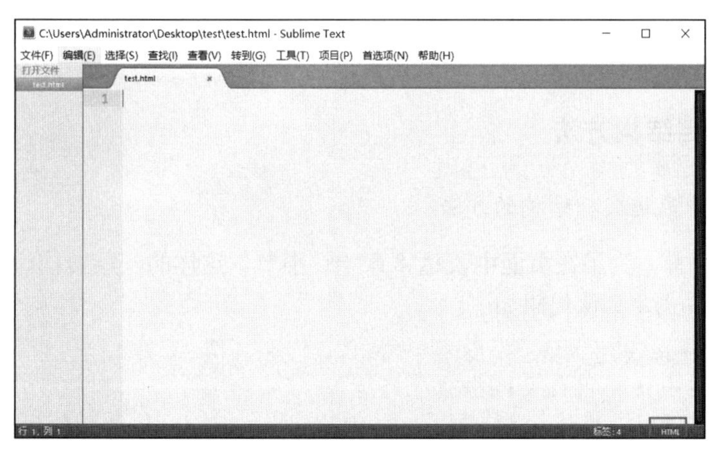

图 2.5　HTML 文档编辑界面

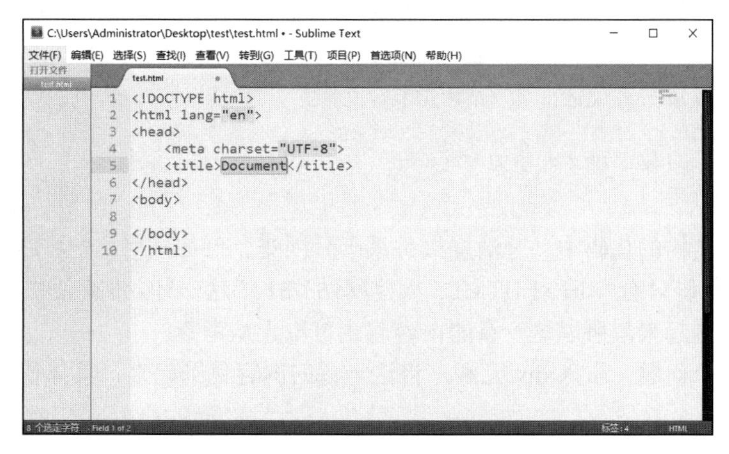

图 2.6　自动生成的 HTML5 模板文件

4. HTML5 基本文档格式

HTML5 文档模板文件主要代码如下。

```
<!DOCTYPE html>
<html lang="en">
<head>
    <meta charset="UTF-8">
    <title>Document</title>
</head>
<body>
......
</body>
</html>
```

其中，第一行<!DOCTYPE html>为文档类型声明，<!DOCTYPE>声明必须位于 HTML5 文档中的第一行，也就是位于<html>标签之前。该标签告知浏览器文档所使用的 HTML 规范。

第二行 HTML 的 lang 属性可用于网页或部分网页的语言，这对搜索引擎和浏览器是有帮助的。“en”表示英文，“zh”则表示中文。

第四行<meta charset="UTF-8">中设置字符编码为 UTF-8，UTF-8 是国际字符编码，即独立于任何一种语言，任何语言都可以使用。

二、HTML5文档结构方法

1. HTML4 中表达文档结构的方法

在 HTML4 之前，为了在页面中表达“章-节-小节”这样的三层结构，一般采用大标题到小标题的层级方式，具体代码如下。

```
<h1>1 HTML5 构建网站</h1>
<h2>任务一 认识 HTML 文档结构</h2>
<h3>1.1 知识一 HTML4 文档结构方法</h3>
(1.1 的正文)
<h3>1.2 知识二 HTML5 文档结构方法</h3>
(1.2 的正文)
<h2>任务二  HTML 5 结构元素与大纲</h2>
<h3>2.1 知识一 HTML5 新增结构元素</h3>
(2.1 的正文)
<h3>2.2 知识二 HTML5 中的大纲</h3>
(2.2 的正文)
```

在以上文档结构的代码中，分清层级关系十分困难。例如，对“1 HTML5 构建网站”来说，因为它的代码只有“<h1>1 HTML5 构建网站</h1>”这一行，没有使用其他元素将<h1>元素中的内容包围起来，所以这一章的内容起止范围无从考查。

为了解决这个问题，引入 div 元素，将这一章的内容包围起来，具体代码如下。

```
<div>
<h1>1 HTML5 构建网站</h1>
```

```
<div>
    <h2>任务一 认识 HTML 文档结构</h2>
    <div>
        <h3>1.1 知识一 HTML4 文档结构方法</h3>
        (1.1 的正文)
        <h3>1.2 知识二 HTML5 文档结构方法</h3>
        (1.2 的正文)
    </div>
    <h2>任务二  HTML 5 结构元素与大纲</h2>
    <div>
        <h3>2.1 知识一 HTML5 新增结构元素</h3>
        (2.1 的正文)
        <h3>2.2 知识二 HTML5 中的大纲</h3>
        (2.2 的正文)
    </div>
</div>
</div>
```

使用 div 元素后，这段文档的结构层次就一目了然了。

但是，最初使用 div 元素的目的不是为了规划文档，而是美化页面。从语义上来说，div 元素不具备任何语义，因此，该元素不是用来规划文档结构的。

随着页面文档的不断复杂化，如果仅靠 div 元素来划分文档结构，则对于含有大量用来划分文档结构的 div 元素和大量使用样式的 div 元素的页面，很难看出整个页面的文档结构。

2. HTML5 中表达文档结构的方法

在 HTML5 中，为了使文档结构更加清晰，更容易阅读，增加了很多具有语义性的专门用来划分文档结构的结构元素。HTML5 新元素带来的新的结构布局如图 2.7 所示。

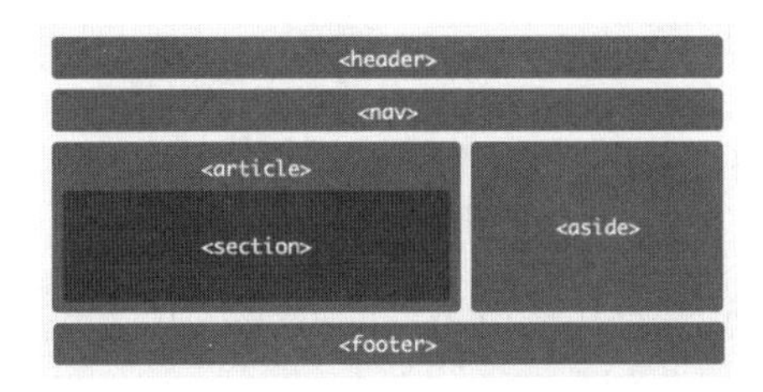

图 2.7　HTML5 新元素带来的新的结构布局

相关的 HTML5 代码如下。

```
<body>
  <header>…</header>
  <nav>…</nav>
  <article>
   <section>…</section>
  </article>
  <aside>…</aside>
  <footer>…</footer>
</body>
```

任务二　HTML5 结构和语义元素

HTML5 与之前版本最大的不同就是新增了结构和语义元素。因此，全面理解、掌握这些结构和语义元素，是构建 HTML5 网站的重要环节。

一、HTML5结构元素

HTML5 通过提供一组标签更清晰地定义了构成某个 HTML 文档的主要内容块。不管 Web 页面最终如何显示内容，大多数 Web 页面都是由常见页面和元素的不同组合构成的。

1. section 元素

section 元素用来定义文档中的节，如章节、页眉、页脚或文档中的其他部分，表示在文档流中开始一个新的节。它用来表现普通的文档内容或应用区块，通常由内容及其标题组成。section 元素并非一个普通的容器元素，它表示一段专题性的内容，一般会带有标题。

使用<section>标签进行页面文档结构的划分，示例代码如下。

```
<section>
  <h1>1 HTML5 构建网站</h1>
  <section>
         <h2>任务一 认识 HTML 文档结构</h2>
         <section>
             <h3>1.1 知识一 HTML4 文档结构方法</h3>
             (1.1 的正文)
             <h3>1.2 知识二 HTML5 文档结构方法</h3>
             (1.2 的正文)
         </section>
         <h2>任务二  HTML 5 结构元素与大纲</h2>
         <section>
             <h3>2.1 知识一 HTML5 新增结构元素</h3>
             (2.1 的正文)
             <h3>2.2 知识二 HTML5 中的大纲</h3>
             (2.2 的正文)
         </section>
  </section>
</section>
```

注意

当描述一件具体的事物时，通常使用 article 来代替 section；当使用 section 时，仍然可以使用 h1 来作为标题，而不用担心它所处的位置及其他地方是否用过；当一个容器需要被直接定义样式或通过脚本定义行为时，推荐使用 div 元素而非 section 元素。

2. nav 元素

nav 元素代表页面的一个部分，是一个可以作为页面导航的链接组，其中的导航元素链接到其他页面或当前页面的其他部分，使 HTML 代码在语义化方面更加精确，同时对于屏幕阅读器等设备的支持也更好。示例代码如下。

```
<nav>
 <ul>
  <li>网络技术</li>
  <li>多媒体设计</li>
  <li>动漫设计</li>
 </ul>
</nav>
```

3. aside 元素

aside 元素用于装载非正文内容，被视为页面中一个单独的部分。它包含的内容与页面的主要内容是分开的，可以被删除，而不影响网页的内容、章节或页面所要传达的信息，如广告、成组的链接、侧边栏等。示例代码如下。

```
<aside>
  <h1>教材简介</h1>
  <p>《HTML5+CSS3+JavaScript 网页制作与实训》</p>
</aside>
```

4. header 元素

header 元素用于定义文档的页眉，通常是一些引导和导航信息。它不局限于写在网页头部，也可以写在网页内容中。通常 header 元素至少包含（但不局限于）一个标题标记（<h1>～<h6>），还可以包括 hgroup 元素，以及表格内容、标识、搜索表单、nav 导航等。示例代码如下。

```
<header>
 <hgroup>
   <h1>网站标题</h1>
   <h1>网站副标题</h1>
 </hgroup>
</header>
```

5. footer 元素

footer 元素用于定义 section 或 document 的页脚，包含与页面、文章或部分内容有关的信息，如文章的作者或日期。作为页面的页脚时，一般包含版权、相关文件和链接。它与 header 元素一样，可以在一个页面中多次使用，如果在一个区段的后面加入 footer，那么它就相当于该区段的页脚了。示例代码如下。

```
<footer>
   Copyright@张学义
</footer>
```

6. hgroup 元素

hgroup 元素用于对网页或区段 section 的标题元素（h1～h6）进行组合。例如，在一个区段中有连续的 h 系列的标签元素，则可以用 hgroup 元素将它们括起来。示例代码如下。

```
<hgroup>
  <h1>这是一篇介绍 HTML5 结构标签的文章</h1>
  <h2>HTML5 的革新</h2>
</hgroup>
```

7. figure 元素

figure 元素用于对元素进行组合，多用于将图片与图片描述组合。示例代码如下。

```
<figure>
  <img src="img.gif" alt="figure 元素" title="figure 元素"/>
  <figcaption>这儿是图片的描述信息</figcaption>
</figure>
```

二、HTML5语义元素

一个语义元素应能够清楚地向浏览器和开发者描述其意义。无语义元素（如<div>和<span>标签元素）无须考虑内容，如<div id="nav">通过 id 类属性定义其内容；语义元素（如<form>、<table>、<img>标签元素）清楚地定义了它的内容。

1. time 元素

time 元素用于定义日期与时间文本。实例代码如下。

```
<!DOCTYPE html>
<html>
<head>
    <title>time</title>
</head>
<body>
    <p>
       我的生日和<time datetime="1980-10-01">国庆节</time>是同一天
    </p>
    <p>
       我每天<time>9:00</time>上班
    </p>
    <article>
       <p>我是 article 的内容</p>
        <footer>
           本 article 的发布日期是<time datetime="2011-09-14" pubdate>昨天
</time>
        </footer>
    </article>
    <p>
```

```
            本 HTML 的发布日期是<time datetime="2011-09-15T12:46:46" pubdate>
今天</time>
         </p>
        <script type="text/javascript">
            // 目前无浏览器支持 valueAsDate
            alert(document.getElementsByTagName("time")[0].valueAsDate);
         </script>
     </body>
     </html>
```

代码解释如下。

① time 用来定义日期与时间文本。

② datetime 用来定义元素的日期与时间，如果不设置此属性，则必须在 time 元素的内容中设置日期与时间。

③ pubdate 属于 bool（逻辑）类型，标识 time 是否是发布日期。在 article 中则代表当前 article 的发布日期，否则代表整个 HTML 的发布日期。

④ datetime 值中的 T 代表时间（T 前面是日期，后面是时间）。

⑤ valueAsDate 是只读属性，将 time 中的日期时间转换为 Date 对象，目前无浏览器支持。

time 元素实例运行效果如图 2.8 所示。

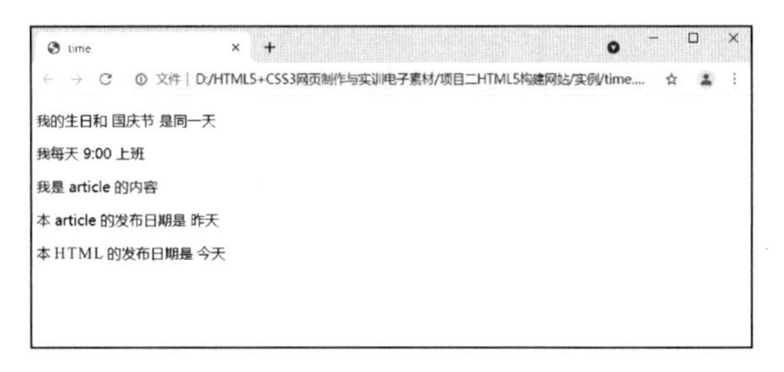

图 2.8　time 元素实例运行效果

2. em 元素

em 元素用于定义被强调的文本（一般浏览器会渲染斜体）（em 是 emphasis 的缩写）。实例代码如下。

```
<!DOCTYPE html>
<html>
<head>
    <title>em</title>
</head>
<body>
    <em>被强调的文本(一般浏览器会渲染斜体)</em>
</body>
</html>
```

em 元素实例运行效果如图 2.9 所示。

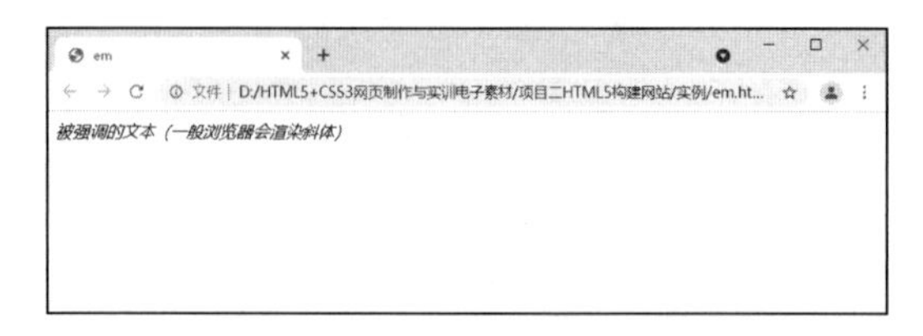

图 2.9　em 元素实例运行效果

3. mark 元素

mark 元素用于定义一个标记文本，以醒目显示。实例代码如下。

```
<!DOCTYPE html>
<html>
<head>
    <title>mark</title>
</head>
<body>
    <p>
        青岛开发区职业中专<mark>信息技术中心</mark>
    </p>
</body>
</html>
```

mark 元素实例运行效果如图 2.10 所示。

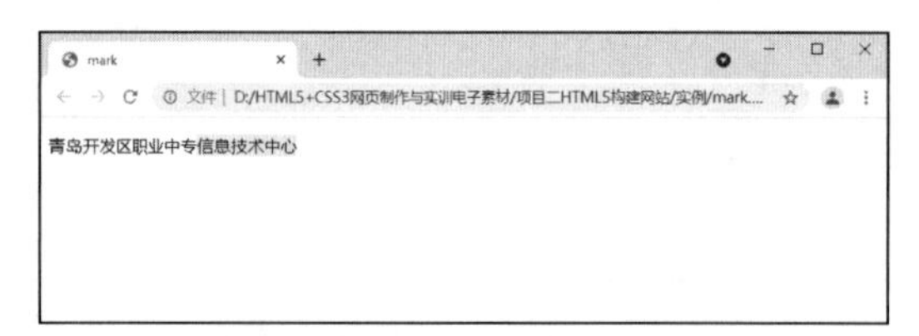

图 2.10　mark 元素实例运行效果

4. s 元素

s 元素用于定义不再精确或不再相关的文本（s 是 strike 的缩写）。实例代码如下。

```
<!DOCTYPE html>
<html>
<head>
    <title>s</title>
</head>
<body>
    <p>Windows 8 平板电脑</p>
    <p>
        <s>原价:5000 元</s>
    </p>
    <p>
        <strong>促销价:4000 元</strong>
    </p>
```

```
</body>
</html>
```

s 元素实例运行效果如图 2.11 所示。

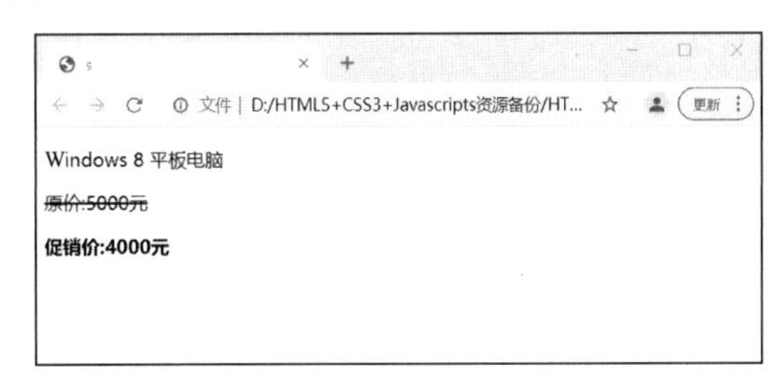

图 2.11　s 元素实例运行效果

5. strong 元素

strong 元素用于定义重要的文本（一般浏览器会渲染为粗体）。实例代码如下。

```
<!DOCTYPE html>
<html>
<head>
    <title>strong</title>
</head>
<body>
    <strong>重要的文本(一般浏览器会渲染为粗体)</strong>
</body>
</html>
```

strong 元素实例运行效果如图 2.12 所示。

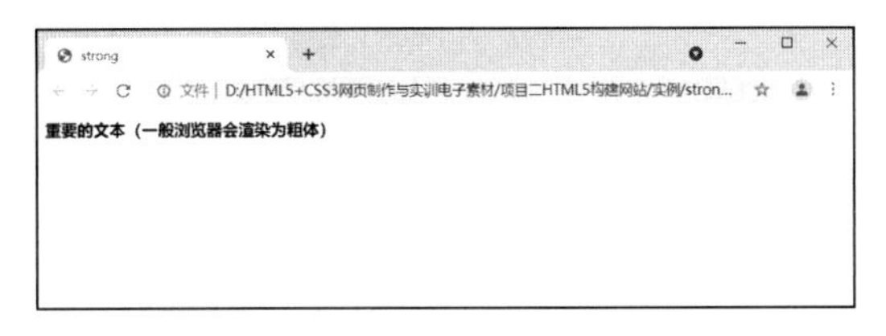

图 2.12　strong 元素实例运行效果

6. small 元素

small 元素用于定义小号文本。实例代码如下。

```
<!DOCTYPE html>
<html>
<head>
    <title>small</title>
</head>
<body>
    <small>小号文本</small>
</body>
</html>
```

small 元素实例运行效果如图 2.13 所示。

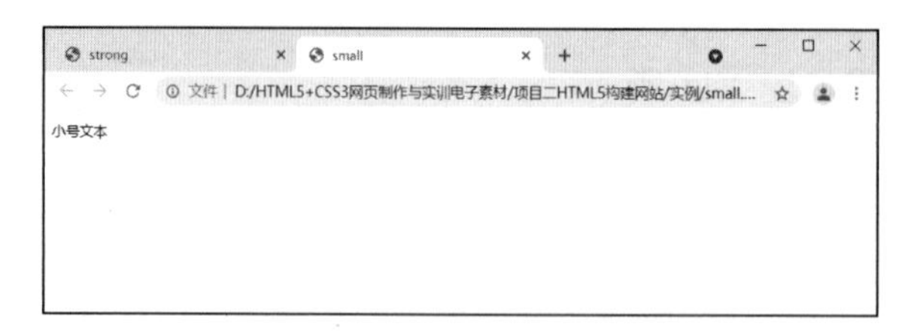

图 2.13　small 元素实例运行效果

项目实训一　创建博客网站

实训概述

博客网站首页（第一部分）通常都有网页标题部分，显示该博客的标题与导航链接；第二部分为网页侧边栏，显示博主的自我介绍内容、博客链接；第三部分为博客的文章摘要和文章列表，也是博客的主要内容；第四部分为页面底部的版权信息。本实训创建的博客网站采用 HTML5 结构元素搭建整体网页结构，运用 CSS 样式表表现页面，整个页面风格简洁、主题突出。

实训目的

1）掌握 HTML5 的结构布局。
2）掌握 HTML5 标签的使用方法。
3）能够运用 CSS 样式美化页面。

实训步骤

01 新建目录 d:/blog。
02 运行 Sublime Text 3，新建文件 blog.html。
03 文档类型声明部分如下。

```
<!DOCTYPE html>
<html lang="en-zh">
    <head>
    <meta charset="utf-8">
    <link rel="stylesheet" type="text/css" href="style.css">
    <title>张学义博客</title>
    </head>
<body>
......
```

```
</body>
</html>
```

<!DOCTYPE html>声明文件为 HTML5 文档类型。它有两个作用：一是验证器依据它来判断采用何种验证规则去验证代码；二是强制浏览器以标准模式渲染页面，在页面兼容所有浏览器时十分重要。

属性 lang="en-zh"指明网页语言为中文，charset="utf-8"则指明网页采用国际通用编码 utf-8。

<link rel="stylesheet" type="text/css" href="style.css">该行引用 CSS 样式文件，本书电子素材提供样式表文件 style.css，将该文件复制到 blog 目录中，与 blog.html 文件在同一目录中。

<title>张学义博客</title>，该行定义博客网页标题。

04 头部区域代码如下。

```
<header id="page_header">
    <h1>张学义博客</h1>
    <nav>
        <ul>
            <li><a href="http://zxueyi.iteye.com/">博客</a></li>
            <li><a href="#">微博</a></li>
            <li><a href="#">相册</a></li>
            <li><a href="#">留言</a></li>
            <li><a href="#">关于我</a></li>
        </ul>
    </nav>
 </header>
```

头部区域通常包括标题、Logo 图、搜索框和导航区等部分。该博客的头部只包括标题和导航区，同一个页面中可以包含多个 header 元素。每个独立的区段或文章块都可以拥有自己的头部。代码中要为头部添加唯一标识元素的 id 属性，如 id="page_header"，通过该 id 值，可以便捷地添加 CSS 样式。

在文档头部添加导航，导航链接分别指向“博客”、“微博”、“相册”、“留言”和“关于我”。页面中可以包含多个 nav 元素。通常情况下，头部和尾部都会有导航，能够帮助浏览用户快速定位到网页或内容信息。

05 区段代码如下。

```
<section id="sidebar">
   <nav>
         <h3>文章分类</h3>
         <ul>
            <li><a href="#">全部博客</a></li>
            <li><a href="#">ATA 考试</a></li>
            <li><a href="#">我的作品</a></li>
            <li><a href="#">网络技术</a></li>
            <li><a href="#">编程技术</a></li>
            <li><a href="#">操作系统</a></li>
          </ul>
   </nav>
</section>
```

区段是页面的逻辑区域，通过section元素可将内容合理归类。section元素取代了HTML4中被随意滥用的div标签。该段代码中包括导航元素nav，内含3号标题和无序列表，无序列表中包括6个超链接，实现左侧导航区。

06 文章代码如下。

```
        <section id="blogs">
          <article>
               <header>
              <h2>《Dreamweaver CS6 网页设计与制作》</h2>
                 <p>博客分类:我的作品</p>
               </header>
               <p>《Dreamweaver CS6 网页设计与制作》 张学义 科学出版社 ISBN:
978-7-03-053301-2</p>
               <p>编者的话</p>
               <P>随着 Internet 的迅猛发展,网站建设成为互联网领域的一门重要技术,掌握这门技术首先要掌握一门网页开发工具,Dreamweaver CS6 是目前十分流行的工具软件之一。本书全面介绍了 Dreamweaver CS6 这款功能强大、所见即所得的软件,采用任务驱动和项目教学相结合的方法编写体例,体现"以就业为导向、以能力为本位"的职业教育思想,突出培养学生的动手能力和实践能力,努力实现中职人才培养的目标。</P>
               <footer>
                 <p><a href="comments"><i>25 条评论</i></a> …</p>
               </footer>
          </article>
        </section>
```

article元素用来描述网页的实际内容，每篇文章都包含一个头部、一些内容和尾部，以上代码描述了一篇完整的文章。

注意

section元素是对文档逻辑部分的描述，而article元素则是对具体内容的描述，如杂志文章、博客日志、新闻条目等。区段可以包含多篇文章，文章内部又可以包含若干区段。section元素是更通用的元素，可以用来从逻辑上对其他元素进行分组。

07 尾部代码如下。

```
             <footer id="page_footer">
           <nav>
              <ul>
                 <li><a href="/">首页</a></li>
                     <li><a>关于</a></li>
                 <li><a>版权@2021 张学义</a></li>
              </ul>
           </nav>
           </footer>
```

尾部也就是网页的底部区域，使用footer元素规划内容。以上代码含有导航元素nav、无序列表和3个超链接，与头部区域相似。

08 样式部分。HTML5 规划一个网页，而样式表则是表现一个网页，样式表内容在项目六、项目七中有详尽的讲解，在这里只将代码呈现出来，完成该项目时可直接引用这些代码。

```
//页面样式初始化
body{
  width:960px;
  margin:15px auto;
  font-family: Arial, "MS Trebuchet", sans-serif;
}
p{
  margin:0 0 20px 0;
}
p, li{
  line-height:20px;
}
//头部样式表行高
header#page_header{
  width:100%;
}
//头部、尾部的导航、无序列表样式表定义
header#page_header nav ul, #page_footer nav ul{
  list-style: none;
  margin: 0;
  padding: 0;
}
#page_header nav ul li, footer#page_footer nav ul li{
  padding:0;
  margin: 0 20px 0 0;
  display:inline;
}
//侧边栏样式表定义
section#sidebar{
  float: left;
  width: 25%;
}
//文章区样式表定义
section#blogs{
  float:left;
  width:74%;
}
//尾部样式表定义
footer#page_footer{
  clear: both;
  width: 100%;
  display: block;
  text-align: center;
}
```

注意

以上代码正是<link rel="stylesheet" type="text/css" href="style.css">中文件 style.css 的内容。

09 将 blog.html 文件拖放到 Chrome 浏览器中，博客网站首页整体效果如图 2.14 所示。

图 2.14　博客网站首页整体效果

项目实训二　制作个人网站

实训概述

个人网站主要包括头部区域、内容区域和底部区域。本实训制作的个人网站采用 HTML5 结构元素搭建整体网页结构，运用 div 样式表现页面，整个网站更富个性、特性。

实训目的

1）掌握 HTML5 结构布局的方法。

2）掌握 div 结构布局的方法。

3）熟练运用 HTML5 结构元素标签和文本标签。

4）参考本实训提示，自己创新，设计出独特风格的网页。

实训步骤

1. 创建文件

01 新建目录 d:/person。

02 新建子目录 style，将电子素材中的 style 目录下的 div1.css 和 css1.css 文件复制到该目录下。

03 新建子目录 images，将电子素材中的 images 目录下的所需图片文件复制到该目录下。

04 运行 Sublime Text 3，新建文件 index.html。

2. HTML5 代码部分

01 文档类型声明部分代码如下。

```
<!DOCTYPE html>
<html lang="en-zh">
<head>
<meta charset="UTF-8">
<title>个人网站</title>
<link href="style/css1.css" type="text/css" rel="stylesheet"></link>
<link href="style/div1.css" type="text/css" rel="stylesheet"></link>
</head>
```

<link>标签内分别链接外部样式表 css1.css 和 div1.css，type 属性设定 CSS 文本类型，rel 属性指示被链接的文档是一个样式表。

02 div 结构布局代码如下。

```
<body>
<div id="box">
  <div id="left">
......
  </div>
</div>
<body>
```

网站主体部分采用 div 布局，整个页面为 div 块，id="box"样式定义了页面的宽度和高度，设置网页背景图片。第 2 个 div 定义了主要内容区，位于网页的左端，样式表中定义了宽度和高度。

03 左端头部区域代码如下。

```
<header>
      <section id="left-top"></section>
      <section id="left-menu">
        <nav>
        <a href="#" ><img src="images/009.gif" alt="首页" name="Image5"
width="83" height="40" border="0" id="Image5" /></a>
        <a href="#"><img src="images/010.gif" alt="日志" name="Image6"
width="76" height="42" border="0" id="Image6" /></a>
        <a href="#" ><img src="images/011.gif" alt="相册" name="Image7"
width="90" height="45" border="0" id="Image7"/></a>
        <a href="#"><img src="images/012.gif" alt="留言板" name="Image8"
width="81" height="44" border="0" id="Image8"/></a>
        </nav>
      </section>
</header>
```

左端头部区域包含 2 个 section 区段，第 1 个 section 在左端顶部显示网站 Logo 图，第 2 个 section 为导航区，4 个导航按钮使用图片超链接。

04 左端文章区域代码如下。

```
        <section id="left-nr1">
            <article>
                <h2>信息安全的三个基本属性</h2>
                 <p>信息安全包括了保密性、完整性和可用性三个基本属性:<br/>
                (1) 保密性——Confidentiality,确保星系在存储、使用、传输过程中不会泄露给非授权的用户或者实体。<br/>
                (2) 完整性——Integrity,确保信息在存储、使用、传输过程中不被非授权用户篡改;防止授权用户对信息进行不恰当的篡改;保证信息的内外一致性。<br/>
                (3) 可用性——Availability,确保授权用户或者实体对于信息及资源的正确使用不会被异常拒绝,允许其可能而且及时地访问信息及资源。<br/>
                (4) 可控性——Controllability,即出于国家和机构的利益及社会管理的需要,保证管理者能够对信息实施必要的控制管理,以对抗社会犯罪和外敌侵犯。<br/>
                </p>
            </article>
        </section>
        <section id="left-nr2" >
        <article>
                <h2>个人随笔</h2>
                <p>我坐在这里,但我却不在这里,我离开,可我又回来。我不知道为什么,天空不再有颜色,我不知道为什么,生活中缺少快乐。站着,坚强地站着！我相信没有过不去的沟壑,我站着,我倔强地站着!我相信能摆脱生活中的困惑,春暖花开又一年,闲庭信步游人间。不问世俗凡尘事,我超脱九重天。
                </p>
        </article>
        </section>
```

左端文章区域包含 2 个 section 区段，每个区段内含<article>标签，<article>标签内包括<h2>、<p>标签，分别显示标题、段落内容。

05 左端底部区域代码如下。

```
       <section id="left-bottom">
            <div  id="left-bottomnr1"><img  src="images/014.jpg"  width="75" height="75" /></div>
            <div  id="left-bottomnr2"><img  src="images/015.jpg"  width="75" height="75" /></div>
            <div  id="left-bottomnr3"><img  src="images/016.jpg"  width="75" height="75" /></div>
            <div  id="left-bottomnr4"><img  src="images/017.jpg"  width="75" height="75" /></div>
       </section>
```

左端底部区域 section 区段包括 4 个 div 块元素，每个 div 内有 1 张图片，展示“我的个人生活”风采。使用 div 块元素的目的是定义样式表。

06 页面底部区域代码如下。

```
    <footer id="bottom">2016-2025@showtime.com 申请主页<span>|</span>问题、意见反馈</footer>
```

页面底部区域显示版权信息，使用 footer 元素确定网页结构，使用<span>标签定义样式。

3. CSS 样式部分

01 文件 css1.css 样式表内容如下。

```
@charset "utf-8";
// CSS Document
*{
margin:0px;
border:0px;
padding:0px;
}
body{
font-family:"宋体";
font-size:12px;
color:#000;
}
```

*{ }通配符定义页面的外边距、边框、内边距初始值；body{ }内定义字体、字体大小和颜色。

02 文件 div1.css 样式表内容如下。

```
@charset "utf-8";
// CSS Document
#box{
width:1005px;
height:726px;
background-image:url(../images/007.jpg);
background-repeat:no-repeat;
}
#left{
width:540px;
height:681px;
margin:10px 0px 0px 53px;
}
#left-top{
width:540px;
height:137px;
background-image:url(../images/008.jpg);
background-repeat:no-repeat;
}
#left-menu{
width:540px;
```

```
height:61px;
}
#left-menu img{
margin:8px 0px 0px 10px;
}
#left-nr1{
width:540px;
height:220px;
line-height:20px;
}
#left-nr2{
width:540px;
height:90px;
line-height:20px;
}
#left-bottom{
width:520px;
height:173px;
background-image:url(../images/013.jpg);
background-repeat:no-repeat;
padding-left:20px;
}
#left-bottom img{
width:75px;
height:75px;
float:left;
border:#80a8a7 solid 3px;
margin:37px 0px 0px 5px;
}
#bottom{
width:1005px;
height:20px;
text-align:center;
padding-top:15px;
}
#bottom span{
margin:0px 5px 0px 5px;
}
```

以上代码定义了每个 id 的样式表，在 HTML5 文档 index.html 中引用了每个 id 样式。后面的项目中将详细介绍 CSS 样式表的知识。

4. 个人网站整体效果

将 index.html 文件拖放到 Chrome 浏览器中，整体效果如图 2.15 所示。

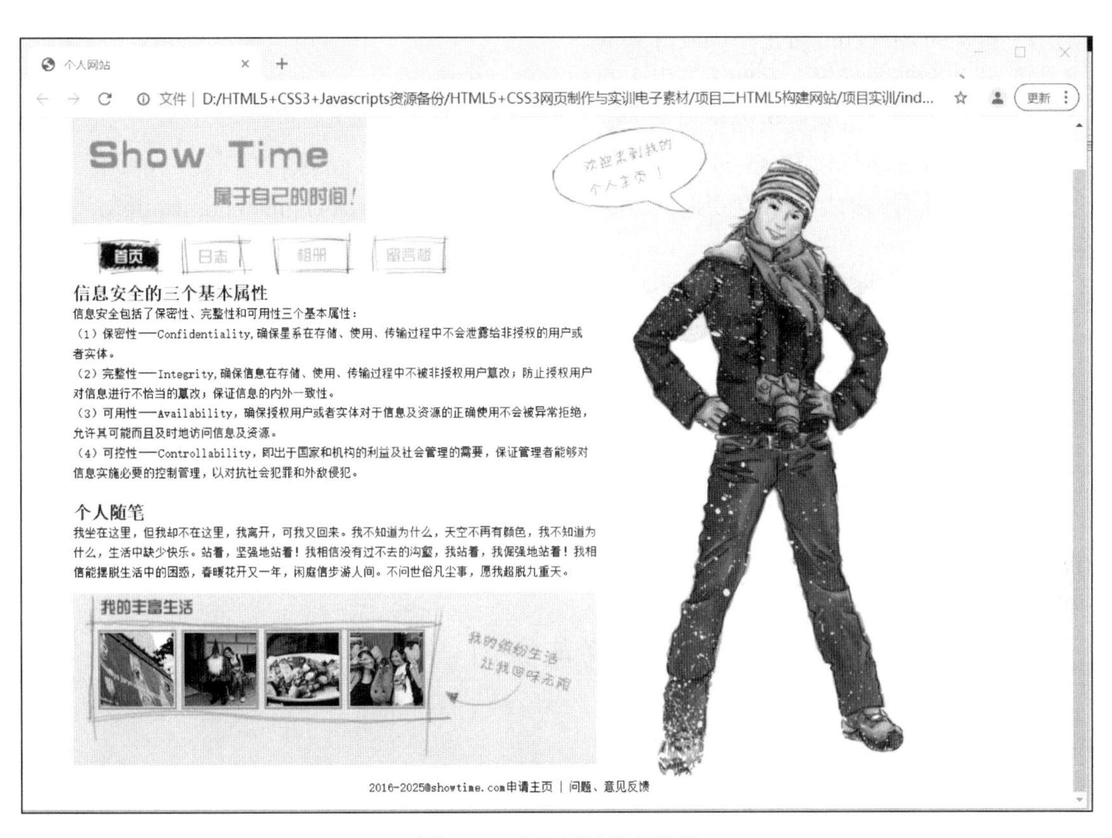

图 2.15　个人网站整体效果

拓展链接　HTML5 技术的优点

1. 网络标准

HTML5 本身是由 W3C（World Wide Web consortium，万维网联盟）推荐出来的，它是通过谷歌、苹果、诺基亚、中国移动等几百家公司一起酝酿开发的技术，这个技术最大的优点在于它是公开的。换句话说，每一个公开的标准都可以根据 W3C 的资料库找寻根源。另外，W3C 通过的 HTML5 标准也就意味着每一个浏览器或每一个平台都会去实现。

2. 多设备、跨平台

HTML5 技术可以跨平台使用。例如，一款 HTML5 游戏可以很轻易地移植到 UC 的开放平台、Opera 的游戏中心、Facebook 的应用平台，甚至可以通过封装技术放到 App Store 或 Google Play 上。HTML5 的跨平台使用非常广泛，这也是大多数人对 HTML5 有兴趣的主要原因。

总结概括 HTML5 有以下优点。

1）提高可用性和改进用户的友好体验。

2）有几个新的标签，有助于开发人员定义重要的内容。

3）可以给站点带来更多的多媒体元素（视频和音频）。

4）可以很好地替代 Flash 和 Silverlight。

5）当涉及网站的抓取和索引时，对于搜索引擎优化（search engine optimization，SEO）很友好。

6）可以被大量应用于移动应用程序和游戏。

项 目 小 结

本项目讲解了 HTML5 的基本概念及设计网页结构的方法，以及 HTML5 的结构元素和文本语义元素，重点介绍了 HTML5 新元素。通过项目引导和项目实训，使学生掌握 HTML5 布局网站的方法，并初步了解 CSS 样式的运用。

思考与练习

一、选择题

1．以下是 HTML5 新增标签的是（　　）。

A．<aside>　　B．<isindex>　　C．<samp>　　D．<s>

2．以下说法不正确的是（　　）。

A．HTML5 标准还在制定中

B．HTML5 兼容以前 HTML4 以下的浏览器

C．<canvas>标签可替代 Flash

D．简化的语法

3．关于 HTML5 说法正确的是（　　）。

A．HTML5 只是对 HTML4 的一个简单升级

B．所有主流浏览器都支持 HTML5

C．HTML5 新增了离线缓存机制

D．HTML5 主要针对移动端进行了优化

4．以下不是 HTML5 的新标签的是（　　）。

A．<article>　　B．<section>　　C．<address>　　D．<time>

5．关于 HTML5 说法正确的是（　　）。

A．HTML5 是在原有 HTML 上的升级版

B．HTML 可以不需要文档类型定义（document type definition，DTD）

C．没有<!DOCTYPE html>，HTML5 也可以正常工作

D．<output>是 HTML5 的新标签

二、简答题

1．什么是 HTML5？

2．HTML5 的页面结构同 HTML4 或者更之前的 HTML 有什么区别？

3．哪些浏览器支持 HTML5？

三、操作题

制作一个个人网站。

要求：

1）采用 HTML5 结构元素布局。

2）建议内容包括网站主页、个人简介、学习经历、专业经历、兴趣和爱好、个人特长等，至少制作 3 个网页。

3）布局统一，导航方便，样式美观，个性鲜明。

创建移动设备的 Web 表单

随着 Internet 的发展，人们不再局限于浏览页面，被动地接受信息，而是更主动地交互信息。表单常常用于收集用户提供的信息，并提交给服务器处理。表单在网站应用中十分普遍，如网上购物、预订机票、网上汇款、购买保险等。表单作为在 Web 站点上用来收集信息、传送信息的重要载体，其作用日益突出。无论移动 Web 网页编程，还是 ASP（active server pages，动态服务器页面）、JSP（Java server pages，Java 服务器页面）编程，表单都是重点内容，也是编程者必须掌握的核心技术。

任务目标

- ◆ 了解表单的定义与属性。
- ◆ 掌握表单元素的创建方法与属性设置。
- ◆ 能够灵活运用表单元素制作表单。

任务一　认识 HTML5 表单

本任务要求了解 HTML5 表单的作用、处理数据过程和应用场景，掌握 HTML5 表单结构，初步熟悉 HTML5 的新增表单元素和属性。

一、HTML5表单应用

表单主要用于实现浏览网页的用户与 Internet 服务器之间的交互。表单把用户输入的信息提交给服务器进行处理，从而实现用户和服务器之间的交互。表单包含了用于交互的表单对象，表单对象主要包括文本域、复选框和列表/菜单元素等。

浏览器处理表单数据的过程：用户在表单元素中输入数据后，提交表单，浏览器把这些数据发送给服务器，服务器端脚本或应用程序对传来的数据加以处理，处理结束后，返还给浏览器端，用户浏览到所需要的内容。

随着移动 Web 的应用越来越广泛，动态交互性的重要性也突显出来，数据输入、上传都离不开表单。表单可应用在不同场景，如用户登录、信息搜索、用户注册、网上银行等。图 3.1 是海信云账号中心登录界面，包括文本框、密码框、复选框和登录按钮，是一个表单典型的应用场景。

图 3.1　海信云账号中心登录界面

二、HTML5表单结构

<form></form>标签对用来表示创建一个表单，在标签对之间的表单元素都属于表单的内容，表单可以说是个容器，如以下代码所示。

```
<form method="post" action="http://www.163.com/">
    <input type="text" >
    <input type="Submit" name="submit" value="提交表单">
</form>
```

以上代码中，<form>标签内含有 method、action 属性。method 属性用于 action URL 发送数据的 HTTP 方法，该属性含有 get 和 post 两个属性值。其中 get 为追加表单值到 URL 并发送到服务器；post 将在 HTTP 请求中嵌入表单数据。一般使用浏览器的默认设置将表单数据发送到服务器。通常，默认方法为 get 方法。

action 属性定义一个 URL，当单击“提交”按钮时，表单向这个 URL 发送数据。真正处理表单的数据脚本或程序在 action 属性中，这个属性值可以是程序或脚本的一个完整 URL。URL 地址可以是绝对地址，也可以是相对地址，还可以是一些其他的地址形式，如发送 E-mail 等。上面代码中 action 定义的 URL 地址为绝对地址 http://www.163.com。

<form></form>内含有<input>标签，类型为Submit，用于完成表单内容的提交。

概念重述

表单元素与表单属性：表单元素是允许用户在表单中（如文本域、下拉列表、单选框、复选框等）输入信息的元素，表单元素都放在<form></form>标签内；表单属性则是对表单元素进行进一步的定义与规定，包含在表单元素内，通常以键值对的形式出现，如value="提交表单"，属性为value，值为“提交表单”。

三、可用性更强的HTML5表单

表单是HTML语言的重要组成部分，也是移动Web动态交互的常用部分，但是HTML表单对于开发者和使用者都有一定的难度，HTML5的出现使这一局面有了大的改观。以前许多特性都要通过脚本来实现，而HTML5控件具有内建功能，无须再写代码，极大地提高了效率，增强了表单的易用性和可用性。

1. HTML5新增表单标签

HTML5在原有HTML的基础上新增了<datalist>、<keygen>和<output>标签，它们的功能描述如表3.1所示。

表3.1 HTML5新增表单标签及功能描述

标签	功能描述	说明
<datalist>	<input>标签定义选项列表。请与input元素配合使用该元素来定义input可能的值	所有主流浏览器都支持<datalist>标签，除了IE和Safari
<keygen>	<keygen>标签规定用于表单的密钥对生成器字段	Firefox、Chrome、Opera及Safari 6支持<keygen>标签
<output>	<output>标签定义不同类型的输出，如脚本的输出	Firefox、Chrome、Safari及Opera支持<output>标签。 注释：IE 8及更早的版本不支持<output>标签

注意

不是所有的浏览器都支持HTML5新的表单标签，但不排斥使用新的表单，即使浏览器不支持表单属性，也可以显示为常规的表单标签。

2. HTML5新增表单属性

HTML5中，在新增和废除了很多元素的同时，也新增和废除了很多属性。

占位符文本（placeholder属性）是HTML5非常有用的表单属性，可为用户提供输入格式和提示，文本颜色为灰色，当光标移动到该文本框时，提示文本自动消失。

设置autofocus属性，可以在打开页面时使元素自动获得焦点，文本框内的光标闪烁提示用户输入，从而不使用鼠标单击，非常人性化。

自动完成属性 autocomplete 和 datalist 元素对用户和开发者来说都是十分实用的特性。用户能够轻松地完成数据填写；开发者由于选择列表限制了选项，因此可以得到一致的数据。

除上面常用属性外，HTML5 还新增了其他表单属性，如表 3.2 所示。

表 3.2　HTML5 新增表单属性

属性名称	作用	说明
autofocus	该属性用于在打开页面时使元素自动获得焦点，适用于 input（type=text）、button、select 和 textarea 元素	
placeholder	适应 input（type=text）和 textarea 元素	
form	该属性用于声明元素属于哪个表单，而并不关心元素具体在页面的哪个位置，甚至是表单之外都可以；适用于 input、output、button、select、textarea 和 fieldset 元素	
required	该属性表示元素为必填项，当用户提交表单时系统会自动检查元素中是否有内容；适用于 input（type=text）和 textarea 元素	
autocomplete	适用于 form、input[text、search、url、telephone、email、password、datepickers、range、color]元素。 设置 autocomplete 属性为 on，则用户在自动完成域输入时，浏览器会在该域内显示填写的选项	在某些浏览器中，可能需要启用自动完成功能，以使该属性生效
width、height	设置 image 类型的 input 标签图像的宽、高	
list 属性	list 属性与 datalist 元素配合使用，用于规定输入域的 datalist。datalist 是输入域的选项列表，该元素类似<select>，但是比 select 更好的一点在于，当用户要设定的值不在选择列表内时，允许自行输入，该元素本身不显示，当文本框获得焦点时可以提示输入的方式显示。 list 属性适用于 input[text、search、url、telephone、email、password、datepickers、range、color]元素	list 值为文档中 datalist 的 id，form 属性引用的是表单的 id，都类似 label 属性引用 input 的 id 一样
max、min 和 step	max、min 和 step 属性用于为包含数字或日期的 input 类型规定限定或约束。 max 属性用于规定输入域所允许的最大值。 min 属性用于规定输入域所允许的最小值。 step 属性用于为输入域规定合法的数字间隔（假如 step=“3”，则合法数字应该是-3、0、3、6，以此类推）。step 属性可以与 max 属性及 min 属性配合使用，以创建合法值的范围。 max、min、step 属性适用于 input[datepickers、number、range]元素	
pattern	pattern 属性用于验证输入字段的模式，其实就是正则表达式，不用再写 JavaScript 语言绑定正则验证，非常方便。 pattern 属性适用于 input[text、search、url、telephone、email、password]元素	
multiple	multiple 属性用于规定输入域中可选择多个值。 multiple 属性适用于 input[email、file]元素	
disabled	HTML5 为 fieldset 元素增加了 disabled 属性，可以把它的子元素设为 disabled 状态，但是注意不包括 legend 中的元素	
formaction、formenctype、formmethod、formnovalidate、formtarget	formaction 属性用于重写表单 action 属性。 formenctype 属性用于重写表单 enctype 属性。 formmethod 属性用于重写表单 method 属性。 formnovalidate 属性用于重写表单 novalidate 属性。 formtarget 属性用于重写表单 target 属性。 HTML5 中表单的自由度非常高，因为 HTML5 为 input[submit,image]、button 元素增加了 formaction、formenctype、formmethod、formnovalidate 与 formtarget 几个新属性，能对 form 元素的某些属性重置，如能做到表单 1 的提交按钮提交表单 2 等	

任务二　移动 Web 应用 input 类型的表单

本任务要求初步了解 input 类型的表单属性，通过实例操作，熟练掌握 type 属性的使用方法；在浏览器中运行实例代码，观察在调试模式下移动端 Web 的运行效果。

一、input类型的表单属性

<input>元素可以用来生成一个供用户输入数据的简单文本框。在默认情况下，什么样的数据都可以输入；通过不同的属性值，可以限制输入的内容。<input>元素的 type 属性是文本框的重要属性，type 属性值不同，文本框的呈现形式、输入方式也不同。HTML5 提供了丰富的 type 属性值，极大地方便了开发者和用户的开发和使用。表 3.3 为 input 类型的表单属性。

表 3.3　input 类型的表单属性

属性名称	功能描述	说明
text	一个单行文本框，是默认行为	
password	隐藏字符的密码框	
search	搜索框，在某些浏览器中输入内容会出现标记“×”，可取消已输入的内容	
submit、reset、button	生成一个提交按钮、重置按钮、普通按钮	
number、range	只能输入数值的框；只能输入在一个数值范围的框	HTML5 新增
checkbox、radio	复选框，用户勾选框；单选按钮，只能在几个按钮中选择一个	
image、color	生成一个图片按钮、颜色代码按钮	其中，color 为 HTML5 新增属性
email、tel、url	生成一个检测电子邮件、号码、网址的文本框	HTML5 新增
date、month、time、week、datetime、datetime-local	获取日期和时间	HTML5 新增
hidden	生成一个隐藏控件	
file	生成一个上传控件	

二、type属性实例

1. type 为 text 时

<input type="text">表示当 type 值为 text 时，呈现的是一个可以输入任意字符的文本框，这也是默认行为，并且还提供了一些额外的属性，如表 3.4 所示。

表 3.4 文本框额外属性

属性名称	说明
list	指定为文本框提供建议值的 datalist 元素，其值为 datalist 元素的 id 值
maxlength	设置文本框最大字符长度
pattern	用于输入验证的正则表达式
placeholder	输入字符的提示
readonly	文本框处于只读状态
disabled	文本框处于禁用状态
size	设置文本框宽度
value	设置文本框初始值
required	表明用户必须输入一个值，否则无法通过输入验证

运用 type 属性，编写一个文本框使用案例，实例代码如下。

```
<!DOCTYPE html>
<html lang="zh-cn">
<head>
    <meta charset="UTF-8">
   <meta name="viewport" content="width=device-width,initial-scale=1.0,
minimum-scale=1.0,maximum-scale=1.0"/>
    <title>文本框测试</title>
</head>
<body>
    <form action="http://www.haosou.com">
    <p><input type="text" value="文本框测试"  auotofocus></p>
<p><input type="text"  list="classlist" placeholder="请输入内容"></p>
        <datalist id="classlist">
         <option>网络班</option>
         <option>动漫班</option>
         <button>提交</button>
    </form>
</body>
</html>
```

代码解释如下。

① 设计移动网站与 PC 网站有一个区别，就是要设置屏幕宽度及缩放参数。name="viewport"表示移动设备窗口；width=device-width 表示页面大小与屏幕等宽；initial-scale=1.0 表示初始缩放比例，1.0 表示原始比例大小；minimum-scale=1.0 表示允许缩放的最小比例；maximum-scale=1.0 表示允许缩放的最大比例。

② 该文本框初始值为“文本框测试”，设置自动聚焦属性 autofocus，页面打开时自动获得焦点。

③ 设置占位符属性 placeholder="请输入内容"，该文本框输入提示“请输入内容”。设置 list 属性，list 值为“classlist”；设置 datalist 标签，id 值为“classlist”；设置该文本框下拉列表值为“网络班”“动漫班”，实现文本框值的选择。

注意

value 属性与 placeholder 属性的区别：上面页面打开后文本框都显示初始文本，但第一个文本框的文本显示正常颜色，光标移到该文本框后，文本并没有消失，需要人工删除。第二个文本框的文本显示灰色，光标移到该文本框后，文本自动消失。

以 text.html 命名并保存文件，在 Chrome 浏览器中打开 text.html，按 F12 键，选择 Apple iPhone X 选项，测试效果如图 3.2 所示。

图 3.2　文本框测试效果

2. type 为 password 时

<input type="password">表示当 type 值为 password 时，一般用于密码框的输入，所有的字符都会显示星号。密码框也有一些额外属性，如表 3.5 所示。

表 3.5　密码框额外属性

属性名称	说明
maxlength	设置文本框最大字符长度
pattern	用于输入验证的正则表达式
placeholder	输入字符的提示
readonly	文本框处于只读状态
disabled	文本框处于禁用状态
size	设置文本框宽度
value	设置文本框初始值
required	表明用户必须输入一个值，否则无法通过输入验证

文本框使用 password 属性值的实例代码如下。

```
        <!DOCTYPE html>
        <html lang="en">
        <head>
        <meta charset="UTF-8">
        <meta name="viewport"
        content="width=device-width,initial-scale=1.0, minimum-scale=1.0,
maximum-scale 1.0">
        <title>password 文本框测试</title>
        </head>
        <body>
```

```
        <form action="http://www.haosou.com">
        <input type="password" maxlength="6"  size="16"  required>
        <button>提交</button>
        </form>
    </body>
    </html>
```

注意

maxlength 属性和 size 属性的区别：maxlength 指输入字符的长度，实例中最多输入 6 个字符，超出则无法输入；size 指文本框的宽度，具体显示在浏览器中的宽度与输入多少个字符无关。required 属性要求文本框必须输入密码，否则提交表单时会提示“必须输入信息”。

以 password.html 命名并保存文件，在 Chrome 浏览器中打开 password.html，按 F12 键，选择 Apple iPhone X 选项，测试效果如图 3.3 所示。

图 3.3 密码框测试效果

3. type 为 search 时

<input type="search">和 text 一致，在除 Firefox 浏览器外的其他浏览器中，会显示一个“×”来取消搜索内容。额外属性也与 text 一致。

4. type 为 number、range 时

<input type="number">表示只限输入数字的文本框，不同浏览器可能显示方式不同，<input type="range">可生成一个样式为拖动式的数值范围文本框。number、range 文本框额外属性如表 3.6 所示。

表 3.6 number、range 文本框额外属性

属性名称	说明
list	指定为文本框提供建议值的 datalist 元素，其值为 datalist 元素的 id 值
min	设置可接受的最小值
max	设定可接受的最大值
readonly	文本框处于只读状态
step	指定上下调节值的步长
value	设置文本框初始值
required	表明用户必须输入一个值，否则无法通过输入验证

文本框使用 number、range 属性值，实例代码如下。

```
        <!DOCTYPE html>
        <html lang="en">
        <head>
            <meta charset="UTF-8">
        <meta name="viewport"
        content="width=device-width,initial-scale=1.0, minimum-scale=1.0,
maximum-scale=1.0"/>
        <title>number 测试</title>
        </head>
        <body>
            <form action="http://www.haosou.com">
                <p><input type="number" step="2" min="10" max="50"></p>
                <p><input type="range" step="2" min="10" max="50"></p>
                <button>提交</button>
            </form>
        </body>
        </html>
```

实例中 step 步长值为 2（即每次调节数值增加或减少 2），范围为 10～50，number 属性与 range 属性只是显示效果和操作方式不同，range 是一个滑动条。

以 number.html 命名并保存文件，在 Chrome 浏览器中打开 number.html，按 F12 键，选择 Apple iPhone X 选项，测试效果如图 3.4 所示。

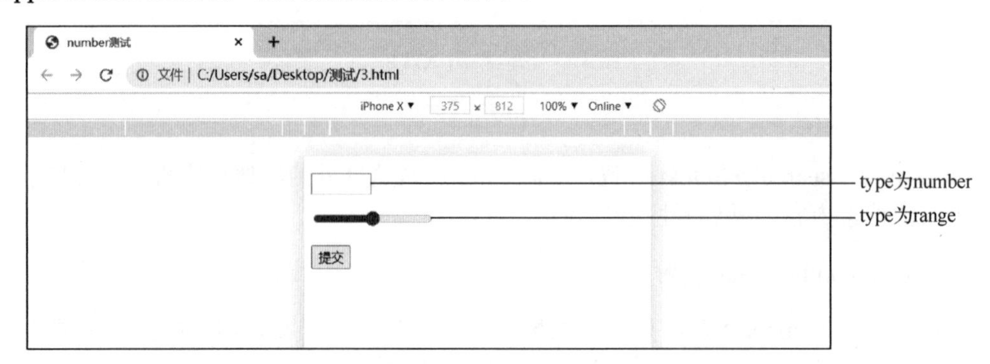

图 3.4　number、range 属性测试效果

5. type 为 date 系列时

<input type="date">、<input type="month">、<input type="time">、<input type="week"> <input type="datetime">、<input type="datetime-local">表示实现文本框可以获取日期和时间的值，但只支持 360、Chrome 和 Opera 浏览器，其他浏览器（如 Firefox 浏览器）尚未支持。所以，在获取日期和时间时，目前还是推荐使用 jQuery 等前端库来实现日历功能，其额外属性与 number 一致。

date 系列实例代码如下。

```
        <!DOCTYPE html>
        <html lang="en">
        <head>
```

```
        <meta charset="UTF-8">
           <meta name="viewport"
         content="width=device-width,initial-scale=1.0, minimum-scale=1.0,
maximum-scale=1.0"/>
        <title>date 测试</title>
        </head>
        <body>
        <form action="http://www.haosou.com">
              <p>日期<input type="date"></p>
              <p>月份<input type="month"></p>
              <p>时间<input type="time"></p>
              <button>提交</button>
        </form>
        </body>
        </html>
```

以 date.html 命名并保存文件，在 Chrome 浏览器中打开 date.html，按 F12 键，选择 Apple iPhone X 选项，测试效果如图 3.5 所示。

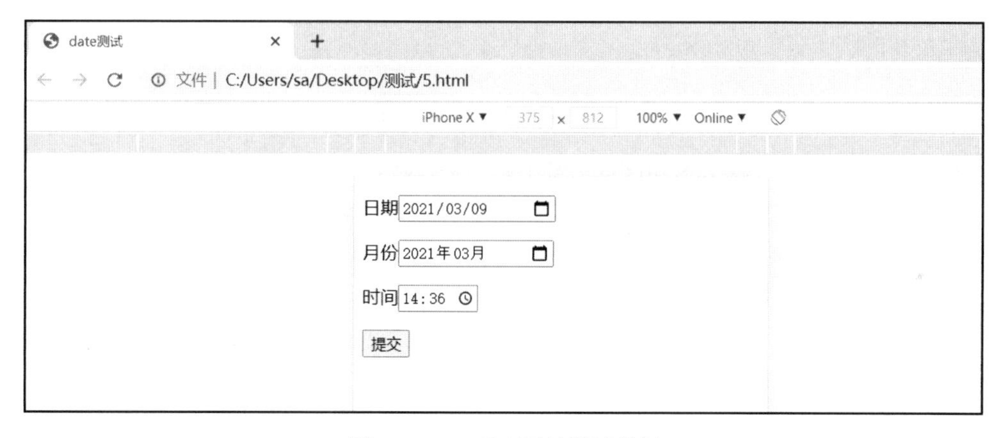

图 3.5　date 系列属性测试效果

6. type 为 color 时

<input type="color">表示实现文本框获取颜色的功能，但 IE 和 Safari 浏览器不支持<input type="color">标签。

7. type 为 checkbox、radio 时

<input type="checkbox">、<input type="radio">表示生成一个获取布尔值的复选框或固定选项的单选按钮，其额外属性如表 3.7 所示。

表 3.7　复选框、单选按钮额外属性

属性名称	说明
checked	设置复选框、单选按钮是否为选中状态
value	设置复选框、单选按钮选中状态时提交的数据。默认为 on
required	表示用户必须选中，否则无法通过验证

checkbox、radio 实例代码如下。

```
        <!DOCTYPE html>
        <html lang="en">
        <head>
        <meta charset="UTF-8">
            <meta name="viewport"
        content="width=device-width,initial-scale=1.0, minimum-scale=1.0,
maximum-scale=1.0"/>
        <title>checkbox、radio 测试</title>
        </head>
        <body>
               <form action="http://www.haosou.com">
               <p>网页制作<input type="checkbox"></p>
               <p>网络技术<input type="checkbox"></p>
               <p><input type="radio" name="sex" value="男">男</p>
                  <p><input type="radio" name="sex" value="女">女</p>
               <button>提交</button>
        </form>
        </body>
        </html>
```

以 check.html 命名并保存文件，在 Chrome 浏览器中打开 check.html，按 F12 键，选择 Apple iPhone X 选项，测试效果如图 3.6 所示。

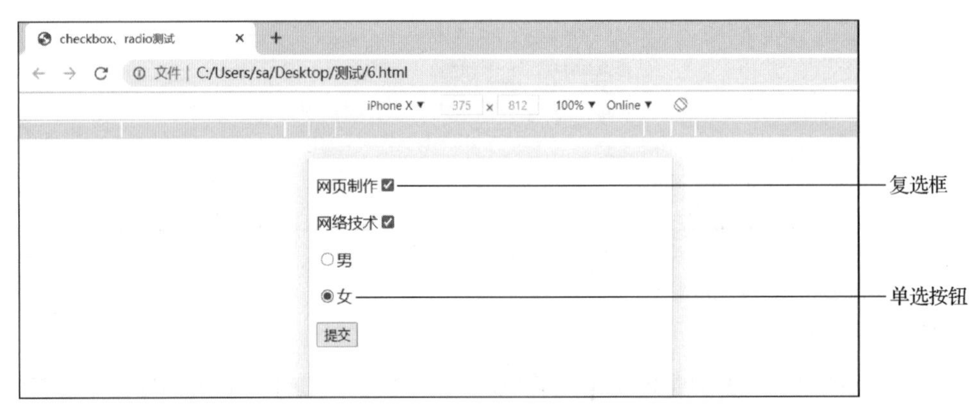

图 3.6　复选框、单选按钮属性测试效果

8．type 为 email、tel、url 时

<input type="email">、<input type="tel">和<input type="url">中，email 为电子邮件格式、tel 为电话格式、url 为网址格式，额外属性与 text 一致。但对于这几种类型，浏览器的支持情况是不同的。主流的浏览器都支持<input type="email">格式验证，基本不支持<input type="tel">格式验证，部分浏览器支持<input type="url">格式验证，只要检测到 http://就能通过。

email、tel、url 属性实例代码如下。

```
        <!DOCTYPE html>
```

```
<html lang="en">
<head>
<meta charset="UTF-8">
    <meta name="viewport"
content="width=device-width,initial-scale=1.0, minimum-scale=1.0,
maximum-scale=1.0"/>
    <title>email tel 和 url 测试</title>
</head>
<body>
    <form action="http://www.haosou.com">
        <p>输入邮箱地址:<input type="email"></p>
        <button>提交</button>
    </form>
</body>
</html>
```

在邮箱地址文本框中输入 zhangsan，显然输入格式不正确，在 360 浏览器中的测试效果如图 3.7 所示。

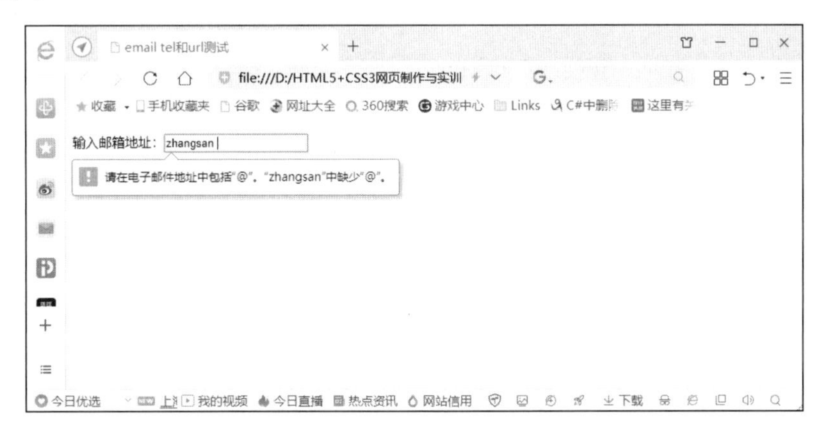

图 3.7　email 属性测试效果

> **注意**
>
> Chrome 浏览器暂不支持 email 属性，本实例采用 360 浏览器测试。

9. type 为 file 时

<input type="file">表示生成一个文件上传控件，用于文件的上传。file 额外提供了一些属性，如表 3.8 所示。

表 3.8　file 属性

属性名称	说明
accept	指定接受的 MIME 类型
required	表明用户必须提供一个值，否则无法通过验证

file 属性实例代码如下。

```
<!DOCTYPE html>
<html lang="en">
<head>
<meta charset="UTF-8">
    <meta name="viewport"
content="width=device-width,initial-scale=1.0, minimum-scale=1.0,
maximum-scale=1.0"/>
    <title>输入文件测试</title>
</head>
<body>
    <form action="http://www.haosou.com">
        <p>输入文件：<input type="file" accept="image/gif, image/jpeg,
image/png"></p>
        <button>提交</button>
    </form>
</body>
</html>
```

accept="image/gif, image/jpeg, image/png"表示 accept 只能输入 gif、jpeg、png 格式的图片文件。

以 file.html 命名并保存文件，在 Chrome 浏览器中打开 file.html，按 F12 键，选择 Apple iPhone X 选项，测试效果如图 3.8 所示。

图 3.8　file 属性测试效果

10. type 为 hidden 时

<input type="hidden">生成一个隐藏控件，一般用于表单提交时关联主键 id 提交，而这个数据作为隐藏存在。

11. type 为 submit、reset 和 button 时

<input type="submit">生成一个按钮，该按钮有 3 种模式：提交（submit）、重置（reset）和一般按钮（button），其属性如表 3.9 所示。

表 3.9　submit、reset 和 button 属性

属性名称	说明
submit	生成一个提交按钮
reset	生成一个重置按钮
button	生成一个普通按钮

type 为 submit 属性时，按钮可以提交表单数据；type 为 button 属性时，按钮不会自动提交表单数据，但可以响应用户自定义的事件，如果不指定 onclick 等事件处理函数，按钮不会处理任何事情。

项目实训一　制作移动网站“用户注册”表单

实训概述

网站通常要求用户注册账户，注册账户除必要的用户姓名等基本信息外，还必须输入密码，密码要求有一定的复杂度，同时提供给用户占位文本，方便用户输入信息。本实训制作了一个简单的注册表单，应用了 HTML5 最新的表单技术。

实训目的

1）掌握表单文本框的使用方法。

2）掌握<input>标签的 type 属性与使用技巧。

3）初步掌握 CSS 样式表的使用方法。

实训步骤

01 新建目录 d:/register。

02 运行 Sublime Text 3，新建文件 register.html 和 register.css。

03 在文件 register.html 中编写如下代码。

```
<!DOCTYPE html>
<html lang="zh-cn">
<head>
<meta charset="UTF-8">
   <meta name="viewport"
content="width=device-width,initial-scale=1.0, minimum-scale=1.0,
maximum-scale=1.0"/>
<title>注册表单</title>
<link rel="stylesheet" type="text/css" href="register.css">
</head>
```

```
        <body>
        <form action="www.haosou.com" method="post">
            <fieldset id="register">
                <legend>用户注册</legend>
                <ol>
                    <li>
                        <label for="name">用户名</label>
                        <input   type="text"   autofocus="true"   name="username"
placeholder="张三">
                    </li>
                    <li>
                            <label for="email">邮箱</label>
        <input type="email" name="email" placeholder="user@eaxmple.com">
                    </li>
                    <li>
                        <label for="password">密码</label>
            <input type="password" name="password" value="" autocomplete="off"
placeholder="8～10 个字符">
                    </li>
                    <li>
                        <label for="password_confirmation">密码确认</label>
                        <input   type="passwordconfirm"   name="passwordconfirm"
value="" autocomplete="off" placeholder="请输入确认密码">
                    </li>
                    <li>
                        <input type="submit" value="提交">
                    </li>
                </ol>
            </fieldset>
        </form>
        </body>
        </html>
```

04 代码解释如下。

① <link>标签中 href 引用了 css 文件对表单进行美化，后面将列出 css 源代码。

② form 有 action 和 method 两个属性。

③ fieldset 标签对表单进行了分组，一个表单可以有一个或多个<fieldset>标签，它包含的文本或<input>标签等表单元素外面形成一个包围框。

④ <legend>标签说明每组的内容描述，即包围框的标题，默认显示在<fieldset>标签所形成的包围框的左上角。

⑤ <ol>标签表示有序列表，用于实现表单的布局。

⑥ autofocus 属性设置为 true，表示该文本框自动获得焦点；placeholder 用于设置占位文本，提示用户输入内容所采取的文本格式。

⑦ <input>标签的 type 属性为 email，表示用户必须输入邮件格式，placeholder 用于设置占位文本，提示用户输入内容所采取的邮件格式。

⑧ <input>标签的 type 属性为 password，表示用户必须输入密码格式；autocomplete 属

性为 off，表示通知浏览器不要为当前的表单域自动填充数据。某些浏览器能够记录用户之前输入的数据，但在某些场合下，不希望浏览器记录用户的敏感数据，如密码等。

05 文件 register.css 中编写如下代码。

```
fieldset{
width: 220px;          //设置 fieldset 宽度
}
fieldset ol{
list-style: none;      //清除列表的样式
margin: 2px;           //设置外边距为 2px
padding: 0;            //设置内边距为 0
}
fieldset ol li{
margin: 0 0 9px 0;    //设置下边距为 9px
padding: 0;
}
fieldset input{
    display: block;       //内联元素转为块元素，使输入单独成行
}
```

06 以 register.html 命名并保存文件，在 Chrome 浏览器中打开 register.html，按 F12 键，选择 Apple iPhone X 选项，测试效果如图 3.9 所示。

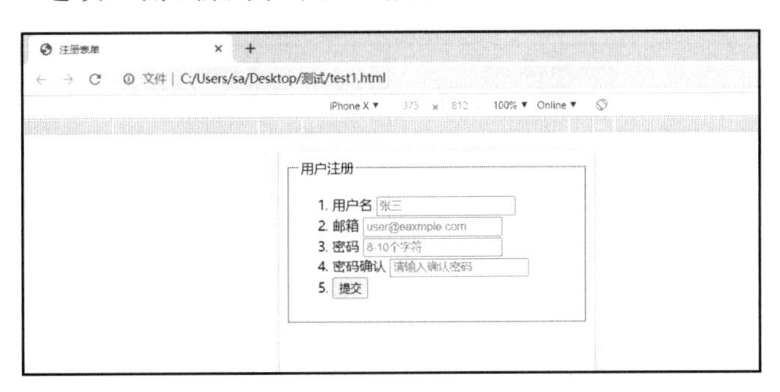

图 3.9　“用户注册”表单测试效果

项目实训二　制作“域名注册”网页

实训概述

“域名注册”网页是一个动态交互的页面。运用多个表单元素可实现域名注册。本实训灵活运用文本字段、密码字段、单选按钮、复选框、文本域等表单元素完成域名注册，同时使用 CSS 样式表美化页面。

实训目的

1）掌握表格布局的设计方法。

2）掌握表单元素的属性设置方法。

3）掌握表单验证的方式。

实训步骤

01 新建目录 d:/yuming。

02 运行 Sublime Text 3，新建文件 yuming.html。

03 规划网页内容，详细列出相应文字、表单名称、所属表单元素和其他说明等信息（表 3.10）。

表 3.10　表单元素相应属性

相应文字	表单名称	所属表单元素	其他说明
登录账号	zhanghao	文本字段	必须填写
密码	mima	密码字段	必须填写
性别	RadioGroup1	单选按钮	
注册网址	wangzhi	文本字段	网址格式
注册网址后缀	com cn net org	复选框	
域名所有者（中文）	ymzhongwen	文本字段	
所属区域	quyu	下拉列表	
单位所在地	danwei	单选按钮	必须填写
单位负责人	fuzeren	文本域	
联系电话	dianhua	文本域	
提交	tijiao	按钮	
重置	chongzhi	按钮	

04 项目代码如下。

```
<!DOCTYPE html>
<html lang="zh-cn">
<head>
    <meta charset="UTF-8">
    <meta name="viewport"
content="width=device-width,initial-scale=1.0, minimum-scale=1.0,
maximum-scale=1.0"/>
<title>易用性表单</title>
<style type="text/css">
table {
    font-size:14px;                //设置文字大小
    width:270px;                   //设置表格宽度
}
td {
```

```
            line-height:30px;           //设置行高
        }
        fieldset {
            margin:0 auto;              //设置居中对齐
            text-align:left;            //设置内容左对齐
            width:270px;                //设置宽度
            -moz-border-radius:5px;     //设置圆角边框弧度
            -webkit-border-radius:5px;  //设置圆角边框弧度
        }
        </style>
        </head>
        <body>
        <form>
            <fieldset>
                <legend>域名注册</legend>
                <table  align="center">
                    <thead>
                        <tr>
                            <th colspan="2">请填写域名信息</th>
                        </tr>
                    </thead>
                    <tbody>
                  <tr>
            <td align="right"><label for="zhanghao" accesskey="1">登录账号:
</label></td>
            <td><input type="text" name="zhanghao" id="zhanghao"/></td>
                  </tr>
                   <tr>
                    <td align="right"><label for="mima" accesskey="2">密码:
</label></td>
                    <td><input type="password" name="mima" id="mima"/></td>
                   </tr>
                        <tr>
                            <td align="right"><label>性别:</label></td>
                            <td><label>
                    <input type="radio" name="RadioGroup1" value="1"
id="RadioGroup1_0"/>
                                  男</label>
                                  <label>
                    <input type="radio" name="RadioGroup1" value="2"
id="RadioGroup1_1" />
                                   女</label></td>
                        </tr>
                        <tr>
          <td align="right"><label for="wangzhi" accesskey="3">注册网址:
</label></td>
          <td><input type="text" value="www." name="wangzhi" id="wangzhi"/></td>
                        </tr>
                        <tr>
                            <td align="right"><label>注册网址后缀:</label></td>
```

```
                         <td><input type="checkbox"checked="" name="com"
value="yes"/>
                             .com
                             <input type="checkbox"checked="" name="cn"
value="yes"/>
                             .cn
                        </tr>
                       <tr>
                 <td align="right"><label for="ymzhongwen">域名所有者(中文):
</label></td>
                 <td><input type="text" name="ymzhongwen" id="ymzhongwen"/>
</td>
                       </tr>
                        <tr>
                          <td align="right"><label for="quyu">所属区域:</label>
</td>
                          <td><select name="quyu" id="quyu">
                               <option selected="" value="">中国</option>
                             </select>
                             <select name="SP">
                               <option value="0">-省份-</option>
                               <option value="1">北京</option>
                               <option value="2">上海</option>
                               <option value="3">天津</option>
                               <option value="4">重庆</option>
                             </select></td>
                       </tr>
                       <tr>
                         <td align="right"><label for="danwei">单位所在地:
</label></td>
                          <td><input type="text" name="danwei" id="danwei"/>
</td>
                       </tr>
                       <tr>
                         <td align="right"><label for="fuzeren">单位负责人:
</label></td>
                         <td><input type="text" name="fuzeren" id="fuzeren"/>
</td>
                       </tr>
                        <tr>
                          <td align="right"><label for="dianhua">联系电话:
</label></td>
                          <td><input type="text" name="dianhua" id="dianhua"/>
</td>
                       </tr>
                       <tr>
                          <td colspan="2" align="center"><input name="tijiao"
type="submit" class="buttom" value="提交" />
                   <input name="chongzhi" type="reset" class="buttom" value=
"重置" /></td>
```

```
                </tr>
            </tbody>
        </table>
    </fieldset>
</form>
</body>
</html>
```

05 网页结构简单，内容很少变化，采用表格布局，方便快速。本项目表格布局部分代码如下。

```
<table  align="center">
            <thead>
                <tr>
                    <th colspan="2">请填写域名信息</th>
                </tr>
            </thead>
            <tbody>
                <tr>
<td align="right"><label for="zhanghao" accesskey="1">登录账号:</label>
</td>
<td><input type="text" name="zhanghao" id="zhanghao"/></td>
                </tr>
  ......
  </tbody>
</table>
```

整个表格分为表头区和表内容区，共 13 行 2 列，表头区占一行跨两列。<table></table>包含表格所有内容，<thead></thead>为表头区，<tbody></tbody>为表格主体区，<tr></tr>表示行，<td></td>表示单元格。

06 关键代码解析。

①

```
<tr>
            <td align="right"><label for="mima" accesskey="2">密码:
</label></td>
            <td><input type="password" name="mima" id="mima" required />
</td>
</tr>
```

<td align="right">表示单元格文本右对齐；accesskey 是 HTML 的公共属性，其作用是规定激活（使元素获得焦点）元素的快捷键，按住 Alt 键或 Alt+Shift 键，单击 accesskey 定义快捷键 2，即可获得密码文本框的焦点；required 属性要求必须输入密码，不能为空。

②

```
<tr>
            <td align="right"><label>性别:</label></td>
            <td><label>
<input type="radio" name="RadioGroup1" value="1" id="RadioGroup1_0"/>
                                男</label>
```

```
                    <label>
        <input type="radio" name="RadioGroup1" value="2" id="RadioGroup1_1"/>
                                            女</label></td>
        </tr>
```

只有 name 相同的 input 才是同一个单选按钮。即在同一 name 下，男性和女性为互斥选项。value 为提交表单后取得该 name 的值，因此相同的 input 值不相同。

③

```
        <tr>
                <td align="right"><label for="wangzhi" accesskey="3">注册网址:
</label></td>
                <td><input type="text" value="www." name="wangzhi" id="wangzhi"/>
</td>
        </tr>
```

input 元素的 value 默认值为“www.”，实际域名需填在后面，如 qkzz.cn。

④

```
        <tr>
                    <td align="right"><label>注册网址后缀:</label></td>
                    <td><input type="checkbox" checked="" name="com" value="yes"/>
                    .com
                    <input type="checkbox" checked="" name="cn" value="yes"/>
                    .cn
        </tr>
```

复选框与单选按钮正相反，name 不相同，但 value 值相同，均为 yes，如果选择多个复选框，表单提交时将上传多个值。

⑤

```
        <tr>
                 <td align="right"><label for="quyu">所属区域:</label></td>
                 <td><select name="quyu" id="quyu">
                 <option selected="" value="">中国</option>
                 </select>
                 ......
                 </td>
        </tr>
```

<label for="quyu">与<select name="quyu" id="quyu">属性值均为 quyu，<label>标签与<select>标签形成联动，单击<label>标签时也就选择了<select>标签。

⑥

```
        <tr>
                <td colspan="2" align="center"><input name="tijiao" type="submit"
class="buttom" value="提交"/>
               <input name="chongzhi" type="reset" class="buttom" value="重置"/>
</td>
        </tr>
```

<td colspan="2" align="center">表示该单元格占 2 列，内容居中。class="buttom"表示提交按钮和重置按钮应用 CSS 类，类名为 buttom。

07 在<head> </head>头部区域内，使用<style>标签直接把 CSS 文件中的内容加载到 HTML 文档内部，达到格式化界面效果。

```
<style  type="text/css">
 table {
 font-size:14px;              //设置文字大小
 width:270px;                 //设置表格宽度
 }
 td {
 line-height:30px;            //设置行高
 }
 fieldset {
 margin:0 auto;               //设置居中对齐
 text-align:left;             //设置内容左对齐
 width:270px;                 //设置宽度
 -moz-border-radius:5px;      //设置圆角边框弧度
 -webkit-border-radius:5px; //设置圆角边框弧度
 }
</style>
```

为确保表单在网页中的居中位置，设置 fieldset 居中对齐，同时考虑到兼容性，分别设置基于 webkit 内核的 Firefox 浏览器私有属性-moz-border-radius、-webkit-border-radius，设置网页表单的圆角边框弧度。

08 以 yuming.html 命名并保存文件，在 Chrome 浏览器中打开 yuming.html，按 F12 键，选择 Apple iPhone X 选项，“域名注册”网页的测试效果如图 3.10 所示。

图 3.10　“域名注册”网页的测试效果

拓展链接　Web 应用程序的工作原理

本项目中，表单数据发送之后，通过电子邮件的方式最终生成一个纯文本文件，保存接收到的数据。这种方式比较简单、易操作，适合数据量少、业务相对简单的项目，在实际业务中，多采用 B/S（浏览器/服务器）模式。现通过对图 3.11 做简单介绍，以加深对表单的理解。

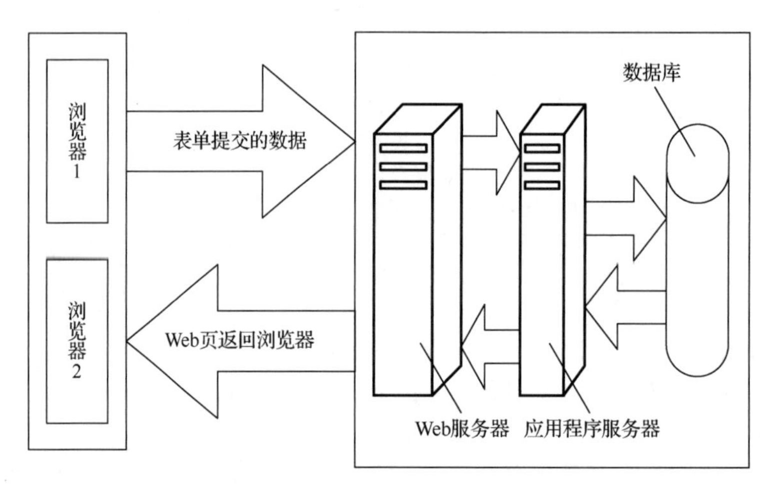

图 3.11　Web 应用程序的工作原理

浏览器端将表单提交的数据发送给 Web 服务器，由 Web 服务器传送给应用程序服务器，应用程序服务器调用相关网页程序进行处理，如果需要存取数据，则对数据库进行访问；处理的数据经由应用程序服务器传给 Web 服务器，再由 Web 服务器进行相关处理，把这个网页作为应答发送给浏览器。可见，这一过程相对复杂，实现这一过程需要 ASP、JSP 或 CGI（common gateway interface，公共网关接口）等编程语言，因此，只有掌握用表单制作网页的技能，才能为以后编写复杂网页打好牢固的基础。

项 目 小 结

表单主要包括表单域、文本域等元素，创建和使用这些元素属性是制作表单项目的重点。在制作表单网页时，首先设计好表单布局，其次设置好表单元素的属性，同时，结合 CSS、表格布局和文字编辑等知识，融会贯通，灵活运用，才能制作出别具一格的移动站点网页。

思考与练习

一、选择题

1．表单从浏览器发送给服务器的两种方法是（　　）。

A．form 和 post　　B．get 和 post

C．ident 和 get　　D．bin 和 ident

2．下面关于设置文本域的属性说法错误的是（　　）。

A．单行文本域只能输入单行文本

B．通过设置可以控制单行文本域的高度

C．通过设置可以控制输入单行文本域的最长字符数

D．密码文本域的主要特点是不在表单中显示具体输入内容，而是用*来替代显示

3．若要在新浏览器窗口中打开一个页面，请从属性检查器的“目标”弹出菜单中选择（　　）。

A．_blank　　B．_parent　　C．_self　　D．_top

4．HTML 代码<input type=text name="address" size=30>表示（　　）。

A．创建一个单选按钮　　B．创建一个单行文本域

C．创建一个提交按钮　　D．创建一个使用图像的提交按钮

5．以下（　　）属性不属于表单标记<form>的属性。

A．src　　B．name　　C．method　　D．action

6．在表单元素“列表”属性中，（　　）用来设置列表显示的行数。

A．类型　　B．高度

C．允许多选　　D．列表值

二、简答题

1．HTML5 表单主要新增了哪些元素？

2．表单的<input>属性 required、autofocus、placeholder、autocomplete 有什么作用？

三、操作题

参照图 3.12，制作一个调查表，实现文本框应用占位符、自动聚焦等功能。

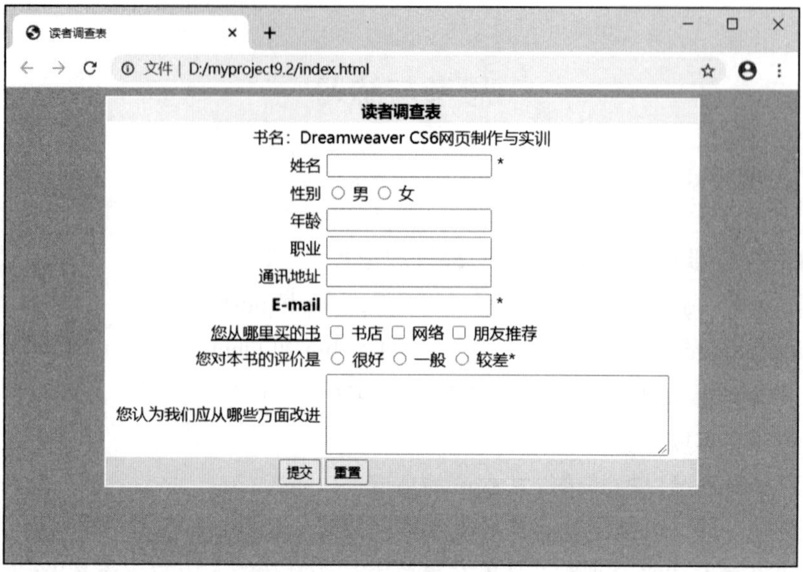

读者调查表
文件 | D:/myproject9.2/index.html
读者调查表
书名：Dreamweaver CS6网页制作与实训
姓名 *
性别 男 女
年龄
职业
通讯地址
E-mail *
您从哪里买的书 书店 网络 朋友推荐
您对本书的评价是 很好 一般 较差*
您认为我们应从哪些方面改进
提交 重置

图 3.12　读者调查表

HTML5 多媒体设计

随着互联网的发展，音频和视频的重要性日益突显。以往网页中嵌入音频或视频是通过浏览器插件来运行的，设计时使用<embed>、<object>标签。现在 HTML5 提供了音/视频最新的元素 audio、video，无须借助 Flash 即可实现音/视频的播放，而且可以使音/视频在 iPhone 等移动设备上直接播放。HTML5 给出了一种开放的、标准化的方式来进行与音/视频的交互，最重要的是对视频和音频进行了语义标注，更容易被识别，可以像操作图片一样操作视频和音频。

任务目标

- 了解音/视频的发展历史。
- 掌握音/视频中容器和编/解码器的基本概念。
- 掌握 HTML5 音/视频 audio、video 元素的使用方法。
- 会在实际项目中嵌入音/视频。

任务一　网页中的音频和视频

本任务要求了解早期网页中音/视频的标签使用方法，理解容器、编/解码器的概念，重点掌握音/视频编码器的格式及浏览器的支持情况。

一、发展历史

在网页中，早期的音/视频标签通常采用<embed>和<object>两种标签嵌套。采用这种方式，主要与两种标签的支持程度有关。网页中使用<embed>标签来引用文件，例如：

```
<embed src="music1.mp3" autostart="true"
loop="true" controller="true"></embed>
```

大部分浏览器都能支持<embed>标签，但<embed>标签并没有纳入 W3C 标准中，而<object>标签虽然得到了 W3C 标准的支持，但是并没有得到大部分浏览器的支持。因此，为了使音/视频能够在各个浏览器中正确地呈现，采用了嵌套使用的方式，例如：

```
<object>
    <param name="src" value="music1.mp3">
    <param name="autoplay" value="false">
    <param name="controller" value="true">
    <embed src="music1.mp3" autostart="true"
        loop="true" controller="true"></embed>
</object>
```

在 HTML5 视频标签<video>出现之前，网站上的视频通常需要用户下载安装插件，如 Realplayer、Quicktime、Windows Mediaplayer、Flash 等。Flash 曾经风靡一时，但是也存在着很多的问题，如需要用户手动安装、存在明显的安全性问题、系统资源消耗比较大等。

苹果手机明确声明，在移动端不再支持 Flash。Android 平台早期支持 Flash，但是当 Android 手机版本升级到 4.0 之后，也停止了对 Flash 的支持。原因如下：首先，手机的硬件远远比不上计算机，计算机上的 Flash 对于性能的影响并不是很明显，但是对于早期只有几百兆的手机来说，Flash 对于系统资源的消耗异常明显，时常会因为 Flash 而出现死机的现象；其次，在手机平台，Flash 很耗费电量。

二、容器和编/解码器

1. 容器

音频文件或视频文件都只是一个容器格式文件。视频文件包含了音频轨道、视频轨道和其他一些元数据。视频播放时音频轨道和视频轨道是绑定在一起的。元数据包含了视频的封面、标题、子标题、字幕等相关信息。主流视频容器格式有 avi、flv、mp4、mkv、ogg、webm。

2. 编/解码器

音频和视频的编码/解码是一组算法，用来对一段特定音频或视频进行解码和编码，以便音频和视频能够播放。原始的媒体文件体积非常大，如果不对其进行编码，那么需要传播的数据量是非常惊人的，在互联网上传播要耗费相当长的时间；如果不对其进行解码，就无法将编码后的数据重组为原始的媒体数据。主流的音频编/解码器有 AAC、MPEG-3、Ogg Vorbis 等，视频编/解码器有 H.264、Ogg Theora、VP8 等。

（1）H.264

H.264/MPEG-4 AVC（H.264）是 1995 年自 MPEG-2 视频压缩标准发布以后的最新视频压缩标准。H.264 是由 ITU-T（International Telecommunication Union Telecommunication Standardization Sector，国际电信联盟电信标准分局）和 ISO/IEC（International Organization for Standardization/International Electrotechnical Commission，国际标准化组织/国际电工委员会）的联合开发组共同开发的国际视频编码标准。通过该标准，在同等图像质量下的压缩效率比以前的标准提高了两倍以上，因此，H.264 被普遍认为是最有影响力的行业标准。

（2）Ogg Theora

Theora 是开放而且免费的视频压缩编码技术，属于 Ogg 项目的一部分，从 VP3 HD 高清到 MPEG-4/DiVX 格式都能够被 Theora 很好地支持。使用 Theora 无须任何专利许可费。Firefox 和 Opera 通过新的 HTML5 元素提供了对 Ogg Theora 视频的原生支持。通过 Directshow filters 或 FFdshow 可以在 Windows 平台使用，VLC 和 MPlayer 均支持 Theora 视频的播放。如果下载提供 Theora 源码，需要使用者自行编译，压缩包内包含了各个平台的源码。

（3）VP8

VP8 是 On2 Technologies 公司于 2008 年 9 月推出旨在取代其前任 VP7 的视频编/解码器。VP8 能以更少的数据提供更高质量的视频，而且只需较小的处理能力即可播放视频，为致力于实现产品及服务差异化的网络电视、交互式网络电视（Internet protocol television，IPTV）和视频会议提供理想的解决方案。谷歌收购 On2 Technologies 公司后，正式宣布将 VP8 以 BSD（Berkeley software distribution，伯克利软件发行版）许可证的形式开源，成为一项完全开源、免版税的编码标准。

3. 浏览器支持情况

起初，HTML5 规范打算指定编/解码器，但实施起来极为困难。部分厂商已有自己的标准，不愿更改标准；有一些编/解码器受专利保护，使用时需要支付昂贵的费用。因此，HTML5 规范最终放弃了统一规范的要求，各个浏览器都有自己的标准，部分浏览器支持情况如表 4.1 所示。

表 4.1　部分浏览器支持情况

容器格式	视频编/解码器	音频编/解码器	IE 9+	Firefox 5+	Chrome 13+
webm	VP8	Vorbis	不支持	支持	支持
ogg	Theora	Vorbis	不支持	支持	支持
mpeg	H.264	AAC	支持	不支持	—

除了表 4.1 中的 3 款浏览器，还有 Safari 5+支持 MPEG-4 格式，Opera 11 支持 webm 和 ogg 格式。

任务二　嵌入音频和视频

HTML5 使用了不同的标签嵌入音频和视频，通过对本任务的学习，要求熟知 audio、video 元素的属性及其使用方法，同时，掌握在网页中嵌入音频和视频兼容多个浏览器的策略方法。

一、网页中嵌入音频

目前，在网页上播放音频的标准尚不存在。大多数音频是通过插件（如 Flash）来播放的，然而，并非所有浏览器都拥有同样的插件。

HTML5 规定了在网页上嵌入音频元素的标准，即使用 audio 元素和 source 元素引入多种格式兼容即可，主流的音频格式有 mp3、m4a、ogg、wav。audio 元素的常用属性如表 4.2 所示。

表 4.2　audio 元素的常用属性

属性名称	说明
src	音频资源的 URL
autoplay	设置后，表示立刻开始播放音频
preload	设置后，表示预先载入音频
controls	设置后，表示显示播放控件

1. 嵌入一个音频

```
<audio src="test.mp3" controls autoplay></audio>
```

src 表示音频资源的 URL，音频文件名为 test.mp3，controls 表示显示播放控件，autoplay 表示立刻开始播放音频。

2. 兼容多个浏览器

```
<audio controls>
    <source src="test.mp3">
```

```
        <source src="test.m4a">
        <source src="test.wav">
    </audio>
```

通过 source 元素引入多种格式的音频，可使更多的浏览器保持兼容。

二、网页中嵌入视频

以往的视频播放，需要借助 Flash 插件才可以实现，因为 Flash 插件的不稳定性经常导致浏览器崩溃，所以很多浏览器或系统厂商开始不再内置 Flash 插件，取而代之的正是 HTML5 的 video 元素。video 元素的常用属性如表 4.3 所示。

表 4.3　video 元素的常用属性

属性名称	说明
src	视频资源的 URL
width	视频宽度
height	视频高度
autoplay	设置后，表示立刻开始播放视频
preload	设置后，表示预先载入视频
controls	设置后，表示显示播放控件
loop	设置后，表示反复播放视频
muted	设置后，表示视频处于静音状态
poster	指定视频数据载入时显示的图片

1. 嵌入视频

```
    <video src="test.webm" width="800" height="600"></video>
```

video 元素插入一个视频，主流的视频格式包括 webm、mp4、ogg 等。src 表示视频资源的 URL，即视频文件路径；width 表示宽度为 800px；height 表示高度为 600px。

2. 附加一些属性

```
    <video src="test.webm" width="800" height="600" autoplay controls loop
muted></video>
```

autoplay 表示自动开始播放；controls 表示显示播放控件；loop 表示循环播放；muted 表示静音。

3. 预加载设置

```
    <video src="test.webm" width="800" height="600" controls
    preload="none"></video>
```

preload 属性有 3 个值，其中，none 表示播放器什么都不加载；metadata 表示播放之前只能加载元数据（宽高、第一帧画面等信息）；auto 表示请求浏览器尽快下载整个视频。

4. 使用预览图

```
    <video src="http://www.qkzz.cn/test.webm" width="800" height="600"
controls poster="img.png"></video>
```

poster 属性表示在视频的第一帧做一张预览图。

5. 兼容多个浏览器

```
    <video width="800" height="600" controls poster="img.png">
        <source src="test.webm">
        <source src="test.mp4">
        <source src="test.ogg">
        <object>这里引入 Flash 播放器实现 IE9 以下的浏览器支持,但没必要了</object>
    </video>
```

通过 source 元素引入多种格式的视频，使更多的浏览器保持兼容。

项目实训一　创建音频网页

实训概述

本实训创建一个音频网页，访问网页者可以快速试听每个音频片段，考虑到浏览器的兼容性，每个音频片段分别准备了 mp3 和 ogg 两种格式的文件。同时，考虑到旧的浏览器不支持 HTML5 元素标签的情况，提供了音频下载的超链接。通过本实训的练习，进一步掌握 HTML5 结构元素（article、header、audio）及元素属性的使用方法。

实训目的

1）掌握在网页中插入音频的方法。
2）掌握 HTML5 结构元素及其属性的使用方法。
3）熟悉不同类型的音频在不同浏览器中的支持度。

实训步骤

01 新建目录 d:/music。
02 运行 Sublime Text 3，新建文件 index.html。
03 文档类型声明部分代码如下。

```
    <!DOCTYPE html>
    <html lang="en-zh">
        <head>
        <meta charset="utf-8">
```

```
        <title>音频网页</title>
    </head>
<body>
……
</body>
</html>
```

04 主体区域代码如下。

```
<h1>音频示例:</h1>
    <article>
      <header><h2>鼓</h2></header>
      <audio id="drums" controls>
        <source src="ogg/drums.ogg" type="audio/ogg">
        <source src="mp3/drums.mp3" type="audio/mpeg">
        <a href="mp3/drums.mp3">下载 drums.mp3</a>
      </audio>
    </article>
    <article>
      <header><h2>吉他</h2></header>
      <audio id="guitar" controls>
        <source src="ogg/guitar.ogg" type="audio/ogg">
        <source src="mp3/guitar.mp3" type="audio/mpeg">
        <a href="mp3/guitar.mp3">下载 guitar.mp3</a>
      </audio>
    </article>
    <article>
      <header><h2>风琴</h2></header>
      <audio id="organ" controls>
        <source src="ogg/organ.ogg" type="audio/ogg">
        <source src="mp3/organ.mp3" type="audio/mpeg">
        <a href="mp3/organ.mp3">下载 organ.mp3</a>
      </audio>
    </article>
    <article>
      <header><h2>贝斯</h2></header>
      <audio id="bass" controls>
        <source src="ogg/bass.ogg" type="audio/ogg">
        <source src="mp3/bass.mp3" type="audio/mpeg">
        <a href="mp3/bass.mp3">下载 bass.mp3</a>
      </audio>
</article>
```

网页标题使用<h1>标签，即使用 1 号标题。

整个网页使用 4 个 article 结构元素，每个 article 元素内描述一个音频样本，分别是鼓、吉他、风琴和贝斯。

<header>标签内使用 2 号标题，描述每个音频样本。

<audio>标签内 id 属性用于识别每个不同的<audio>标签，controls 指明显示该音频控件。

<source>标签定义了音频文件源，并分别指明了音频 ogg 和 mpeg 类型，定义不同的音

频类型，是为了浏览器的兼容性。ogg 格式的音频，在 Firefox 5+浏览器和 Chrome 13+浏览器上有很好的支持度，而 mpeg 格式的音频，则在 IE 9 以上的浏览器有很好的支持度。

<a>标签内定义了一个超链接，使得在浏览器不支持 audio 元素的情况下，用户可通过这个超链接直接下载 mp3 文件，通过本地音频播放器进行播放。

05 将 index.html 文件拖放到 Chrome 浏览器中，音频网页整体效果如图 4.1 所示。

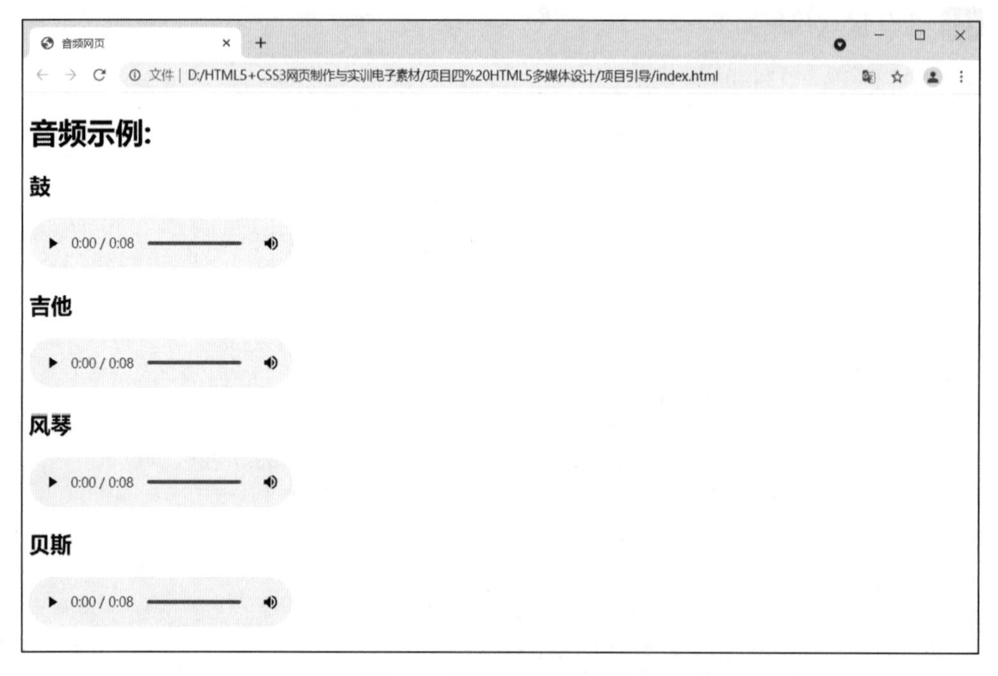

图 4.1　音频网页整体效果

项目实训二　制作视频网站

实训概述

视频网站中需要插入不同类型的视频。本实训灵活运用 video 元素实现视频的播放功能；同时，综合使用 Flash 技术与 HTML5 技术，可兼容旧的浏览器版本。

实训目的

1）掌握 HTML5 结构布局网站的方法。
2）掌握 video 元素的使用方法。
3）综合使用 Flash 技术与 HTML5 技术，确保旧的浏览器也能播放视频。
4）可参考本实训，自己创新，设计出具有音/视频播放功能的网页。

实训步骤

1. 创建文件

01 新建目录 d:/video_prj。

02 新建子目录 video/h264、video/theora、video/webm 和 video/thumbs，分别将电子素材中的 muke.mp4、muke.ogv、muke.webm、muke.png 文件复制到上述 4 个目录下。

03 将电子素材中的 swf 目录及其目录下的文件复制到 video 目录下。

04 运行 Sublime Text 3，新建文件 index.html。

2. HTML5 代码部分

01 文档类型声明部分代码如下。

```
<!DOCTYPE html>
<html lang="en-zh">
<head>
<meta charset="UTF-8">
<title>视频示例</title>
</head>
```

02 网页结构布局代码如下。

```
<body>
   <header>
         <h1>慕课</h1>
   </header>
      <article>
        <header>
          <h2>慕课掀起学习风潮</h2>
        </header>
   <video>
   ......
   </video>
   <section class="downloads">
   ......
   </section>
   <section class="transcript">
   ......
   </section>
 </article>
<body>
```

网站主体部分为<header>、<article>两部分，<header>部分描述该网站的标题，<article>标签为整个页面主体，包括标题区、视频区、下载区和文本说明区 4 个部分。

03 标题区代码如下。

```
<header>
    <h2>慕课掀起学习风潮</h2>
</header>
```

标题区较为简单，只包括 2 号标题，是对主标题的进一步说明。

04 视频区代码如下。

```
<video controls>
        <source src="video/h264/muke.mp4" />
        <source src="video/theora/muke.ogv"/>
        <source src="video/webm/muke.webm" />

<object width="640" height="480" type="application/x-shockwave-flash"
          data="swf/flowplayer-3.2.2.swf">
          <param name="movie" value="swf/flowplayer-3.2.2.swf" />
          <param name="allowfullscreen" value="true" />
          <param name="flashvars"
            value='config={"clip":{"url":"../video/h264/muke.mp4",
                                   "autoPlay":false,
                                   "autoBuffering":true
                                  }
                            }'/>
          <img src="video/thumbs/muke.png"
            width="640" height="264" alt="Poster Image"
            title="不支持视频重放功能" />
        </object>
        <p>您的浏览器不支持该视频格式</p>
</video>
```

代码解释如下。

① video 元素内含 controls 属性指明浏览器显示控件窗口，<source src="video/h264/muke.mp4"/>指明链接源文件格式为 mp4，大多数浏览器支持 mp4 格式的视频播放。实际上，H.264 编码是视频格式标准，因此，该行代码放在首行。其他两种 ogv、webm 视频格式得到 Firefox 浏览器、Chrome 浏览器很好的支持。运行以上 3 行代码在 Chrome、Firefox、Safari、iPhone、iPad 及 IE 9 中就能直接播放视频了，无须在浏览器中安装插件。

有些用户仍然使用不支持 HTML5 的浏览器，考虑到兼容性，可采用 Flash 插件方式。FlowPlayer 是一款基于 Flash 的播放器，可以播放 H.264 编码的视频，下载该播放器的开源版本 flowplayer-3.2.2.swf 和 flowplayer.controls-3.2.1 并复制到 swf 目录下即可。

② <object width="640" height="480" type="application/x-shockwave-flash" data="swf/flowplayer-3.2.2.swf">定义 FlowPlayer 播放器的宽和高，type 指明数据的 MIME 类型，data 定义在何处可找到对象所需的代码。

③ <param name="movie" value="swf/flowplayer-3.2.2.swf"/>通过 name 与 value 定义了嵌入内容为 flowplayer-3.2.2.swf 的视频。

④ <param name="allowfullscreen" value="true"/>定义了允许 Flash 全屏播放。

⑤ 视频文件 muke.mp4 的路径应该是 FlowPlayer 的相对路径。由于 FlowPlayer 放到了 swf 文件夹内，因此，为了确保播放器能顺利播放视频，应该使用路径../video/h264/muke.mp4。

⑥ "autoPlay":false 指明不允许自动播放，"autoBuffering":true 则指明允许使用自动播放缓存。

⑦ 如果浏览器既不支持 HTML5，也没有安装 Flash，则显示一张慕课缩略图，并进行文字提示“您的浏览器不支持该视频格式”。

05 下载区代码如下。

```
<section class="downloads">
        <header>
          <h3>下载</h3>
        </header>
        <ul>
          <li><a href="video/h264/muke.mp4">H264,支持大部分平台</a></li>
          <li><a href="video/theora/muke.ogv">OGG 格式</a></li>
          <li><a href="video/webm/muke.webm">WebM 格式</a></li>
        </ul>
      </section>
```

如果浏览器既没有安装 Flash，又不支持 video，用户可以采用嵌入下载链接的方法选择下载格式，使用本地视频播放器播放视频。

06 文本说明区代码如下。

```
<section class="transcript">
        <h2>慕课简介</h2>
        <p>所谓"慕课"(MOOC),顾名思义,"M"代表 Massive(大规模),与传统课程只有几十个或几百个学生不同,一门 MOOCs 课程动辄上万人,最多达 16 万人;第二个字母"O"代表 Open(开放),以兴趣导向,凡是想学习的,都可以进来学,不分国籍,只需一个邮箱,就可注册参与;第三个字母"O"代表 Online(在线),学习在网上完成,无须旅行,不受时空限制;第四个字母"C"代表 Course,就是课程的意思。</p>
        <p>MOOC 是新近涌现出来的一种在线课程开发模式,它发端于过去的那种发布资源、学习管理系统以及将学习管理系统与更多的开放网络资源综合起来的旧的课程开发模式。通俗地说,慕课是大规模的网络开放课程,它是为了增强知识传播而由具有分享和协作精神的个人组织发布的、散布于互联网上的开放课程。</p>
        <p>这一大规模在线课程掀起的风暴始于 2011 年秋天,被誉为"印刷术发明以来教育最大的革新",呈现"未来教育"的曙光。2012 年,被《纽约时报》称为"慕课元年"。多家专门提供慕课平台的供应商纷起竞争,Coursera、edX 和 Udacity 是其中最有影响力的"三巨头",前两个均已进入中国市场。</p>
</section>
```

除视频播放外，网页还提供了有关慕课的文字说明，使用户对慕课的定义和应用情况有进一步了解。

3. .htaccess 文件

为了确保 Web 浏览器知道如何处理视频文件，需新建一个.htaccess 文件，并将文件与 index.html 位于同一文件夹中，.htaccess 文件代码内容如下。

```
AddType video/ogg  .ogv
AddType video/mp4  .mp4
AddType video/webm .webm
```

注意

如果 Web 服务器在播放视频时出现问题，可能是 MIME 类型没有设置正确，可通过设置 Apache 服务器中 httpd.conf 文件，引用.htaccess 文件，重新启动服务器。

4. 视频网站整体效果图

将 index.html 文件拖放到 Chrome 浏览器中，视频网站整体效果如图 4.2 所示。

图 4.2 视频网站整体效果

拓展链接 FlowPlayer 播放器简介

FlowPlayer 是一个开源（GPL3 的）Web 视频播放器。可以将该播放器嵌入网页中，如果是开发人员，还可以自由定制和配置播放器相关参数以达到播放效果。FlowPlayer 支持播放 flv、swf 等流媒体及图片文件，能够非常流畅地播放视频文件，支持自定义配置和扩展。

这里主要介绍 FlowPlayer 在 XHTML 语言中的使用。

01 在要播放视频页面的 head 之间加入 flowplayer.js，代码如下。

```
<script type="text/javascript" src="js/flowplayer-3.2.6.min.js">
</script>
```

02 在需要加入播放器的地方加入如下一段代码。

```
<a href="flowplayer.flv" style="display:block;width:520px;height:
330px" id="player"></a>
```

将<a>标签的 href 属性指向要播放的视频地址，然后设置样式、宽度和高度，以及设置 display:block，给 a 标签指定一个 id，以便于 JavaScript 调用。

当然也可以只在 HTML 中指定一个 div，然后由 JavaScript 来控制播放地址，例如：

```
<div id="player2" style="width:520px; height:330px"> </div>
```

03 在页面底部加入 JavaScript 脚本调用播放器，代码如下。

```
<script type="text/javascript">
flowplayer("player", "flowplayer-3.2.7.swf");
</script>
```

使用 flowplayer()函数调用播放器，第一个参数是播放器的 id，第二个参数是播放器的路径，它是一个 Flash 文件。调用时一定要保证播放器的路径正确。

如果不使用<a>标签而是使用 div 来调用视频文件，则代码如下：

```
flowplayer(
"player2",
 "flowplayer-3.2.7.swf",{
          clip: {
            url: "flowplayer.flv",
            autoPlay: false,
            autoBuffering: true
          }
 }
);
```

flowplayer()函数的第三个参数可以进行多项设置。clip 方法中的“url:”表示视频文件的真实地址；“autoPlay:”表示是否自动播放，默认是 true；“autoBuffering:”表示是否自动缓冲，即当视频文件设置为不自动播放时，播放器仍然预先下载视频文件内容。

项 目 小 结

本项目首先讲解了音频和视频的发展历史，然后讲解了网页中音频和视频的容器和编/解码器的基本概念，重点介绍了 HTML5 中如何嵌入音频和视频。通过项目引导和项目实训，使学生掌握网站中嵌入音/视频的方法，同时，灵活运用<object>标签实现音/视频在旧浏览器中播放的策略。

思考与练习

一、选择题

1．以下是 HTML5 音频元素标签的是（　　）。

A．<object>　　B．<audio>　　C．<embed>　　D．<s>

2．以下是 HTML5 视频元素标签的是（　　）。

A．<object>　　B．<audio>　　C．<embed>　　D．<video>

3．主流的音频编/解码器是（　　）。

A．H.264　　B．VP8　　C．ACC　　D．Theora

4．IE 9+浏览器支持（　　）视频格式。

A．ogg　　B．webm　　C．mp4　　D．都不支持

5．audio 元素表示预先载入音频的属性是（　　）。

A．autoplay　　B．preload　　C．controls　　D．src

二、简答题

1．HTML5 中如何嵌入音频？试举例说明。

2．HTML5 中如何嵌入视频？试举例说明。

三、操作题

1．自己制作一个 Web 页面，在其中添加一个音频文件，并确认它能够在尽量多的浏览器中播放。

2．选择一款视频播放器如 FlowPlayer，在用 HTML5 制作的网页中添加一些视频，并确保视频能够流畅播放。

使用 canvas 元素绘图

HTML5 中的 canvas 元素是一个原生 HTML 绘图簿。它使用 JavaScript 代码，不使用第三方工具。尽管所有 Web 浏览器还没有完成 HTML5 的支持，但 canvas 已经可以在大多数现代浏览器上良好运行了。

本质上，canvas 元素是一个白板，直到在它上面“绘制”一些可视内容。与拥有各种画笔的艺术家不同，用户可以使用不同的方法在 canvas 上作画，甚至可以在 canvas 上创建并操作动画。

任务目标

- ◆ 了解 canvas 基础知识。
- ◆ 掌握 canvas 绘制直线、圆、文本的方法。
- ◆ 掌握 canvas 处理图像的方法。
- ◆ 在实际项目中灵活运用 canvas 绘制图形和图像的方法。

任务一 canvas 基础

本任务要求理解 HTML5 中 canvas 元素的作用，掌握创建 canvas 元素的方法，熟练掌握使用 canvas 元素绘制图形的基本步骤。

1. canvas 元素的作用

canvas 元素用于在网页上绘制图形。HTML5 的 canvas 元素使用 JavaScript 在网页上绘制图形。

在矩形区域的画布上，canvas 用 JavaScript 来绘制图形，并控制其每一像素逐像素进行渲染。可以通过多种方法使用 canvas 元素绘制路径、矩形、圆形、字符及添加图像。

> **注意**
>
> IE 9、Firefox、Opera、Chrome 及 Safari 支持 canvas 及其属性和方法，IE 8 及更早的版本不支持 canvas 元素。

2. 创建 canvas 元素

在 HTML5 页面添加 canvas 元素，规定元素的 id、宽度和高度，代码如下：

```
<canvas id="myCanvas" width="200" height="100"></canvas>
```

以上代码创建了一个 canvas 画布，画布宽为 200px、高为 100px，id 为 myCanvas。但在浏览器中执行上述代码，网页呈现空白，为了直观可操作，可以为 canvas 定制 CSS 样式并加一个细边框，完成画布编辑任务后，该边框可以删除。完整的实现代码如下。

```
<!DOCTYPE html>
<html lang="en-zh">
<head>
    <meta charset="UTF-8">
    <title>canvas 画布</title>
    <style type="text/css">
    canvas{                                    //定制 CSS 样式
        border:solid 2px black;                //2px 宽、黑色实边框
    }
    </style>
</head>
<body>
    <canvas id="myCanvas" width="200" height="100"></canvas>
</body>
</html>
```

将文件以 canvas.html 命名并保存，将该文件拖放到 Chrome 浏览器中，效果如图 5.1 所示。

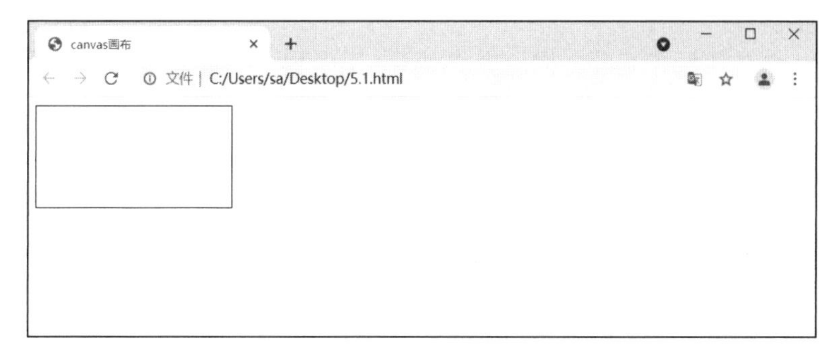

图 5.1　带边框的 canvas 画布

3. 在 canvas 元素中绘制形状

上面实例中仅仅创建了 canvas 画布，没有添加任何内容，要在 canvas 中显示内容，需要编写 JavaScript 脚本，并在 HTML5 文档中添加一个 onload 事件，当用户用浏览器打开网页自动载入画布时，生成绘图。完整的实现代码如下。

```
<!DOCTYPE html>
<html lang="en">
<head>
    <meta charset="UTF-8">
    <title>canvas 画布</title>
    <script>
        function drawSquare(){
            var canvas=document.getElementById("myCanvas");
            var context=canvas.getContext("2d");
            context.fillStyle="rgb(14,120,209)";
            context.fillRect(30,30,150,150);
        }
    </script>
</head>
<body onload="drawSquare();">
    <canvas id="myCanvas" width="200" height="100" ></canvas>
</body>
</html>
```

代码解释如下。

① 在<script></script>标签内编写 JavaScript 脚本，以上代码编写了一个函数，函数关键字为 function，名称为 drawSquare()。

② 在文档中根据 id 找出 myCanvas 元素。

③ 画布环境设置为二维。

④ 定义填充颜色为蓝色。

⑤ 绘制一个矩形。

⑥ 在<body>标签内编写 onload 事件，该事件调用函数 drawSquare()，打开页面时，浏览器立刻显示要绘制的图形。

以 rect.html 命名并保存文件，拖放到 Chrome 浏览器中，显示效果如图 5.2 所示。

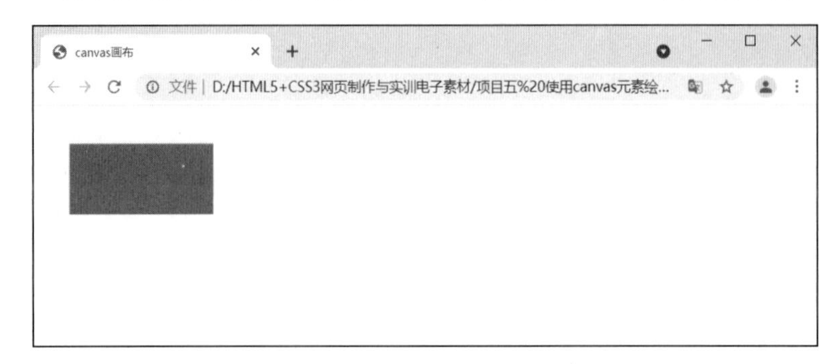

图 5.2　矩形显示效果

任务二　canvas 操作进阶

本任务要求通过操作具体实例，掌握绘制直线与圆形、书写文本和处理图像的方法和步骤。

一、绘制直线

在绘制直线前，首先要理解画布的坐标系，与其他 HTML 元素一样，canvas 左上角的坐标原点 P(0, 0)，向右移动，x 值增大；向下移动，y 值增大。对于 300px×200px 的 canvas 元素 P 来说，其右下角 P1 的坐标就是(300, 200)。P 点的坐标示意图如图 5.3 所示。

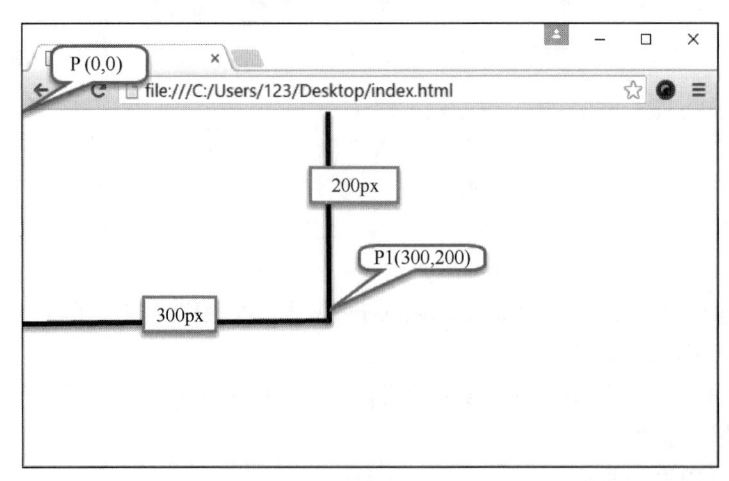

图 5.3　P 点的坐标示意图

绘制直线最基本的操作有 3 个：①使用 moveTo()方法找到直线的起点；②使用 lineTo( )方法找到直线的终点；③调用 stroke()方法完成直线的绘制。canvas 元素还提供了一些其他的属性或方法，为绘制、美化直线提供了更多的选择，具体如表 5.1 所示。

表 5.1　canvas 绘制直线的属性或方法

属性或方法	基本描述
beginPath( )	开始一个新的绘制路径。每次绘制新的路径之前要调用该方法，它将重置内存中现有的路径
moveTo(int x, int y)	移动画笔到指定的坐标点(x, y)，该点就是新的子路径的起始点
lineTo(int x, int y)	使用直线连接当前端点和指定的坐标点(x, y)
stroke(int x, int y)	沿着绘制路径的坐标点顺序绘制直线
strokeStyle	用于设置用画笔绘制的路径的颜色、渐变和模式。该属性的值可以是一个表示 CSS 颜色值的字符串。如果用户的绘制需求比较复杂，该属性的值还可以是一个 CanvasGradient 对象或者 CanvasPattern 对象
globalAlpha	定义绘制内容的透明度，取值在 0.0（完全透明）和 1.0（完全不透明）之间，默认值为 1.0
lineWidth	定义绘制线条的宽度，默认值是 1.0，并且这个属性必须大于 0.0。较宽的线条在路径上居中，每边各有线条宽的一半
lineCap	指定线条两端的线帽如何绘制。合法的值是 butt、round 和 square。默认值是 butt，没有线帽，实际长度和宽度与设置的值一致。round 为半圆形线帽，以半圆形绘制线段两端的线帽，半圆的直径等于线条的宽度。square 为矩形线帽，以矩形绘制线段两端的线帽，两侧扩展的宽度各等于线条宽度的一半
closePath( )	如果当前的绘制路径是打开的，则关闭该绘制路径。此外，调用该方法时，它会尝试用直线连接当前端点与起始端点来关闭路径，但如果图形已经关闭（如先调用了 stroke()）或者只有一个点，它则什么都不做

灵活运用 canvas 的属性、方法可以绘制出实际需要的直线，以下是绘制直线的一个具体实例，实现代码如下。

```
<!DOCTYPE html>
<html lang="en-zh">
<head>
   <meta charset="UTF-8">
   <title>canvas 画布</title>
   <script>
      function drawSquare( ){
         //获取 Canvas 对象(画布)
         var canvas=document.getElementById("myCanvas");
         //获取对应的 2d 对象(画笔)
         var context=canvas.getContext("2d");
         //定义线宽为 20
         context.lineWidth=20;
         //设置画笔绘制路径的颜色
         context.strokeStyle="rgb(200,40,40)";
         //开始一个新的绘制路径
         context.beginPath();
         //定义直线的起点坐标为(10,50)
         context.moveTo(10,50);
         //定义直线的终点坐标为(50,10)
```

```
                context.lineTo(400,50);
                //指定线条两端的线帽为 butt 类型,即默认值
                context.lineCap="butt";
                //沿着坐标点顺序的路径绘制直线
                context.stroke();
                //关闭绘制路径
               context.closePath();                                     }
        </script>
    </head>
    <body onload="drawSquare();">
        <canvas id="myCanvas" width="700" height="800" ></canvas>
    </body>
    </html>
```

代码解释如下。

① 在脚本语句 var canvas=document.getElementById("myCanvas")中，myCanvas 就是 canvas 元素中 id 的值，它是文档方法 getElementById()的参数，document.get ElementById ("myCanvas")可查找到 myCanvas，并将返回值赋给变量 canvas。

② var 是 JavaScript 用来定义变量的关键字，该段代码分别定义 canvas、context 变量。canvas.getContext("2d")获得二维画笔，赋给变量 context，为下文绘制直线做铺垫。context.lineWidth 设置线宽属性，context.strokeStyle 设置绘制样式。

beginPath()方法开始一个新的绘制路径，每次绘制之前都要调用该方法，修改以上代码如下。

```
    context.beginPath();
    context.moveTo(10,50);
    context.lineTo(400,50);
    context.lineCap="butt";        //默认值
    context.stroke();
    context.moveTo(10,150);
    context.lineTo(400,150);
    context.lineCap="round";       //绘制圆形线帽
    context.stroke();
```

以 line.html 命名并保存文件，拖放到 Chrome 浏览器中，运行效果如图 5.4 所示。

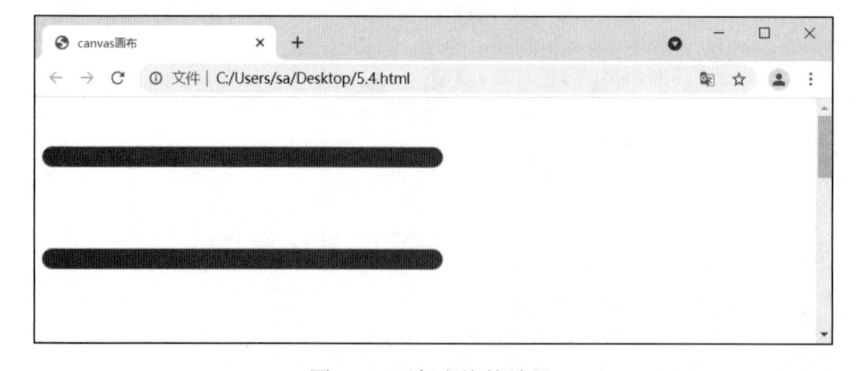

图 5.4　两条直线的效果

从图 5.4 中可以看出，两条直线的线帽完全一致，没有达到所需效果。现在在绘制第二条直线之前增加 context.beginPath()语句，代码如下。

```
context.beginPath()
context.moveTo(10,150);
context.lineTo(400,150);
context.lineCap="round";      //绘制圆形线帽
context.stroke();
```

运行 line.html，效果如图 5.5 所示。

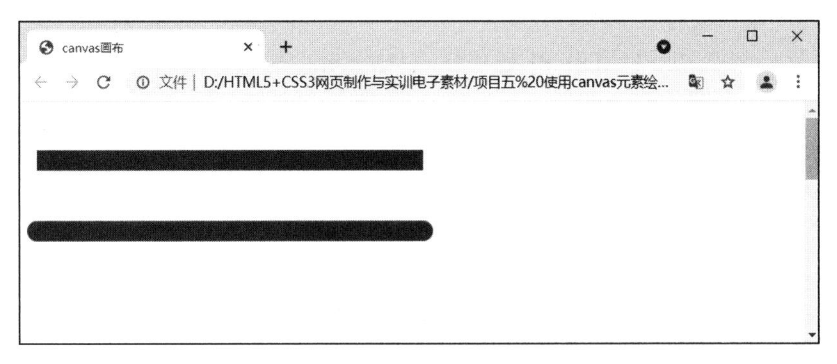

图 5.5　增加 context. beginPath()后的效果

以上实例说明，在使用 canvas 绘制图形之前，调用 beginPath()方法开始一个新的路径，就意味着重新设置了线条的样式，或者准备重新绘制另外一个新的形状。否则，stroke 绘制仍然沿用之前的路径，并且采用新的属性重新绘制，第一条直线的属性被覆盖，造成两条直线的外观一样。

二、绘制圆形

绘制圆形要用到 arc()函数，arc()是 HTML5 中 canvas 的一个 API 函数，其作用是“创建弧/曲线（用于创建圆形或部分圆）”。

arc()函数 JavaScript 的语法如下。

```
context.arc(x,y,r,sAngle,eAngle,counterclockwise);
```

arc()函数的属性或方法如表 5.2 所示。

表 5.2　arc()函数的属性或方法

属性或方法	基本描述
x	圆心的 x 坐标
y	圆心的 y 坐标
r	圆的半径
sAngle	起始角，以弧度计
eAngle	结束角，以弧度计
counterclockwise	可选。规定应该逆时针还是顺时针绘图。false 为顺时针，true 为逆时针

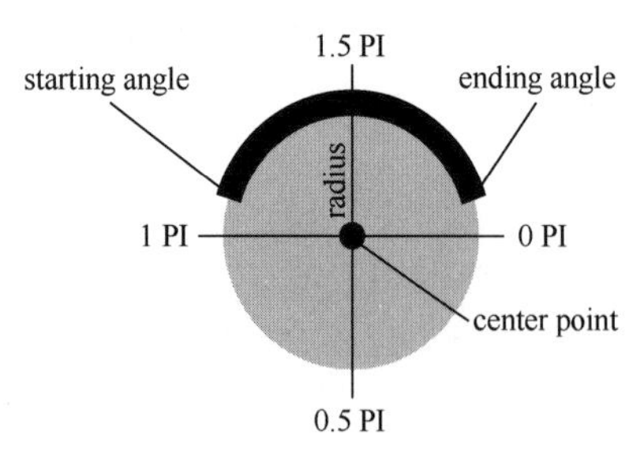

图 5.6　绘制圆的示意图

绘制圆形或弧形，首先要确定圆心的坐标（center point），即横纵坐标，以及圆的半径（radius），然后确定圆的起始点（starting angle）、圆的终点（ending angle）及绘制方向。绘制圆的示意图如图 5.6 所示。

从图 5.6 中可以看出，为了绘制圆弧的长度，必须知道圆弧的起点和终点的角度，这两个角度要用弧度来表示，角度转换为弧度的代码如下。

```
var radian=(Math.PI/180)*180
```

Math.PI 是一个常量，1*Math.PI 是半圆，2*Math.PI 是一个圆。

下面是绘制一个圆的实例代码。

```
<!DOCTYPE html>
<html lang="en">
<head>
    <meta charset="UTF-8">
    <title>绘制圆形</title>
        <script>
        function drawSquare(){
            var canvas=document.getElementById("myCanvas");
//获取 Canvas 对象(画布)
            var context=canvas.getContext("2d");
//获取对应的 2d 对象(画笔)
            var centerX=150;
//设置绘制圆形的起点横坐标
            var centerY=300;
//设置绘制圆形图形的起点纵坐标
            var radius=100;
//设置绘制圆形半径
            var startAngle=0;
//设置开始角度
            var endAngle=2*Math.PI;
//设置结束角度
            context.arc(centerX,centerY,radius,startAngle,endAngle);
//设置 arc()函数
            context.stroke();
 //沿着坐标点顺序的路径绘制圆形
            context.closePath();
            //关闭绘制路径
        }
    </script>
</head>
<body onload="drawSquare();">
    <canvas id="myCanvas" width="700" height="800" ></canvas>
</body>
</html>
```

以 arc.html 命名并保存文件，拖放到 Chrome 浏览器中，显示效果如图 5.7 所示。

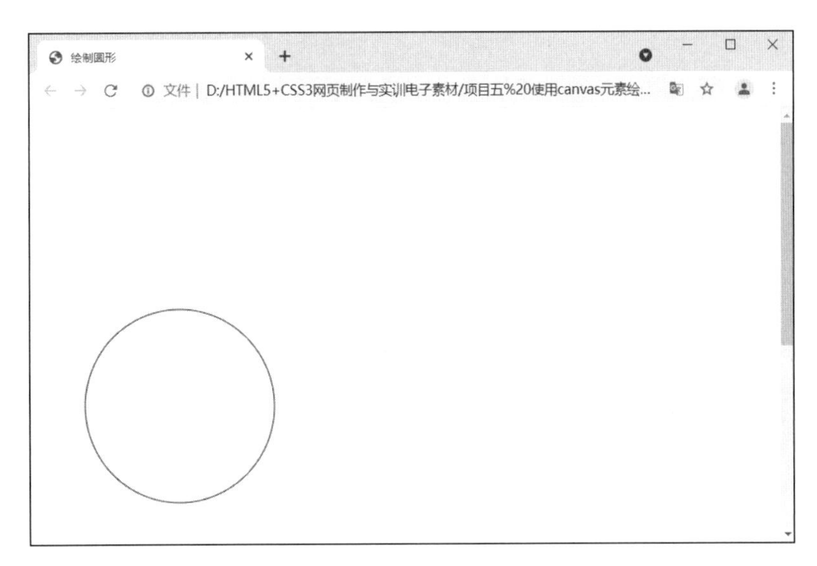

图 5.7　绘制一个圆的效果

三、canvas书写文本

在 HTML5 中，可以在 canvas 画布上绘制所需的文本文字，其中所涉及的 canvas 渲染二维对象的主要属性或方法如表 5.3 所示。

表 5.3　canvas 渲染二维对象的主要属性或方法

属性或方法	基本描述
font	设置绘制文字所使用的字体，如 20px、宋体，默认值为 10px sans-serif。该属性的用法与 CSS font 属性一致，如 italic bold 14px/30px Arial、宋体
fillStyle	用于设置用画笔填充的路径内部的颜色、渐变和模式。该属性的值可以是一个表示 CSS 颜色值的字符串。如果绘制需求比较复杂，该属性的值还可以是一个 CanvasGradient（渐变）对象或 CanvasPattern（平铺图像模式）对象
strokeStyle	用于设置用画笔绘制的路径的颜色、渐变和模式。该属性的值可以是一个表示 CSS 颜色值的字符串。如果绘制需求比较复杂，该属性的值还可以是一个 CanvasGradient 对象或 CanvasPattern 对象
fillText(string text, int x, int y[, int maxWidth])	从指定坐标点位置开始绘制填充的文本文字。参数 maxWidth 是可选的，如果文本内容宽度超过该参数设置，则会自动按比例缩小字体以适应宽度。与本方法对应的样式设置属性为 fillStyle
strokeText(string text, int x, int y[, int maxWidth])	从指定坐标点位置开始绘制非填充的文本文字（文字内部是空心的）。参数 maxWidth 是可选的，如果文本内容宽度超过该参数设置，则会自动按比例缩小字体以适应宽度。该方法与 fillText()用法一致，不过 strokeText()绘制的文字内部是非填充（空心）的，fillText()绘制的文字是内部填充（实心）的。与本方法对应的样式设置属性为 strokeStyle

canvas 上的文本是被绘制而不是以 CSS 盒子模式显示，无法设置文本的浮动、边距、换行和填充，只能设置文字的大小、字体族、磅重、变体和行高。

以下实例可实现在 canvas 上绘制两行文本，具体代码如下。

```
<!DOCTYPE html>
<html lang="en">
<head>
    <meta charset="UTF-8">
    <title>文本绘制</title>
        <script>
        function drawFont(){
                var canvas=document.getElementById("myCanvas");
                //获取 Canvas 对象(画布)
                var context=canvas.getContext("2d");
                //获取对应的 2d 对象(画笔)
                 context.font = 'bold 72px 宋体';
                //设置字体属性
                 context.textAlign = 'left';
                //设置文本对齐方式
                 context.textBaseline = 'top';
                //设置文本起始相对位置
                 context.strokeStyle = '#DF5326';
                //设置画笔填充路径内部的颜色
                 context.strokeText('青岛开发区', 100, 100);
                //绘制填充的文本文字
                 context.font = 'bold 72px 楷书';
                 context.fillStyle = 'red';
                 context.fillText('职业中专', 200,200);
                //绘制非填充的文本文字
                 context.closePath();
                //关闭绘制路径
        }
    </script>
</head>
<body onload="drawFont();">
    <canvas id="myCanvas" width="700" height="800" ></canvas>
</body>
</html>
```

代码解释如下。

① context.textBaseline = 'top'设置文本起始相对位置为顶部，该属性还可以设置 hanging（悬挂基线）、middle（em 方框的正中）、ideographic（表意基线）、bottom（em 方框的底端），默认情况下是 alphabetic。

② context.strokeStyle = '#DF5326'设置用画笔填充的路径内部的颜色为十六进制值。

③ context.strokeText()与 context.fillText()的区别在于 context.strokeText()从指定坐标点位置开始绘制非填充的文本文字，文字内部是空心的；context.fillText()绘制的文本文字是实心的。

以 font.html 命名并保存文件，拖放到 Chrome 浏览器中，显示效果如图 5.8 所示。

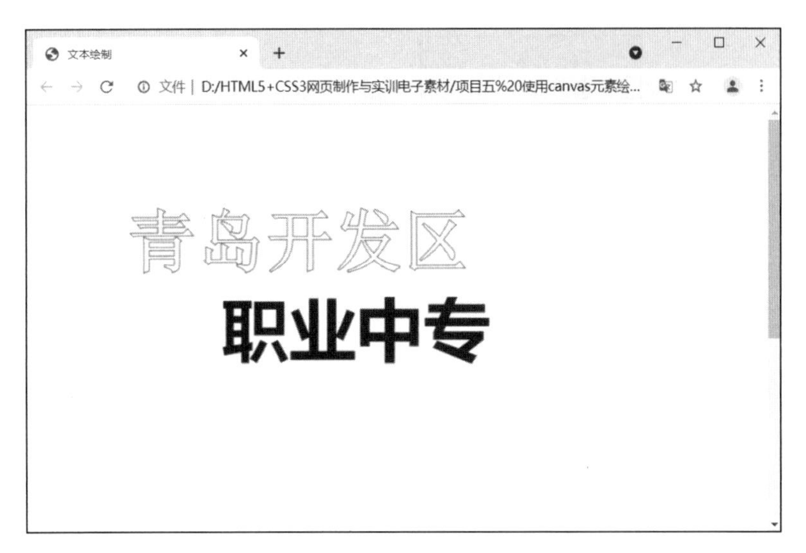

图 5.8　文本设置显示效果

四、canvas处理图像

HTML5 中引入新的元素 canvas，其中 drawImage 方法允许在 canvas 中插入其他图像（img 和 canvas 元素）。drawImage 函数有 3 种函数原型，代码如下。

```
drawImage(image, x, y)
drawImage(image, x, y, width, height)
drawImage(image, sourceX, sourceY, sourceWidth, sourceHeight,
        destX, destY, destWidth, destHeight)
```

drawImage 函数参数描述如表 5.4 所示。

表 5.4　drawImage 函数参数描述

参数	基本描述
image	所要绘制的图像。它表示的是<img>标记或者屏幕外图像的 image 对象或 canvas 元素
x, y	要绘制图像的左上角的位置
width, height	图像所应该绘制的尺寸。指定这些参数使得图像可以缩放
sourceX, sourceY	图像将要被绘制的区域的左上角。这些整数参数用图像像素来度量
sourceWidth, sourceHeight	图像所要绘制区域的大小，用图像像素表示
destX, destY	所要绘制的图像区域的左上角的画布坐标
destWidth, destHeight	图像区域所要绘制的画布大小

drawImage()方法有 3 个变形。第一个变形把整个图像复制到画布，将其放置到指定点的左上角，并且将每个图像像素映射成画布坐标系的一个单元。第二个变形也是把整个图像复制到画布，但是允许用画布单位来指定想要图像的宽度和高度。第三个变形则是完全通用的，它允许指定图像的任何矩形区域并复制它，对画布中的任何位置都可进行任何的缩放，第三个变形示意图如图 5.9 所示。

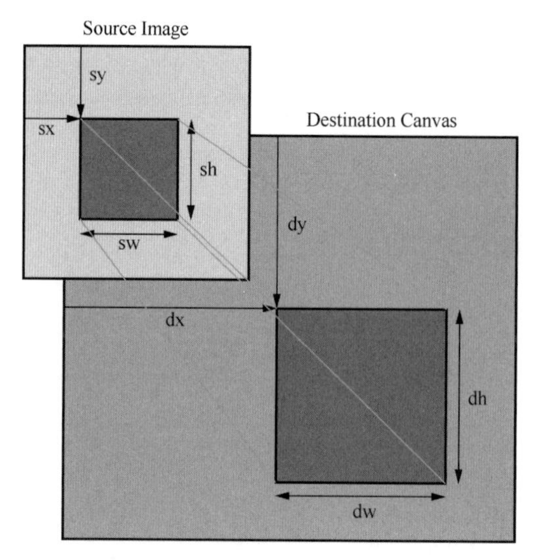

图 5.9　第三个变形示意图

注意

IE 9、Firefox、Opera、谷歌及 Safari 支持 drawImage()。IE 8 或更早的浏览器不支持 canvas 元素。

1. 向画布上面绘制图片

```
<!DOCTYPE html>
<html lang="en">
<head>
    <meta charset="UTF-8">
    <title>绘制图像</title>
</head>
<body>
<p>要使用的图像：</p>
<img id="tulip" src="eg_tulip.jpg" alt="The Tulip" />
<p>画布：</p>
<canvas id="myCanvas" width="500" height="300" style="border:1px solid
#d3d3d3;background:#ffffff;">
你的浏览器不支持 HTML5 canvas 标签。
</canvas>
<script>
window.onload = function() {
    var canvas = document.getElementById("myCanvas");
    var ctx = canvas.getContext("2d");
    var img = document.getElementById("tulip");
   ctx.drawImage(img, 10, 10);
};
</script>
</body>
</html>
```

以 drawimage1.html 命名并保存文件，拖放到 Chrome 浏览器中，显示效果如图 5.10 所示。

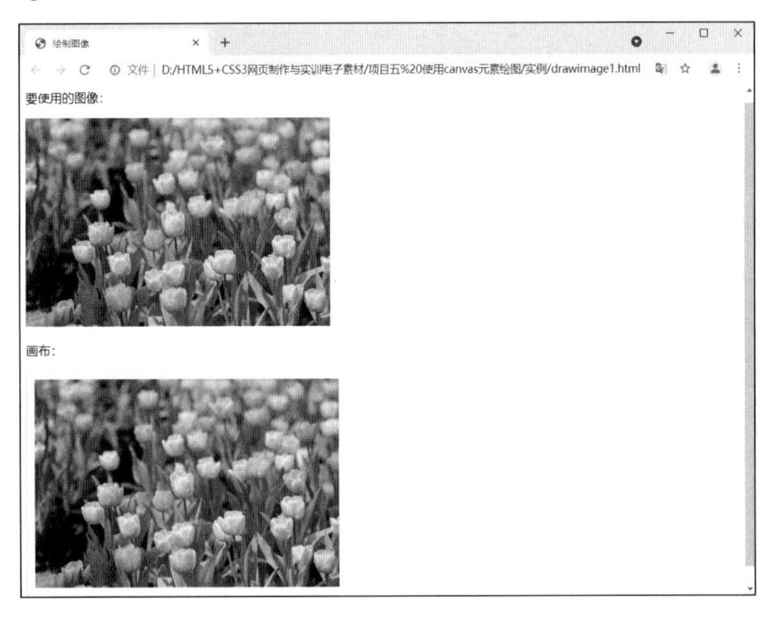

图 5.10　向画布上面绘制图像

2. canvas 处理图像

```
<!DOCTYPEhtml>
<html>
<head>
<meta http-equiv="Content-type" content="text/html; charset=utf-8">
<title>处理图像</title>
<script type="text/javascript" charset="utf-8">
//这个函数将在页面完全加载后调用
function pageLoaded()
{
//获取 canvas 对象的引用,注意 tCanvas 名字必须和下面 body 里面的 id 相同

var canvas=document.getElementById('tCanvas');
//获取该 canvas 的 2d 绘图环境
var context=canvas.getContext('2d');
//获取图像对象的引用
var image=document.getElementById('tkjpg');
//在(0,50)处绘制图像
context.drawImage(image,0,50);
//缩小图像至原来的一半大小
context.drawImage(image,200,50,165/2,86/2);
//绘制图像的局部(从左上角开始切割 0.7 的图片)
context.drawImage(image,0,0,0.7*165,0.7*86,300,70,0.7*165,0.7*86);
}
</script>
</head>
```

```
        <body onload="pageLoaded();">
        <canvas width="500" height="200" id="tCanvas" style="border:black 1
pxsolid;">
        <!--如果浏览器不支持则显示如下字体-->
        提示：你的浏览器不支持<canvas>标签
        </canvas>
        <img src="tk.jpg" id="tkjpg">
        </body>
        </html>
```

以 drawimage2.html 命名并保存文件，拖放到 Chrome 浏览器中，显示效果如图 5.11 所示。

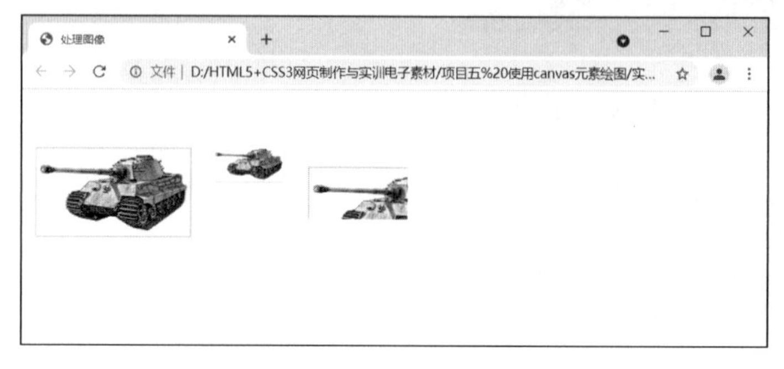

图 5.11　canvas 处理图像效果

项目实训一　创建钟表外观

实训概述

本实训使用 canvas 元素绘制一个钟表的外观，钟表表面刻有刻度及文字，十分逼真。绘制时主要涉及的知识点有创建圆形、绘制矩形和绘制文字，另外，要了解 JavaScript 语法，如 for 循环的使用和作用。

实训目的

1）掌握 canvas 元素创建圆形、绘制矩形和绘制文字的技巧。
2）了解 JavaScript 语法。

实训步骤

01 新建目录 d:/watches。
02 运行 Sublime Text 3，新建文件 watches.html。
03 文档类型声明部分代码如下。

```
<!DOCTYPE html>
<html lang="en-zh">
   <head>
<style>
   #myCanvas{border:3px solid blue;}
   </style>
<script type="text/javascript">
......
</script>
   </head>
<body>
   ......
</body>
</html>
```

在<style></style>标签内定义 CSS 样式表，设置一个宽为 3px、实边、蓝色的矩形。

在<script></script>标签内编写 JavaScript 脚本，完成钟表外观的绘制任务。

注意

CSS 样式的有关知识见项目六和项目七，JavaScript 语言见项目八。

04 JavaScript 脚本部分代码如下。

```
window.onload = function()
    {
            ......
    }
```

以上代码表示页面加载完之后，再执行函数里面的内容。window 表示 JavaScript 的窗口对象，onload 表示窗口加载事件，function()表示匿名函数，window 的 onload 事件调用匿名函数，实现钟表外观的绘制。

05 绘制两个圆形。钟表外观主要由内圆和外圆构成，内圆是一个实心圆，作为外圆的圆心；外圆是一个大圆，上有刻度与数字文本。首先制作钟表的大致轮廓，代码如下。

```
var mycanvas = document.getElementById("myCanvas");
var context = mycanvas.getContext("2d");
context.lineWidth = 2;
context.strokeStyle = "blue";
context.fillStyle = "blue";
context.arc(250,200,5,0,Math.PI*2,true);
context.fill();
context.beginPath();
context.arc(250,200,150,0,Math.PI*2,true);
context.stroke();
```

前两行代码表示获取 canvas 对象的引用和二维上下文环境，为制作两个圆做铺垫。context.lineWidth=2 表示设置绘制两个圆的线宽为 2px，context.strokeStyle="blue"表示设置两个圆的绘制颜色为蓝色，context.fillStyle = "blue"表示设置内圆的填充颜色同样为蓝色。

context.arc(250,200,5,0,Math.PI*2,true)表示绘制内圆，横纵坐标分别为 250px、200px，半径为 5px，从 0 角度画一个圆，参数 true 表示逆时针开始绘制圆。context.fill()表示填充内圆的颜色。

context.beginPath()表示开始一个新的绘制路径，准备画外圆。

context.arc(250,200,150,0,Math.PI*2,true)表示绘制外圆，半径为 150px，其他的参数与内圆相同，context.stroke()表示完成外圆的绘制。执行上述代码效果如图 5.12 所示。

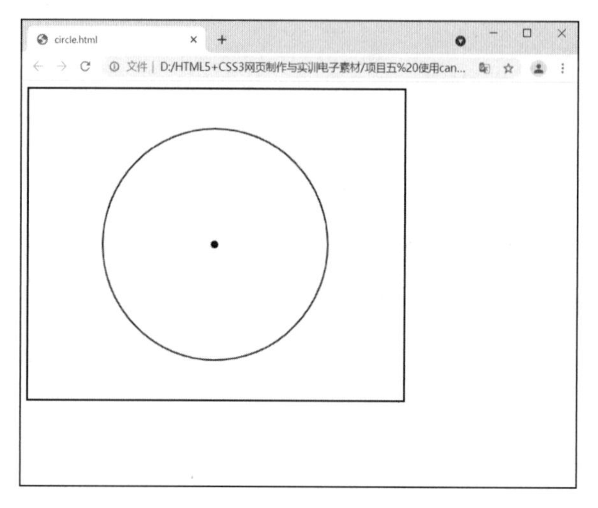

图 5.12　绘制两个圆的效果

06 绘制刻度及数字文本。完成外圆和内圆的绘制之后，需要在外圆上绘制刻度及数字文本，刻度实际上由小的矩形构成，刻度上标有数字文本。实现代码如下。

```
context.translate(250,200);
context.rotate(-Math.PI/2);
context.save( );
for(var i=0;i<60;i++)
{
    if(i % 5 == 0)
    {
        context.fillRect(130,0,20,5);
        context.fillText((i/5 == 0?12:i/5),120,5);
    }
    else
    {
        context.fillRect(140,0,10,2)
    }
    context.rotate(Math.PI/30);        //360°每 6°旋转一次
}
```

context.translate(250,200)表示向右下方移动绘图上下文，横纵坐标为 250px、200px。

context.rotate(-Math.PI/2)表示按逆时针旋转 90°，注意 Math 前面为负值，正值则表示按顺时针旋转。

context.save()表示保存当前绘制状态，以便绘制完这幅画以后，再恢复到这个状态，绘

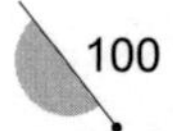

制另一幅画。

```
for(var i=0;i<60;i++){
......
}
```

for 循环 60 次，完成绘制 60 个刻度和 1～12 数字文本。

```
if(i % 5 == 0)
{
   context.fillRect(130,0,20,5);
   context.fillText((i/5 == 0?12:i/5),120,5);
}
```

if 判断是否每隔 5 个单位就绘制一个较大的矩形刻度和一个数字文本。fillRect()函数绘制矩形刻度，fillText()函数绘制 1～12 数字文本。

```
else
   {
      context.fillRect(140,0,10,2)
   }
```

context.fillRect(140,0,10,2)绘制较小的矩形刻度。

```
context.rotate(Math.PI/30);
```

context.rotate(Math.PI/30)表示 360°每 6°旋转一次，最终完成绘制钟表罗盘的刻度和数字文本的任务。

07 HTML 文档主体部分代码如下。

```
<body>
   <canvas id=myCanvas width=500px height=400px></canvas>
</body>
```

以上代码创建了一个 canvas 画布，画布宽度为 500px、高度为 400px，id 为 myCanvas，执行上述代码，显示一个 500px×400px 的矩形，同时调用 JavaScript 脚本，完成钟表外观的显示。

08 以 wathes.html 命名并保存文件，拖放到 Chrome 浏览器中，钟表网页效果如图 5.13 所示。

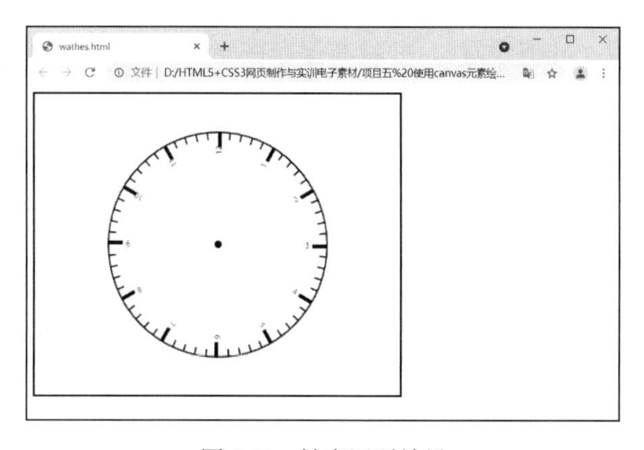

图 5.13　钟表网页效果

项目实训二　使用 canvas 元素绘制 Logo

实训概述

本实训通过运用 canvas 属性和方法制作一个图文并茂的网站 Logo 图，并将该 Logo 图灵活运用到设计的网站中，提高网站开发效率。

实训目的

1）进一步掌握 canvas 的属性和方法。
2）能够运用 canvas 属性和方法制作实际的项目案例。
3）canvas 元素的兼容性问题。
4）可参考本实训，将设计好的 Logo 图应用到自己设计的网站中。

实训步骤

01 新建目录 d:/logo。
02 运行 Sublime Text 3，新建文件 logo.html。
03 项目构思：该 Logo 包含一行文本、一条折线、一个正方形和一个三角形，构图简洁大方、色彩鲜明。
04 项目初始化部分代码如下。

```
var mycanvas = document.getElementById("myCanvas");
var context = mycanvas.getContext("2d");
context.fillStyle = "#f00";
context.strokeStyle = "#f00";
```

要使用 canvas 元素进行图形或图像的绘制，首先就要在 JavaScript 脚本中用如下语句取得页面中的 canvas 元素（id 值设置），并将其保存在 myCanvas 变量中。

```
var mycanvas = document.getElementById("myCanvas");
```

在大多数程序中进行图形绘制时，都需要使用图形上下文对象，所谓的图形上下文对象就是一个封装了很多绘图功能的对象。在使用 canvas 元素进行图形绘制时，需要使用 canvas 对象的 getContext 方法来获取图形上下文。

```
var context = mycanvas.getContext("2d");
```

在进行图形绘制时，首先要设定绘图的样式，然后调用有关方法对图形进行绘制，所谓绘图样式，主要是对图形的颜色而言的。该行代码设定图形的填充色默认为红色。

```
context.fillStyle = "#f00";
```

使用图形上下文对象的属性 stroke 来指定图形边框的样式，该行代码设定图形边框的默认色为红色。

05 添加文本代码如下。

```
context.font = 'italic 30px sans-serif';
context.textBaseline = 'top';
context.fillText('青岛开发区职专', 60, 0);
```

上面代码中，首先定义字体样式、文字的基线（即定义了文字的垂直对齐方式），然后使用 fillText 方法用填充色填充文字，设置右边距为 60px，为后面绘制大三角形做好准备。文本绘制效果如图 5.14 所示。

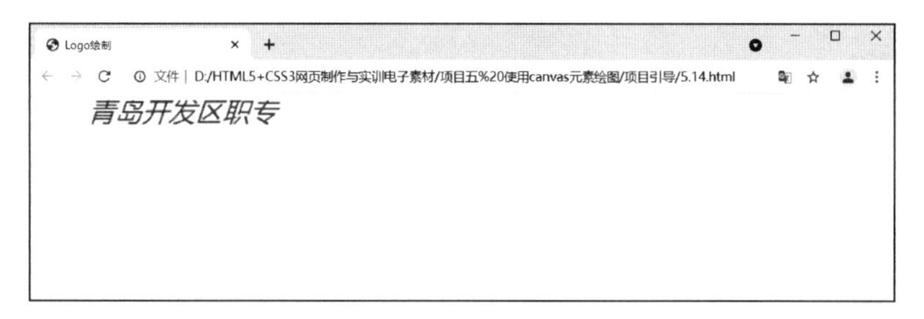

图 5.14　文本绘制效果

06 绘制线条代码如下。

```
context.lineWidth = 2;
context.beginPath();
context.moveTo(0, 40);
context.lineTo(30, 0);
context.lineTo(60, 40);
context.lineTo(285, 40);
context.stroke();
context.closePath();
```

设置线宽为 2px，开始一个新的绘制路径，首先定义起始点(0, 40)，然后定义要连接的其他点(30, 0)、(60, 40)、(285, 40)，当在 canvas（画布）上移动时，将点连接成线，形成一个折线图形，如图 5.15 所示，最后关闭绘制路径。

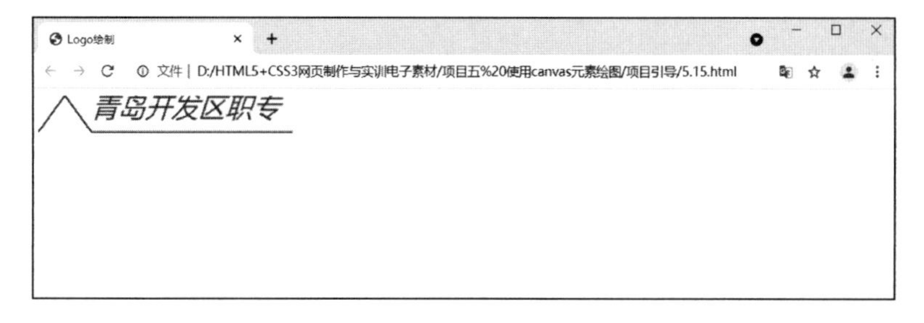

图 5.15　绘制的折线图

07 绘制正方形和三角形代码如下。

```
context.save();
context.translate(20,20);
context.fillRect(0,0,20,20);

context.fillStyle  = '#fff';
context.strokeStyle = '#fff';

context.lineWidth = 2;
context.beginPath();
context.moveTo(0, 20);
context.lineTo(10, 0);
context.lineTo(20, 20);
context.lineTo(0, 20);
context.fill();
context.closePath();
context.restore();
```

在移动原点之前，先调用 save()方法保存当前绘制状态，方便之后使用 restore()恢复。

context.translate(20,20)中 translate()移动坐标原点，向左、向下分别移动 20px。

context.fillRect(0,0,20,20)中 fillRect()方法绘制一个正方形，边长为 20px，效果如图 5.16 所示。

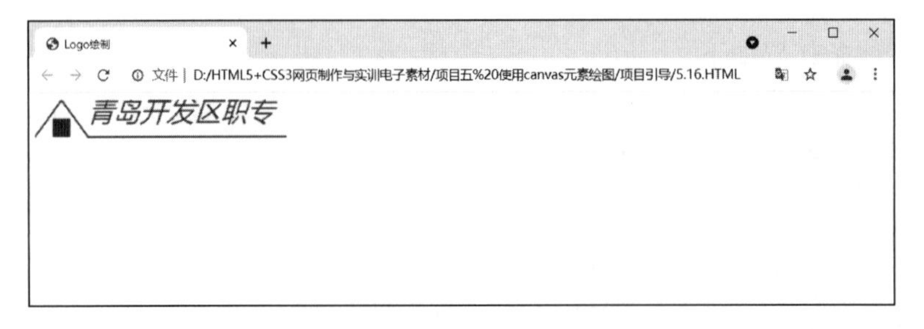

图 5.16　绘制一个正方形的效果

接下来，用路径来绘制正方形里的三角形，通过使用填充法达到三角形嵌入正方形的效果。

```
context.fillStyle  = '#fff';
context.strokeStyle = '#fff';
```

以上两行设置填充样式、边框样式均为白色，为绘制三角形做准备。

```
context.moveTo(0, 20);
context.lineTo(10, 0);
context.lineTo(20, 20);
context.lineTo(0, 20);
```

以上 4 行代码，绘制 3 条线构成一个三角形，然后使用 fill()方法填充白色，未被填充的部分形成了两个红色的小三角形，效果如图 5.17 所示。

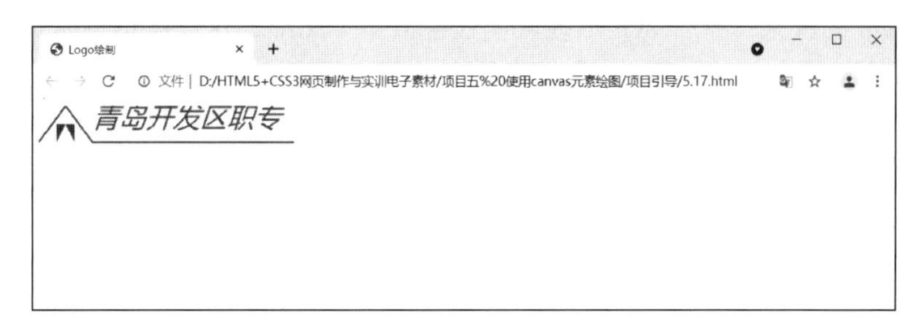

图 5.17　三角形嵌入了正方形的效果

08 HTML 文档主体部分代码如下。

```
<body>
    <canvas id="myCanvas" width=900px height=80px></canvas>
    <h1>Logo 设计测试</h1>
</body>
```

设置画布宽为 900px、高为 80px，id 属性值为 myCanvas。

设置 h1 标题为“Logo 设计测试”。

09 以 Logo.html 命名并保存文件，拖放到 Chrome 浏览器中，整体效果如图 5.18 所示。

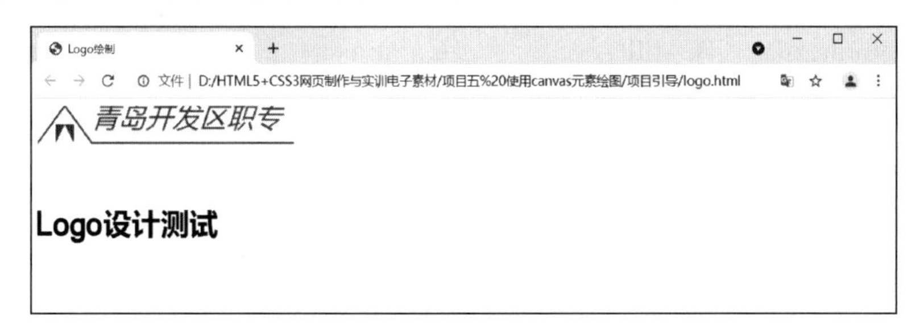

图 5.18　Logo 整体效果

拓展链接　canvas、svg 及 Flash 的区别

canvas 绘制出的图形都是附在 canvas 区域之上的不可操作的图形。如果要操作图形，就是直接操作整个 canvas，即清空 canvas 和重绘。

svg 是一种在网页上绘制矢量图的方法，其结构基于 XML 语言。svg 与 canvas 最大的不同在于它的每个图形都是独立的，都具有一个“HTML 标签”，都可以分别操作（类似 Flash）。

Flash 是世界上应用非常广的 Web 插件。应用 Flash 既可以画图，也可以置入声音，而且 Flash 的每个图形都可以独立操作。但是，Flash 始终是一个浏览器插件，而苹果浏览器并不支持 Flash 插件。

canvas 和 svg 的区别：canvas 绘制的图形都是一体的，不能独立操作，而使用 svg 绘制的每个图形都可以独立操作；canvas 绘制的图形可以称之为位图，而 svg 绘制的图形是矢量图。

svg 和 Flash 的区别：一个 svg 标签可以包含很多个图形，这些图形都是类似 HTML 的标签，对网页是可见的；一个 Flash 文件实质上是其中所有图形的一个包，这个包对于浏览器来说是打不开的(即实际上插入一个 Flash 文件，它里面的图形对网页来说还是不可见的)。svg 只能绘制矢量图，Flash 则可以载入任何图像，并可置入音频。

项 目 小 结

本项目首先讲解了 canvas 的基本知识，然后讲解了 canvas 绘制直线、圆、文本的方法，重点介绍了 canvas 处理图像的方法，并结合实例具体讲述了 canvas 绘制图形和图像的方法。通过本项目的学习，可在今后建设网站时灵活运用 canvas 元素制作出图文并茂效果的网页。

思考与练习

一、选择题

1．以下不是 canvas 的方法的是（　　）。

A．getContext()　B．fill()　C．stroke()　D．controller()

2．以下关于 canvas 的说法正确的是（　　）。

A．clearRect(width, height,left, top)清除宽为 width、高为 height，左上角顶点在(left, top)点的矩形区域内的所有内容

B．drawImage()方法有 4 种原型

C．fillText()第三个参数 maxWidth 为可选参数

D．fillText()方法能够在画布中绘制字符串

3．以下关于 canvas 的说法正确的是（　　）。

A．canvas 是不可以堆叠在一起的　B．canvas 是透明的

C．canvas 是白色的　D．canvas 在 IE 8 中是被支持的

4．canvas 绘制线条时用（　　）方法设置起点坐标。

A．lineTo　B．moveTo　C．startTo　D．beginTo

5．以下选项中是基于矢量图的是（　　）。

A．canvas　B．svg　C．Flash　D．以上均不正确

二、简答题

1．context.arc(100,100,100,0,Math.PI*2,true)，canvas 绘制圆形的 arc 方法中，各个参数分别代表什么意义？

2．在 HTML 绘制图形时，需要什么脚本语言？使用什么事件？

三、操作题

1．绘制交叉直线，效果如图 5.19 所示（横线选用红色，斜线选用蓝色）。

2．绘制一个笑脸，效果如图 5.20 所示（外框选用蓝色，笑脸选用红色）。

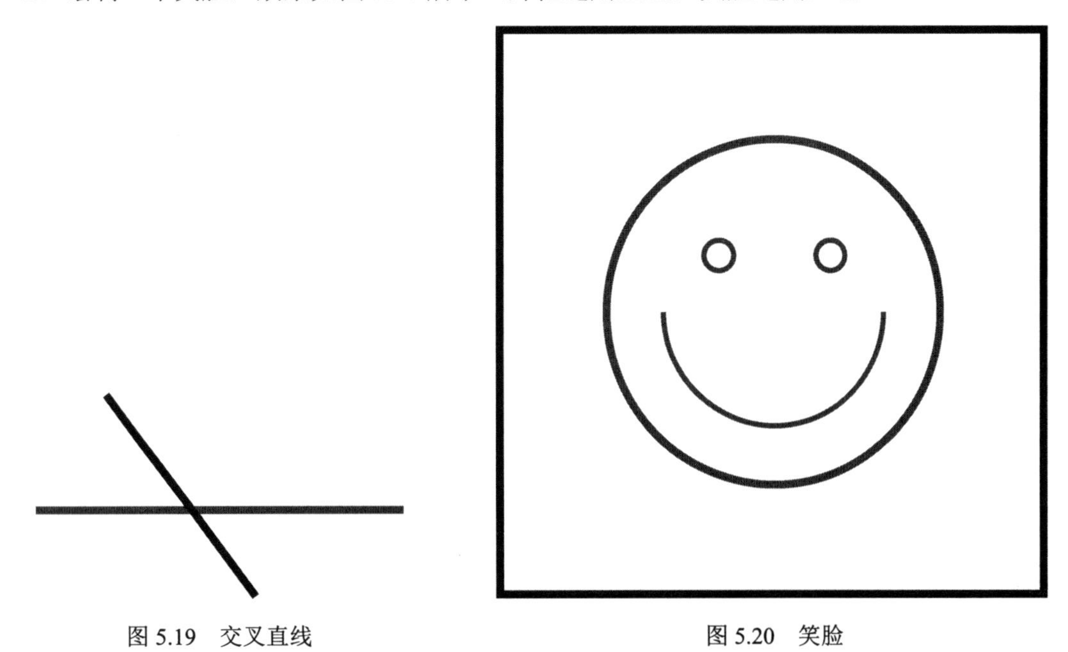

图 5.19　交叉直线

图 5.20　笑脸

CSS3 样式基础

CSS 的中文意思是串联样式表，CSS 具有方便、快捷、应用范围广等特点，因此在网页设计中被广泛地应用，成为设计动态网页不可或缺的技术。CSS3 在 CSS1、CSS2 基础上新增了一些属性，表现能力更为强大。掌握了 CSS 样式表制作，在设计网页时等于拥有了一件利器。

任务目标

- ◆ 了解 CSS 的基本概念和样式表的分类。
- ◆ 掌握 CSS 的样式文档结构和 CSS 选择器。
- ◆ 掌握网页文本、段落超链接、背景图像和列表样式的设置方法。
- ◆ 掌握 CSS3 样式新属性的使用方法。
- ◆ 会在实际项目中灵活运用 CSS 样式表。

任务一　认识 CSS3 样式表

通过对本任务的学习，首先，理解 CSS 的定义、历史及兼容性；其次，掌握 CSS3 样式表的语法规范和样式表的分类与使用方法，理解 CSS3 样式表的继承性和层叠性两大特性；最后，掌握 CSS3 九种选择器的使用方法。本任务内容多、知识点难度大，要结合实例多实践、多思考，真正理解、运用好 CSS3 样式表。

一、初识CSS3

CSS（cascading style sheets，串联样式表）是一种用来表现 HTML 等文件样式的计算机语言。在 HTML 文档中可利用 CSS 格式化网页。CSS 扩展了 HTML 的功能，网页中文本段落、图像、颜色、边框等可通过设定样式表的属性轻松完成；早期在 HTML 文档中直接设定元素属性，复杂而又不易维护，效率很低。CSS 不仅将样式内容从文档中脱离出来，而且还可以作为独立文件供 HTML 调用。在一个网站中，使用统一样式，可保持网站风格的一致性。CSS 更大的优点在于提供了方便的更新功能，CSS 更新后，网站内所有的文档格式都自动更新为新的样式。

CSS3 是 CSS2 的升级版，它在 CSS2.1 的基础上增加了很多强大的新功能。目前主流浏览器，如 Chrome、Safari、Firefox、Opera 和 360 都已经支持 CSS3 的大部分功能。CSS3 实现以前需要使用图片和脚本才能实现的效果时只需要几行代码，如圆角、图片边框、文字阴影和盒子阴影、过渡、动画等。CSS3 简化了前端开发工作人员的设计过程，加快了页面载入速度。

在编写 CSS3 样式时，不同的浏览器可能需要不同的前缀，如表 6.1 所示。它表示该 CSS 属性或规则尚未成为 W3C 标准的一部分，是浏览器的私有属性，虽然目前较新版本的浏览器都不需要前缀，但为了更好地向前兼容，前缀还是不能少的。

表 6.1　CSS 样式前缀与浏览器对照表

前缀	浏览器
-webkit	Chrome 和 Safari
-moz	Firefox
-ms	IE
-o	Opera

二、CSS样式表的语法

CSS 规则由两个主要部分构成：选择器以及一条或多条声明，代码如下。

```
selector {declaration1; declaration2; … declarationN }
```

选择器通常是需要改变样式的 HTML 元素，每条声明由一个属性和一个值组成。

属性（property）是希望设置的样式属性（style attribute）。每个属性有一个值，属性与值用:分开。

```
selector {property: value}
```

例如，下面这行代码的作用是将 h1 元素内的文字颜色定义为红色，同时将字体大小设置为 14px。在这个例子中，h1 是选择器，color 和 font-size 是属性，red 和 14px 是值。

```
h1 {color:red; font-size:14px;}
```

上述代码结构如图 6.1 所示。

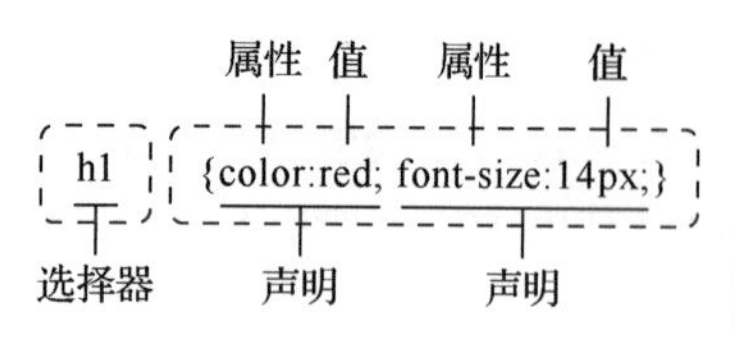

图 6.1 CSS 代码结构

提示

请使用{}来包围声明。如果要定义不止一个声明，则需要用;将每个声明分开。最后一条规则不需要加，因为;在英语中是一个分隔符号，不是结束符号。然而，大多数有经验的设计师会在每条声明的末尾都加上，这么做的好处是，在现有的规则中增减声明时，会尽可能地减少出错的可能性。

由于 CSS 忽略空格（选择器内部除外），所以可以将上面的代码改成如下格式。

```
h1{
    color:red;
    font-size:14px;
}
```

以上格式适用于两行代码以上，既便于阅读，也容易维护。

三、CSS样式表的分类

CSS 按其位置可以分成 3 种：内联样式（inline style）、内部样式表（internal style sheet）和外部样式表（external style sheet）。

1. 内联样式

内联样式是写在标签里面的，它只针对自己所在的标签起作用。

```
<html>
<head>
<title>内联样式测试</title>
</head>
<body>
<p style="font-size:14px;color:red;">标题文字是 14px 红色字体。</p>
</body>
</html>
```

<p style="font-size:14px;color:red;">这个 style 定义段落中的字体是 14px 的红色字，内联样式仅仅是 HTML 标签对于 style 属性的支持所产生的一种 CSS 样式表的编写方式，能够实

现页面中个别元素的某个特殊效果，优先级在 3 种样式表中最高，但是不符合页面内容与表现分离的设计原则，建议这种书写样式尽量少用。

2. 内部样式表

内部样式表是写在<head></head>里面的，它只针对所在的 HTML 页面有效，不能跨页面使用。代码如下。

```
<html>
<head>
<title>内部样式表测试</title>
<style type="text/css">
<!--
h1{
font-size:16px;
color:red;
text-align:center;}
-->
</style>
</head>
<body>
<h1>标题文字是 16px 红色居中字体。</h1>
</body>
</html>
```

内部样式表会用到 style 标签，表现格式如下。

```
<style type="text/css">
<!--
.......
-->
</style>
```

当内部样式表仅为一个页面定义 CSS 样式时，比较高效，也易于管理。但是在一个网站或多个页面之间引用内部样式表时会产生冗余代码，不建议使用，而且一页一页地管理样式也是不经济的。

3. 外部样式表

如果需要制作很多网页，而且页面结构十分复杂，同时多个页面中要利用重复的样式，那么把 CSS 放在网页中不再是一个好的方法。此时，可以把所有的样式存放在一个以“.css”为扩展名的文件中，然后将这个 CSS 文件链接到各个网页中。

例如，制作了一个首页，把它的样式表文件命名为 index.css。方法是将下面的 CSS 代码复制到记事本中保存，然后将文本文档的扩展名“.txt”修改为“.css”即可。

```
h1{
font-size:16px;
color:red;
text-align:center;
}
```

在新建的网页中代码如下。

```
<html>
<head>
<title>外部样式表</title>
<link href="index.css" rel="stylesheet" type="text/css">
</head>
<body>
<h1>标题文字是 16px 红色居中字体。</h1>
<h1>这个标题无样式。</h1>
</body>
</html>
```

外部样式表是目前网页制作最常用、最易用的方式，它的优点如下。

- 多个样式可以重复利用。
- 多个网页可共用同一个 CSS 文件。
- 修改、维护简单，只需要修改一个 CSS 文件就可更改所有地方的样式，不需要修改页面代码。
- 减少页面代码，提高网页加载速度，CSS 驻留在缓存中，在打开同一个网站时由于已经提前加载，所以不需要再次加载。
- 适合所有浏览器，兼容性好。

四、CSS的继承性和层叠性

1. 继承性

CSS 的某些样式具有继承性。继承是一种规则，它允许样式不仅应用于某个特定 HTML 标签元素，而且可应用于其后代。例如，某种颜色应用于<p>标签，这个颜色设置不仅应用<p>标签，还应用于<p>标签中的所有子元素文本，这里子元素为<span>标签，代码如下。

```
<!DOCTYPE html>
<html lang="en">
<head>
<meta charset="UTF-8">
<title>Document</title>
<style type="text/css">
p{color:red;}
</style>
</head>
<body>
<p>三年级时，我还是一个<span>胆子很小</span>的小女孩。</p>
</body>
</html>
```

保存以上代码，命名为 span.html，将文件拖放到 Chrome 浏览器中，测试效果如图 6.2 所示。

图 6.2　CSS 继承性测试效果

用户可通过编写上述代码并执行，在浏览器窗口中查看<p>标签中的文本与<span>标签中的文本是否都设置为了红色。

灵活应用 CSS 的继承性可以减少大量的 CSS 代码，缩短开发时间。将页面或模块中相同的属性提取出来，然后在总包含框中定义，利用继承性使这些属性影响所包含的所有子元素。

继承非常重要，使用继承特性可以简化代码、降低 CSS 样式的复杂程度。但是，如果在网页中所有元素都使用继承，那么判断样式的来源将会变得十分困难，所以建议对于字体、文本等涉及网页通用属性的使用继承。例如，网页显示字体、字号、颜色、行距等可以在 body 元素中统一设置，然后通过继承影响文档中的所有文本。

注意

CSS 强制规定有些属性不具有继承性，这些不具有继承性的属性主要包括边框属性、边界属性、补白属性、背景属性、定位属性、布局属性和元素高/宽属性。

2. 层叠性

为了理解这一概念，可看以下代码。

```
div{
font-size:12px;
}
div{
font-size:14px;
}
```

上面代码中相同的属性声明应用在同一个元素上，div 元素内的字体最终显示为 14px，即 14px 的字体覆盖了 12px 的字体，这就是样式层叠。

层叠就是 CSS 能够对同一元素或同一网页应用多个样式或多个样式表的能力。例如，可以创建一个 CSS 样式来应用颜色，创建另一个 CSS 样式来应用边框，最后将这两个样式应用于同一个页面中的同一个元素，这样 CSS 就可以通过样式层叠设计出各种页面效果。

在页面显示过程中，有很多的样式作用在页面元素上，这些样式来自不同的地方。浏览器有自己默认的样式，网页作者有自己写的样式，用户也可能有自己的样式，但是最终显示的样式只是其中之一，它们之间产生了冲突，CSS 可通过一个称为层叠的过程处理这种冲突。

层叠给每个规则分配一个重要度：作者的样式表被认为是最重要的，其次是用户的样式表，最后是浏览器/用户代理使用的默认样式表。为了让用户有更多的控制能力，可以通过将任何规则指定为!important 来提高它的重要度，让它优先于任何规则，甚至优先于作者加上!important 标志的规则。因此，层叠采用以下重要度次序：标为!important 的用户样式→标为!important 的作者样式→作者样式→用户样式→浏览器/用户代理应用的样式。然后，根据选择器的特殊性决定规则的次序。具有更特殊选择器的规则优先于具有比较一般的选择器的规则。如果两个规则的特殊性相同，那么后定义的规则优先。例如，下面的代码。

```
<style type="text/css">
div{ color:red !important; }
</style>
<div style="color: blue; ">这是一行文字</div>
```

由于 color:red !important 提高了颜色的重要度，虽然最后一行 div 重新定义了样式为蓝色，但“这是一行文字”在浏览器中最终显示为红色字体。

由此可见，层叠是指不同的优先级构成的层的叠加。

提示

作者样式是指开发人员定义的样式，用户样式是指用户在浏览器中定义的样式，而浏览器/用户代理应用的样式则是指浏览器/用户代理应用的默认样式。

五、CSS选择器

1. 元素选择器

元素选择器也称标签选择器，是最常见的 CSS 选择器。换句话说，文档的元素就是最基本的选择器。

如果设置 HTML 的样式，选择器通常是某个 HTML 元素，如 p、h1、em、a，甚至可以是 HTML 本身。

```
html {color:black;}
h1 {color:blue;}
h2 {color:silver;}
```

由于文档元素是构成 HTML 文档的主体部分，因此，设置元素选择器既可简化文档代码，又可提高 CSS 执行效率。

2. 类（class）选择器

类选择器能够把相同的元素分类定义为不同的样式，定义类选择器时，需在自定义类的名称前面加一个点号。假如要定义两个不同的段落，一个段落向右对齐，一个段落居中，可以先定义以下两个类。

```
p.right {text-align: right}
p.center {text-align: center}
```

然后将这两个类用在不同的段落中，并在 HTML 标记中加入定义的 class 参数。

```
<p class="right">这个段落是向右对齐的</p>
<p class="center">这个段落是居中排列的</p>
```

实例代码如下。

```
<!DOCTYPE html>
<html lang="en">
<head>
<meta charset="UTF-8">
<title>类选择器测试</title>
<style type="text/css">
p.right {text-align: right}
   p.center {text-align: center}
</style>
</head>
<body>
<p class="right">这个段落是向右对齐的</p>
   <p class="center">这个段落是居中排列的</p>
</body>
</html>
```

上述代码在 360 浏览器中的测试效果如图 6.3 所示。

图 6.3　类选择器测试效果

类选择器还有一种用法，在选择器中省略 HTML 标记名，这样可以把几个不同的元素定义成相同的样式。

```
.center {text-align: center} (定义.center 的类选择器为文字居中排列)
```

这样的类可以被应用到任何元素上。下面使 h1 元素（标题 1）和 p 元素（段落）都归为 center 类，这可使两个元素的样式都跟随“.center”这个类选择器。

```
<h1 class="center">这个标题是居中排列的</h1>
<p class="center">这个段落也是居中排列的</p>
```

注意

这种省略 HTML 标记的类选择器是常用的 CSS 方法，使用这种方法可以很方便地在任意元素上套用预先定义好的类样式。

3. id 选择器

在 HTML 页面中 id 参数指定了某个单一元素，id 选择器用来对这个单一元素定义单独的样式。

id 选择器的应用和类选择器类似，只要把 class 换成 id 即可。两者区别是，id 只能在一个页面中出现一次，而 class 可以多次运用。

定义 id 选择器要在 id 名称前加上一个#号。定义 id 选择器的属性和类选择器相同，有两种方法。在下面这个例子中，id 属性将匹配所有 id="intro"的元素。

```
#intro
{
font-size:110%;
font-weight:bold;
color:#0000ff;
background-color:transparent
}
```

其中，字体尺寸为默认尺寸的 110%；粗体；蓝色；背景颜色透明。

在下面这个例子中，id 属性只匹配 id="intro"的段落元素。

```
p#intro
{
font-size:110%;
font-weight:bold;
color:#0000ff;
background-color:transparent
}
```

注意

id 选择器局限性很大，只能单独定义某个元素的样式，一般只在特殊情况下使用。

4. 子元素选择器

子元素选择器只能选择作为某元素子元素的元素，如果不希望选择任意的后代元素，而是希望缩小范围，只选择某个元素的子元素，使用子元素选择器是较好的选择。

例如，希望选择只作为 h1 元素子元素的 strong 元素，代码如下。

```
h1 > strong {color:red;}
```

这个规则会把第一个 h1 下面的两个 strong 元素变为红色，但是第二个 h1 中的 strong 元素不受影响。

```
<h1>青岛开发区 <strong>职业</strong> <strong>中等</strong>专业学校</h1>
<h1>青岛开发区<em>职业<strong>中等</strong></em>专业学校</h1>
```

5. 相邻选择器

如果需要选择紧接在另一个元素后的元素，而且二者有相同的父元素，可以使用相邻选择器。

例如，如果要增加紧接在 h1 元素后出现的段落的上边距，代码如下。

```
h1 + p {margin-top:50px;}
```

这个选择器读作：选择紧接在 h1 元素后出现的段落，h1 和 p 元素拥有共同的父元素。

6. 后代选择器

后代选择器又称包含选择器，是可以单独对某种元素包含关系定义的样式表。元素 1 中包含元素 2，这种方式只对在元素 1 中的元素 2 定义，对单独的元素 1 或元素 2 无定义，例如：

```
table a
{
font-size: 12px
}
```

在表格内的链接改变了样式，文字大小为 12px，而表格外链接的文字仍为默认大小。

7. 属性选择器

在 HTML 中，通过各种各样的属性可以给元素增加很多附加的信息。例如，通过 id 属性可以将不同 div 元素进行区分。

在 CSS2 中引入了一些属性选择器，而 CSS3 在 CSS2 的基础上对属性选择器进行了扩展，新增了 3 个属性选择器，使得属性选择器有了通配符的概念。这 3 个属性选择器与 CSS2 的属性选择器共同构成了功能强大的 CSS 属性选择器，如表 6.2 所示。

表 6.2　CSS3 新增属性选择器

属性选择器	功能描述	示例描述
E[attr^="val"]	选择匹配元素 E，且 E 元素定义了属性 attr，其属性值为以 val 开头的任何字符串	a[class^=icon]选择器表示选择类名以 icon 开头的所有 a 元素
E[attr$="val"]	选择匹配元素 E，且 E 元素定义了属性 attr，其属性值为以 val 结尾的任何字符串，与 E[attr^=val]相反	a[href$=pdf]选择器表示选择以 pdf 结尾的 href 属性的所有 a 元素
E[attr*="val"]	选择匹配元素 E，且 E 元素定义了属性 attr，其属性值任意位置包含了 val。换句话说，字符串与属性值中的任意位置相匹配	a[title*="more"]选择器匹配了 a 元素，而且 a 元素的 title 属性值中任意位置有 more 字符的任何字符串

实例代码如下。

```
<!DOCTYPE html>
<html lang="en">
<head>
<meta charset="UTF-8">
<title>属性选择器测试</title>
<style type="text/css">
a[class^=icon]{
     background: green;
     color:#fff;
}
a[href$=pdf]{
```

```
        background: orange;
          color: #fff;
    }
    a[title*=more]{
        background: blue;
        color: #fff;
    </style>
    </head>
    <body>
    <a href="xxx.pdf">我链接的是 PDF 文件</a>
        <a href="#" class="icon">我的类名是 icon</a>
    <a href="#" title="more">我的 title 是 more</a>
    </body>
    </html>
```

保存文件，命名为 attr.html，拖放到 Chrome 浏览器中，测试效果如图 6.4 所示。

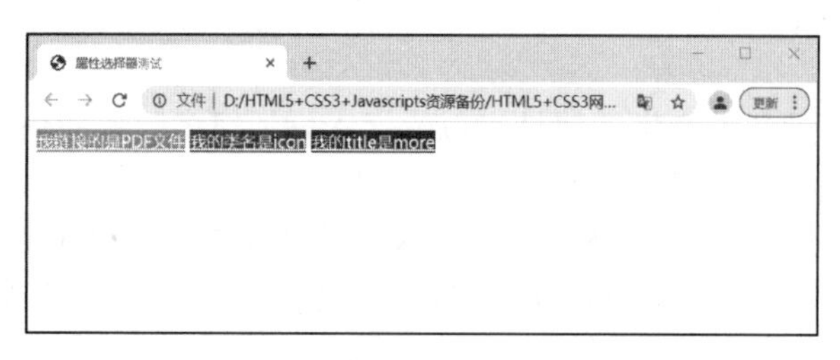

图 6.4　属性选择器测试效果

8．伪选择器

伪类和伪元素是一类特殊的选择器，它定义了一些特殊区域或特殊状态下的样式，这些特殊区域或特殊状态是无法通过标签、id 或 class 及其他属性来进行精确控制的。

例如，希望控制段落中第一行或第一个字符的样式，但是又无法通过具体的标签或属性来进行控制，此时只能通过伪元素来进行控制。另外，希望控制鼠标单击过程中超链接显示不同的状态，也是通过伪类来控制鼠标经过、单击时和经过后等不同的超链接样式的。

伪类和伪元素以:为前缀来表示，注意伪类和伪元素的前缀符号:与前后名称之间不能有空格。

（1）伪类

常用的伪类选择器是使用在 a 元素上的几种，如 a:link、a:visited、a:hover、a:active。其他 3 个伪类及说明如下。

```
    :focus
```

伪类将应用于拥有键盘输入焦点的元素。

```
    :first-child
```

伪类将应用于元素在页面中第一次出现的时候。

```
    :lang
```

伪类将应用于元素带有指定 lang 的情况。

提示

在 CSS 定义中，a:hover 必须被置于 a:link 和 a:visited 之后，才是有效的；a:active 必须被置于 a:hover 之后，才是有效的。

（2）伪元素

CSS 中有如下 4 种伪元素选择器。

1）:first-line：为某个元素的第一行文字使用样式。

2）:first-letter：为某个元素中文字的首字母或第一个字使用样式。

3）:before：在某个元素之前插入一些内容。

4）:after：在某个元素之后插入一些内容。

9. 选择器分组

对选择器进行分组后，被分组的选择器就可以分享相同的声明。被分组的选择器可以用，分开。下面的例子对所有的标题元素进行了分组，所有的标题元素都是绿色的。

```
h1,h2,h3,h4,h5,h6{
color:green;
}
```

任务二　网页文本样式和段落样式设置

网页中文本样式是最基本的样式，也是最常用的样式。灵活设置字体的类型、大小、颜色和段落的样式，可实现网页文字布局合理、给人以舒适的感觉。

一、网页文本样式设置

设计网页时，一般设置 body 的字体，并使其他标签继承 body 的字体，这样设置非常方便，但是标题标签 h1～h6 和表单标签（input 类型）不继承 body 的字体属性，它们的字体需要单独设置。

新建一个网页 text.html，输入如下代码。

```
<!DOCTYPE html>
<html lang="en">
<head>
<meta charset="UTF-8">
<title>文本样式</title>
<style type="text/css">
body
{
font-family: 微软雅黑,宋体;
```

```
        font-size: 1em;
        color: #f00;
        }
        </style>
        </head>
        <body>
        <h1>设置字体的类型、大小、颜色</h1>
        <p>
                CSS 设置字体的类型、大小、颜色
        </p>
        </body>
        </html>
```

使用 Chrome 浏览器打开网页 text.html，文本样式网页效果如图 6.5 所示。

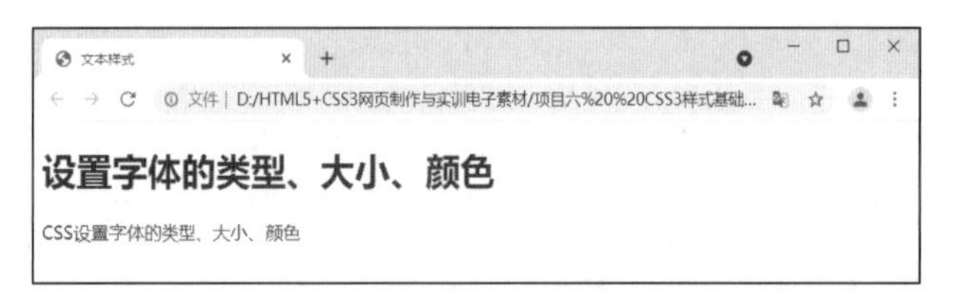

图 6.5　文本样式网页效果

1. 设置字体的类型

1）字体的类型可通过下面这段代码设置。

```
        font-family: 微软雅黑,宋体, 'New York';
```

font-family 翻译为中文是“字体家族”，就是告诉浏览器，优先使用哪一种字体。谁排在最前面，就先使用这种字体，这里优先使用的是“微软雅黑”。

2）多种字体使用,间隔，字体名中带有空格或#、$的，需要加‘’或“”。

3）如果操作系统中用“微软雅黑”，Windows XP 系统中没有这种字体，那么就会使用“宋体”；如果没有“宋体”，就会再使用系统中默认的另一种字体。操作系统中一般都有“宋体”，而且如果没有给网页设置字体类型，网页就会按照操作系统中默认的字体来显示。

2. 设置字体的大小

1）字体的大小可通过下面这段代码设置。

```
        font-size: 1em;
```

font-size 翻译为中文是“字体尺寸”，它的单位一般是 px（像素）或 em（字体高度）。

2）中国许多网站的默认字体为 12px，以前的浏览器用户不能改变网页字体大小，而现在主流的浏览器，只需要按住 Ctrl 键后，滚动滑轮就可以放大或缩小网页字体。

3）单位 em 是一种相对的字体高度，一般的浏览器都默认 1em 为 16px，需要注意的是，em 会继承父元素的字体大小。

例如，设置 body 字体大小为 1em，p 的字体大小为 0.8em，那么换算为像素，<p>标签的实际大小是 1×0.8×16px=12.8px。

不过，为了简化 em 和 px 的换算，一般设置 body 的 font-size 为 62.5%，然后使用 em 设置其他标签的字体大小，这样，em 换算为 px 只需要乘以 10 即可，如 1em×62.5%=16px×62.5%=10px。

3. 设置字体的颜色

字体的颜色可通过下面代码进行设置。

```
color: #f00;
```

color 是颜色的意思，color 用来设置一个标签的前景色，表现出来也就是元素文本的颜色。它的值一般使用#加 16 进制的颜色值来表示。

二、段落样式设置

在网页中文字常以段落的形式出现，用于表述具体的内容。段落样式设置主要包括首行缩进、左右缩进、行距、段落文本间距、水平对齐、垂直对齐。段落属性说明及用法如表 6.3 所示。

表 6.3　段落属性说明及用法

段落属性	说明	用法
text-decoration	下画线、删除线、顶画线	text-decoration：none （默认值，可以用这个属性值，也可以去掉已经有下画线、删除线或顶画线的样式） text-decoration：underline（下画线） text-decoration：line-through（删除线） text-decoration：overline（顶画线）
text-transform	文本大小写	text-transform：none（默认值，无转换发生） text-transform：uppercase（转换成大写） text-transform：lowercase（转换成小写） text-transform：capitalize（将每个英文单词的首字母转换成大写，其余无转换发生）
font-variant	将英文文本转换为“小型”大写字母	font-variant：normal（默认值，正常效果） font-variant：small-caps（“小型”大写字母的字体）
text-indent	控制文本段落首行的缩进	text-indent：像素值
text-align	文本水平对齐方式	text-align：left（默认值，左对齐） text-align：center（居中对齐） text-align：right（右对齐）
line-height	行高	line-height：像素值
letter-spacing	字距	letter-spacing：像素值
word-spacing	词距	word-spacing：像素值

在 Sublime Text 3 下新建 parag.html 文件，代码如下。

```
<!DOCTYPE html>
<html lang="en">
<head>
<meta charset="UTF-8">
<title>段落</title>
    <style type="text/css">
```

```
      p {
    text-indent:2em;              //首行缩进 2 个字符
        line-height:1.6em;       //行高 1.6em
        font-size:16px;
        }
        .parag2{
        border: 2px solid red;
        width: 500px;
        height: 100px;
        text-align: left;    //文本左对齐
        }
    </style>
    </head>
    <body>
    <p id="parag1">
    加快制定数字教育资源相关标准规范,加大数字教育资源的知识产权保护力度,进一步确立通过市场竞争产生优质资源和通过深入应用拓展优质资源的机制。鼓励企业积极提供云端支持、动态更新的适应云服务、移动计算等新技术的新型数字教育资源。
    </p>
    <p class="parag2">
    在教学中融入信息化元素,通过信息技术促进各学科教学内容和模式的变革。比如有效利用信息技术推进"众创空间"建设, 探索 STEAM 教育、创客教育等新教育模式,使学生具有较强的信息意识与创新意识,使信息化教学真正成为教师教学活动的常态。
    </p>
    </body>
    </html>
```

parag.html 在 360 浏览器中的效果如图 6.6 所示。

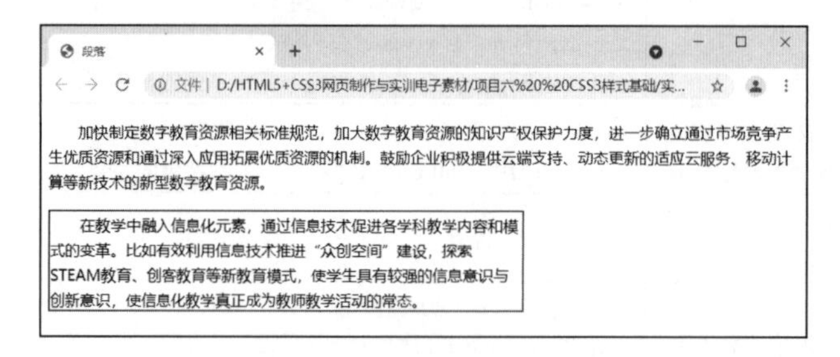

图 6.6　段落样式网页效果

任务三　超链接和背景图像样式设置

通过对本任务的学习，要求重点掌握超链接样式的 4 种属性设置，同时注意 4 种属性设置的顺序；另外，背景图像样式也是网页设计中的一个重要部分，要重点掌握背景图像样式的属性设置。

一、超链接样式设置

超链接是网站的重要构成要素，网站链接不仅包括文本链接，还包括图像链接或图像一部分链接，甚至邮件地址链接。正是这些链接实现了网站之间、网页之间的跳转，将 HTML 网页文件和其他资源链接成了一个巨大的网络，从而形成了一个紧密联系的整体。链接的样式表选择不同，在网页呈现外观，这些外观帮助浏览者记住哪些链接访问过、哪些链接没有访问过。超链接样式采用伪类样式的选择器，超链接样式属性选择器见表 6.4。

表 6.4 超链接样式属性选择器

属性选择器	描述
a:link	设置 a 对象在未被访问前（未单击过且鼠标未经过）的样式表属性，即 HTML a 锚文本标签的内容初始样式
a:visited	设置 a 对象在其链接地址已被访问过时的样式表属性，即 HTML a 超链接文本被单击访问过后的 CSS 样式效果
a:hover	设置 a 对象在被用户激活（在鼠标单击与释放之间发生的事件）时的样式表属性，即单击 HTML a 链接对象与释放鼠标右键之间很短暂的样式效果
a:active	设置 a 对象在其鼠标指针悬停时的样式表属性，即鼠标指针刚刚经过<a>标签并停留在 a 链接上时的样式

设置链接样式颜色是应用链接样式常用的方法，代码如下。

```
<!DOCTYPE html>
<html lang="en">
<head>
<meta charset="UTF-8">
<title>链接样式</title>
<style>
   a:link    {color:blue;}
   a:visited  {color:blue;}
   a:hover   {color:red;}
   a:active  {color:yellow;}
   </style>
</head>
<body>
<p>将鼠标指针移动到这个链接上:<a href="http://www.qkzz.cn">青岛开发区职业中专官网</a></p>
</body>
</html>
```

代码解释如下。

① a:link {color:blue;}表示链接文本显示蓝色，也是网页链接默认的颜色。

② a:visited {color:blue;} 表示访问过的链接文本显示为蓝色。

③ a:hover {color:red;} 表示鼠标指针放置在链接文本上，显示红色。

④ a:active {color:yellow;} 表示鼠标指针刚经过链接文本并停留在链接上时，显示黄色。

注意

4 种链接样式设置有顺序要求，按照 a:link、a:visited、a:hover 和 a:active 的顺序设置，否则页面显示可能达不到期望的效果。另外，有时需要清除浏览器的缓存，才能达到预期显示效果。

二、背景图像样式设置

背景图像在网页中的应用极其广泛，如整个页面的背景、页面局部部分，通常使用图像作为背景，而不仅仅使用颜色，这样设置可使背景内涵更为丰富。背景图像本身可传达某种主题，如 head 区内的 Logo 图常以背景图像形式显示，以表达网站主题。CSS 样式控制背景图像样式的属性很丰富，CSS3 还新增了 background-clip、background-origin、background-size 属性，大部分浏览器已支持新属性。CSS 背景属性见表 6.5。

表 6.5　CSS 背景属性

属性	功能	参数与注释
background	在一个声明中设置所有的背景属性	background-color（背景颜色） background-image（背景图像） background-repeat（背景图像平铺方式） background-attachment（背景图像定位） background-position（背景图像滚动）
background-attachment	设置背景图像是否固定或者随着页面的其余部分滚动	top left（垂直顶部、水平居左） top center（垂直顶部、水平居中） center left（垂直居中、水平居左） center center（垂直居中、水平居中） center right（垂直居中、水平居右） bottom left（垂直底部、水平居左） bottom center（垂直底部、水平居中） bottom right（垂直底部、水平居右） x-% y-%（图像靠左上方百分比距离） x-pos y-pos（图像靠左上方绝对距离） inherit（继承）
background-color	设置元素的背景颜色	color-RGB（RGB 颜色格式） color-HEX（HEX 颜色格式） color-name（颜色的英文名称） color-transparent（颜色的不透明度）
background-image	设置元素的背景图像	URL（背景图像地址） none（无） inherit（继承）
background-position	设置背景图像的开始位置	scroll（背景图像滚动） fixed（背景图像固定） inherit（继承）

续表

属性	功能	参数与注释
background-repeat	设置是否及如何重复背景图像	inherit（继承） repeat（平铺） no-repeat（不重复） repeat-x（横向平铺） repeat-y（纵向平铺） round（两端对齐平铺，多出来的空间通过自身拉伸填充） space（两端对齐平铺，多出来的空间使用空白替代）
background-clip	规定背景的绘制区域	CSS3 新增功能
background-origin	规定背景图片的定位区域	CSS3 新增功能
background-size	规定背景图片的尺寸	CSS3 新增功能

以下是背景图像样式设置的实例，具体代码如下。

```
<!DOCTYPE html>
<html lang="en">
<head>
<meta charset="UTF-8">
<title>图像控制</title>
<style type="text/css">
body {
margin: 0px;
background-image: url(images/bj.jpg);   //设置背景图像
background-repeat: repeat-x;            //设置背景图像横向平铺
}
#box {
height: 706px;
background-image: url(images/39.gif);   //设置背景图像
background-repeat: no-repeat;           //设置背景图像不重复
background-position: 30px 10px;         //设置背景图像的开始位置
}
</style>
</head>
<body>
<div id="box"></div>
</body>
</html>
```

以 pic.html 命名并保存文件。在 360 浏览器中运行，背景图像效果如图 6.7 所示。

该实例在 body 标签中设置 margin:0px;以清除默认边距，为后面设置背景图像做好铺垫；设置网页背景为 background-image: url(images/bj.jpg)，允许背景图像横向平铺，以免页面放大后出现空白。

div 是块元素，div 样式#box 设置高度为 706px，并设置背景图像，但不允许重复，与 body 标签中的设置相反，因为只允许显示一个背景图像；设置背景图像的开始位置为 background-position: 30px 10px;，表示左边距为 30px，上边距为 10px，也可以百分比的形式设置，如 30% 10%。

图 6.7　背景图像运行效果

任务四　列表样式设置

在 HTML 中，列表结构是标准结构中的核心部分之一，页面中大量使用这种结构，如导航菜单。无论是从语义角度分析，还是从表现层角度分析，使用列表结构都是实现导航设计的最佳选择。列表结构有两种类型：无序列表和有序列表。因此，掌握无序列表和有序列表样式设置，是设计网页的基本功。

一、无序列表设置

无序列表（ul）：页面列表元素项在逻辑上没有先后顺序，以显示的内容自然排序，与子元素 li 一起使用，其结构为<ul><li>...</li></ul>，列表项标记用特殊图形（如小黑点、小方框等）。

例如，在下面的实例中，<ul>、<li>标签组成基本的无序列表结构。

```
<!DOCTYPE html>
<html lang="en">
<head>
    <meta charset="UTF-8">
    <title>无序列表</title>
</head>
<body>
    <ul>
        <li>我是 ul 的子元素 1</li>
        <li>我是 ul 的子元素 4</li>
        <li>我是 ul 的子元素 3</li>
```

```
            <li>我是 ul 的子元素 5</li>
            <li>我是 ul 的子元素 2</li>
        </ul>
    </body>
    </html>
```

在 360 浏览器中运行，无序列表页面效果如图 6.8 所示。

图 6.8　无序列表页面效果

二、有序列表设置

有序列表（ol）：页面列表项按照元素逻辑顺序排列，显示的内容按顺序排列，与子元素 li 一起使用，其结构为<ol><li>…</li></ol>，列表项的标记有数字或字母。

```
    <!DOCTYPE html>
    <html lang="en">
    <head>
        <meta charset="UTF-8">
        <title>有序列表</title>
    </head>
    <body>
        <ol>
            <li>我是 ul 的子元素 1</li>
            <li>我是 ul 的子元素 2</li>
            <li>我是 ul 的子元素 3</li>
            <li>我是 ul 的子元素 4</li>
            <li>我是 ul 的子元素 5</li>
        </ol>
    </body>
    </html>
```

在 360 浏览器中运行，有序列表页面效果如图 6.9 所示。

图 6.9　有序列表页面效果

三、列表属性设置

CSS 样式通过属性控制列表结构。CSS 列表属性的作用是设置不同的列表项标记为有序列表、设置不同的列表项标记为无序列表和设置列表项标记为图像，其属性见表 6.6。

表 6.6　CSS 列表属性

属性	描述	属性值
list-style	简写属性，用于把所有用于列表的属性设置于一个声明中	
list-style-image	将图像设置为列表项标记	list-style:URL（图像的路径） list-style:none（默认，无图像被显示） list-style:inherit（规定应该从父元素继承 list-style-image 属性的值）
list-style-position	设置列表中列表项标记的位置	list-style-image:inside（列表项标记放置在文本以内，且环绕文本根据标记对齐） list-style-position:outside（默认值，保持标记位于文本的左侧，列表项标记放置在文本以外，且环绕文本不根据标记对齐） list-style-position:inherit（规定应该从父元素继承 list-style-position 属性的值）
list-style-type	设置列表项标记的类型	list-style-type:none（无标记） list-style-type:disc（默认，标记是实心圆） list-style-type:circle（标记是空心圆） list-style-type:square（标记是实心方块） list-style-type:decimal（标记是数字） list-style-type:decimal-leading-zero（0 开头的数字标记，如 01、02、03 等）
list-style-type	设置列表项标记的类型	list-style-type:lower-roman（小写罗马数字，如 i、ii、iii、iv、v 等） list-style-type:upper-roman（大写罗马数字，如I、II、III、IV、V等） list-style-type lower-alpha（小写英文字母，如 a、b、c、d、e 等） list-style-type:upper-alpha（大写英文字母，如 A、B、C、D、E 等）

使用 CSS 可以列出进一步的样式，并可用图像做列表项标记。以下实例使用图像列表标记，用户体验效果更佳，具体代码如下。

```
<!DOCTYPE html>
<html>
<head>
<meta charset="UTF-8">
<title>列表</title>
<style type="text/css">
#cent{
width: 450px;
height: 300px;
margin: 0 auto;
```

```
}
ul
{
list-style-type:none;
padding:0px;
margin:0px;
}
ul li
{
background-image:url(sqpurple.gif);
background-repeat:no-repeat;
background-position:0px 5px;
padding-left:14px;
}
</style>
</head>
<body>
<div id="cent">
<ol>
<li>咖啡</li>
<li>绿茶</li>
<li>可口可乐</li>
</ol>
<ul>
<li>咖啡</li>
<li>绿茶</li>
<li>可口可乐</li>
</ul>
</div>
</body>
</html>
```

在 360 浏览器中运行，页面效果如图 6.10 所示。

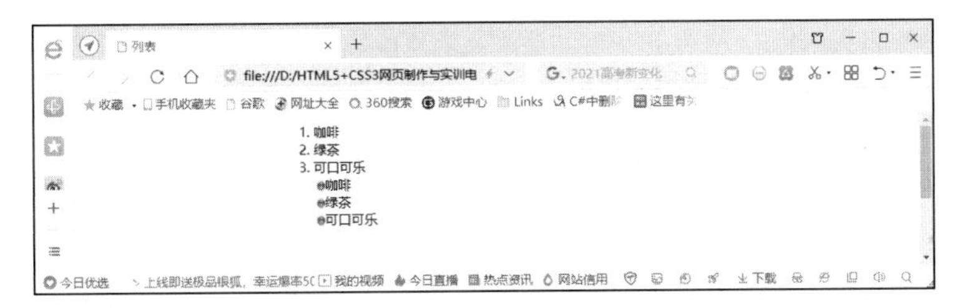

图 6.10　使用图像标记的有序列表和无序列表页面效果

以上实例同时运用了有序列表和无序列表，其中无序列表使用图像标记，具体设置如下。

（1）ul

1）设置列表样式类型为没有删除列表项标记。

2）设置填充和边距为 0px（浏览器兼容性）。

（2）ul 中的所有 li

1）设置图像的 URL，并设置它只显示一次（无重复）。

2）定位图像位置（左 0px，上、下 5px）。

3）用 padding-left 属性将文本置于列表中。

项目实训一　制作垂直菜单

实训概述

每个网站首页通常都有导航菜单。导航菜单直观方便，并且可节约主页空间。导航菜单有横向导航菜单、垂直导航菜单和多项导航菜单，这些导航菜单的实现大多采用 CSS 样式控制技术，结合 div 布局，形成风格不同的菜单样式。

实训目的

1）掌握 div 样式的布局方法。

2）掌握超链接元素<a>的定义方法。

实训步骤

01 新建目录 d:/menu。

02 运行 Sublime Text 3，新建文件 menu.html。

03 在文件 menu.html 中编写如下代码。

```
<!DOCTYPE html>
<html lang="en">
<head>
    <meta charset="UTF-8">
    <title>垂直菜单制作</title>
    <style type="text/css">
ul {
    margin: 0;                              //设置外边距为 0px
    padding: 0;                             //设置内边距为 0px
    list-style-type: none;                  //设置 ul 为无标记
}
.DH {
    margin:0 auto;                          //设置 div 默认边距为 0px，且居中
    text-align:center;                      //设置文本居中
    margin-top: 30px;                       //设置上边距为 30px
    font-size:17px;                         //设置字体大小为 17px
    width:200px;                            //设置宽度为 200px
}
```

```
.DH a {
   display: block;                        //设置<a>标签为块元素
   padding: 5px 10px;                     //设置内边距
   width: 140px;                          //设置宽度
   color: #000;                           //设置链接字体颜色
   background-color: #ADC1AD;             //设置背景色
   text-decoration: none;                 //设置不修饰文本
   border-top: 1px solid #fff;            //设置上边框线样式
   border-left: 1px solid #fff;           //设置左边框线样式
   border-bottom: 1px solid #333;         //设置底边框线样式
   border-right: 1px solid #333;          //设置右边框线样式
   font-weight: bold;                     //设置字体加粗
   background: url(images/bj_a.jpg) no-repeat left top;   //设置背景图
像样式
   letter-spacing:2em;                    //设置字间距
}
.DH a:hover, .DH a.hov {
   color: #000;                           //设置字体颜色
   background-color: #889E88;             //设置背景颜色
   text-decoration: none;                 //设置不修饰文本
   border-top: 1px solid #333;            //设置上边框线样式
   border-left: 1px solid #333;           //设置左边框线样式
   border-bottom: 1px solid #fff;         //设置底边框线样式
   border-right: 1px solid #fff;          //设置右边框线样式
   background: url(images/bj_hover.jpg) no-repeat left top;//设置背景图
像样式
}
.DH ul ul a {
   padding: 5px 5px 5px 30px;             //设置内边距
   width: 125px;                          //设置宽度
   color: #000;                           //设置链接字体颜色
   background-color: #C5D8C5;             //设置背景颜色
   text-decoration: none;                 //设置不修饰文本
   font-weight: normal;                   //设置标准字体
   letter-spacing:1em;                    //设置字间距
}
</style>
</head>
<body>
   <div class="DH">
   <ul>
      <li><a href="#" id="current">网络</a>
         <ul>
            <li><a href="#">路由</a></li>
            <li><a href="#" class="hov">交换</a></li>
            <li><a href="#">安全</a></li>
         </ul>
      </li>
      <li><a href="#" class="hov">动漫</a></li>
      <li><a href="#">素描</a></li>
      <li><a href="#">手绘</a></li>
```

```
        </ul>
    </div>
    </body>
    </html>
```

代码解释如下。

① <ul>属于块元素，设置它的内、外边距初始值为0px，为后面设置它的内、外边距做铺垫。

② 定义类.DH，控制div样式，div是块元素，可以设置边距和宽度，同时，对文本位置、字体大小也做了定义。

③ .DH a{ }对.DH类范围元素a进行定义，由于<a>标签元素属于内联元素，无法定义边距和宽度等属性，因此，将内联元素转换为块元素后再定义其属性。border-top: 1px solid #fff表示上边框宽1px、实线、白色；letter-spacing:2em表示字间距为32px。

④ .DH a:hover, .DH a.hov { }中a:hover表示a的伪类定义，而a.hov则表示a的hov类定义。注意.DH a:hover与.DH a.hov之间的,表示群选择符，它们之间都具有相同的样式定义，减少了代码量。

⑤ .DH ul ul a { }表示包含选择，而且是多级包含关系，直接定义.DH ul ul下的<a>标签样式，避免了过多的id及class的设置。letter-spacing:1em表示与父元素ul字间距相同，均为1em。

⑥ body体内使用div进行结构布局，div内含有两级<ul>标签，然后使用类分别控制<div>、<ul>、<li>、<a>标签的样式。

04 在360浏览器打开menu.html，垂直菜单测试效果如图6.11所示。

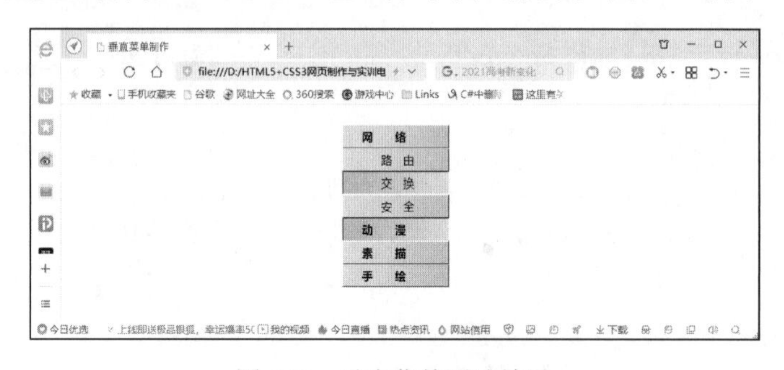

图6.11　垂直菜单测试效果

项目实训二　制作动态堆叠卡

实训概述

动态堆叠卡通过CSS3技术实现堆叠卡片展开和收缩特效。该特效开始时卡片被堆叠在一起，当用户单击最上面的卡片时堆叠图片以动画方式展开。

实训目的

1）掌握 CSS3 圆角、阴影和旋转属性。
2）掌握 div 结构布局的方法。
3）熟练运用 CSS 样式设置文本、颜色、边框、背景图像和超链接。
4）参考本实训提示，自己创新，设计出独特风格的网页。

实训步骤

01 新建目录 d:/card。

02 运行 Sublime Text 3，新建文件 card.html。项目中应用 CSS3 圆角、阴影和旋转属性，其属性见表 6.7。

表 6.7　CSS3 圆角、阴影和旋转属性

属性	语法格式及属性值	属性说明
border-radius	border-radius: 1-4 length|% / 1-4 length|% 相关属性值： border-top-right-radius、border-bottom-right-radius、border-bottom-left-radius、border-top-left-radius	length 定义圆角的形状，%以百分比定义圆角的形状。按此顺序设置每个 radius 的 4 个值。如果省略 bottom-left，则与 top-right 相同；如果省略 bottom-right，则与 top-left 相同；如果省略 top-right，则与 top-left 相同
box-shadow	box-shadow: h-shadow v-shadow blur spread color inset 相关属性值： h-shadow：必需，水平阴影的位置，允许负值 v-shadow：必需，垂直阴影的位置，允许负值 blur：可选，模糊距离 spread：可选，阴影的尺寸 color：可选，阴影的颜色 inset 可选，将外部阴影（outset）改为内部阴影	box-shadow 属性向框添加一个或多个阴影。该属性是由,分隔的阴影列表，每个阴影由 2～4 个长度值、可选的颜色值及可选的 inset 关键词来规定。省略长度的值是 0
transform	transform: none|transform-functions 相关属性值： translate(x,y) 定义二维转换 translate3d(x,y,z) 定义三维转换 translateX(x) 定义转换，只用 X 轴的值 translateY(y) 定义转换，只用 Y 轴的值 translateZ(z) 定义三维转换，只用 Z 轴的值 scale(<number>[,<number>]>)提供执行缩放的两个参数，从而实现二维缩放效果。如果第二个数值未提供，则取与第一个参数一样的值	transform 属性向元素应用二维或三维转换。该属性允许对元素进行旋转、缩放、移动或倾斜

03 网页采用 div 结构布局，布局代码如下。

```
	<body>
	<div id="box">
	<div id="title"><img src="images/94501.png" width="388" height="89"/>
</div>
```

```
        <div id="card">
        <ul>
            <li id="card-1"><h3>卡片 1</h3><img src="images/t9tuqui_trans.png"
width="130" height="130" />
              <p>姓名: 大嘴鸟<br />年龄:5 岁<br/>身高:50cm<br/>体重:600g<br/>食物:水
果<br/>巨嘴鸟生活在南部和中部地区,并且喜爱到处飞</p></li>
            <li id="card-2"><h3>卡片 2</h3><img src="images/t9foxy_trans.png"
width="130" height="130" />
              <p>姓名:狐狸<br/>年龄:3 岁<br/>身高:70cm<br/>体重:5.5kg<br/>食物:肉类
<br/>狐狸生活在北半球,喜爱寻求刺激和隐藏</p></li>
            <li id="card-3"><h3>卡片 3</h3><img src="images/t9dog2_trans.png"
width="130" height="130" />
              ......
          </ul>
          </div>
        </div>
        </body>
```

以上 HTML 架构运用了 3 个 div，其中第 1 个 div 定义全局范围；第 2 个 div 定义页面标题（使用一个图片作为标题）；第 3 个 div 则是整个页面的重心，运用了列表结构<ul><li>…</li></ul>，内部包括 3 号标题<h3>、动物图片和段落内容。整个结构清晰、层次分明。

04 CSS 代码部分如下。

```
        <style type="text/css">
        * {
            margin: 0px;
            padding: 0px;
            border: 0px;
        }
        body {
            background:#202020;
            font-family: 宋体;
            font-size: 12px;
            color:#202020;
            line-height: 28px;
        }
        #box {
            width: 760px;
            margin: 0px auto;
            padding-top: 50px;
        }
        #title {
            width: 388px;
            height: 89px;
            margin: 0px auto;
        }
        #card {
            margin-top: 50px;
```

```
    text-align: center;
}
#card li {
    display: block;
    position: relative;
    list-style-type: none;
    width: 130px;
    height: 450px;
    background-image: url(images/card_bg.jpg);
    border: 1px solid #666666;
    padding: 25px 10px;
    margin-bottom: 30px;
    float: left;
    -moz-border-radius: 10px;
    -webkit-border-radius: 10px;
    -moz-box-shadow: 2px 2px 10px #000;
    -webkit-box-shadow: 2px 2px 10px #000;
    -moz-transition: all 0.5s ease-in-out;
    -webkit-transition: all 0.5s ease-in-out;
}
#card h3 {
    font-family: 黑体;
    font-size: 24px;
}
#card img {
    margin-top: 7px;
    background-color: #EEEEEE;
    -moz-border-radius: 5px;
    -webkit-border-radius: 5px;
    -moz-box-shadow: 0px 0px 5px #aaa;
    -webkit-box-shadow: 0px 0px 5px #aaa;
}
#card p {
    margin-top: 30px;
    text-align: left;
}
#card-1 {
    z-index:1;
    left:150px;
    top:40px;
    -webkit-transform: rotate(-20deg);
    -moz-transform: rotate(-20deg);
}
#card-2 {
    z-index:2;
    left:70px;
    top:10px;
    -webkit-transform: rotate(-10deg);
    -moz-transform: rotate(-10deg);
}
```

```
#card-3 {
    z-index:3;
    background-color:#69732B;
}
#card-4 {
    z-index:2;
    right:70px;
    top:10px;
    -webkit-transform: rotate(10deg);
    -moz-transform: rotate(10deg);
}
#card-5 {
    z-index:1;
    right:150px;
    top:40px;
    -webkit-transform: rotate(20deg);
    -moz-transform: rotate(20deg);
}
#card-1:hover {
    z-index: 4;
    -moz-transform: scale(1.1) rotate(-18deg);
    -webkit-transform: scale(1.1) rotate(-18deg);
}
#card-2:hover {
    z-index: 4;
    -moz-transform: scale(1.1) rotate(-8deg);
    -webkit-transform: scale(1.1) rotate(-8deg);
}
#card-3:hover {
    z-index: 4;
    -moz-transform: scale(1.1) rotate(2deg);
    -webkit-transform: scale(1.1) rotate(2deg);
}
#card-4:hover {
    z-index: 4;
    -moz-transform: scale(1.1) rotate(12deg);
    -webkit-transform: scale(1.1) rotate(12deg);
}
#card-5:hover {
    z-index: 4;
    -moz-transform: scale(1.1) rotate(22deg);
    -webkit-transform: scale(1.1) rotate(22deg);
}
</style>
```

代码解释如下。

① *{ }表示通配符选择，设置所有元素的外边距 margin、内边距 padding 和边框线 border 都为 0px，对所有元素起到初始化的作用。

② body 体内设置背景色、字体、字体大小、颜色和行高，子元素继承父元素的属性，

不需重设，大大缩短代码。

③ #box 设置显示部分的宽度、上边距和居中位置。

④ #title 设置标题宽、高和居中位置。

⑤ #card 设置上边距，并设置文本居中。

⑥ #card li{ }设置列表属性。display:block 表示块元素；position:relative 表示相对定位，实现 5 个卡片顺序排列；float:left 设置 li 元素左浮动；-moz-border-radius: 10px 表示边框 4 个圆角半径长度为 10px，-moz 前缀是 Firefox 浏览器私有属性，-webkit 前缀则是基于 webkit 内核的浏览器（如 Chrome、Opera）私有属性，在属性名前加上前缀，主要考虑浏览器的兼容性问题，早期一些浏览器不支持圆角属性，现在浏览器大多支持 border-radius，就不需要加前缀；-moz-box-shadow 2px 2px 10px #000 表示水平、垂直阴影的位置均为 2px，模糊距离为 10px，颜色值为#000；-moz-transition: all 0.5s ease-in-out 表示 3 个动画参数，all 表示针对所有元素，0.5s 指定元素转换过程的持续时间，ease-in-out 则表示先加速然后减速。

⑦ #card-1 设置 z-index 为 1，表示元素的堆叠顺序，z-index 值较大的元素将叠加在 z-index 值较小的元素之上；#card-2 设置 z-index 为 2，则卡片 2 叠加在卡片 1 之上，依次类推。-webkit-transform: rotate(-20deg)表示把元素顺时针旋转 20°。

⑧ #card-1:hover 伪类中，z-index: 4 表示当鼠标指针经过该卡片图像时，则该卡片浮动到最上层，其他伪类中也设置 z-index 的值为 4，可产生同样的效果。-moz-transform: scale(1.1) rotate(-18deg)中 scale(1.1)函数表示水平方向和垂直方向同时缩放 1.1 倍率，rotate(-18deg) 表示把元素逆时针旋转 18°。

05 在 360 浏览器中运行，动态堆叠卡页面效果如图 6.12 所示。

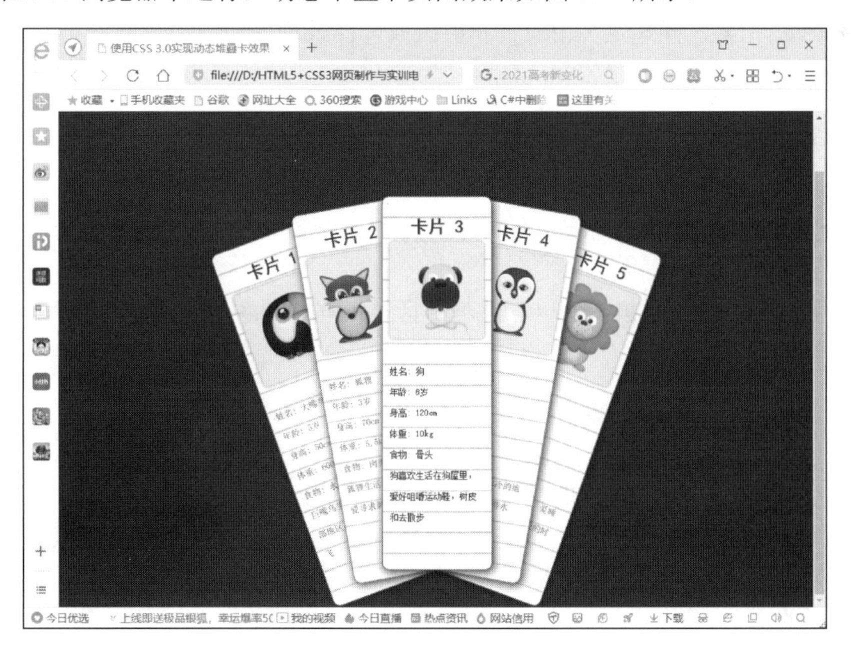

图 6.12　动态堆叠卡页面效果

拓展链接　在 Dreamweaver 中创建与编辑样式表

Dreamweaver 提供了可视化创建、编辑 CSS 样式的统一面板，操作时由设计视图切换到代码视图即可。代码视图中的 CSS 部分代码如图 6.13 所示。

```
32  <style type="text/css">
33  <!--
34  #Layer1 {
35      position:absolute;
36      left:147px;
37      top:247px;
38      width:190px;
39      height:22px;
40      z-index:1;
41  }
42  .STYLE1 {font-size: 12px}
43  #Layer2 {
44      position:absolute;
45      left:147px;
46      top:278px;
47      width:197px;
48      height:23px;
49      z-index:2;
50  }
51  body {
52      background image: url(image/beijing.jpg);
53  }
54  -->
55  </style>
```

图 6.13　代码视图中的 CSS 代码

样式表通常放在 HTML 文档的<head></head>标签内定制，由样式规则组成，执行时浏览器根据这些规则来显示文档。样式表的规则由两部分组成：选择符和样式定义。选择符通常是一个 HTML 元素，样式定义由属性和值组成。样式规则的组成形式如下。

```
选择符{属性:值}
```

例如，图 6.13 中的代码：

```
body {
background-image: url(image/beijing.jpg);
}
```

其中，body 是选择符，background-image 是属性名，url(image/beijing.jpg)是属性值。

项 目 小 结

本项目首先讲解了 CSS 样式的基本概念及 CSS 的分类，然后讲解了 CSS 样式的文档结构，重点介绍了样式表选择器，并结合实例具体讲述了 CSS 样式的文本、段落、超链接、背景图像和列表的运用。通过学习本项目，读者可在今后建设网站时灵活运用样式表，制作出专业级水平的网页。

思考与练习

一、选择题

1．如果要使一个网站的风格统一并便于更新，在使用 CSS 文件时，最好使用（　　）。

A．外部链接样式表　　B．内嵌式样式表

C．局部应用样式表　　D．以上 3 种都一样

2．在 CSS 语言中，下列各项中是“文本缩进”的允许值的是（　　）。

A．auto　　B．<背景颜色>　　C．<百分比>　　D．<统一资源定位 URL>

3．在 CSS 中，“背景颜色”的允许值设置的是（　　）。

A．baseline　　B．justify　　C．transparent　　D．capitalize

4．在新建 CSS 规则中，选择器的类型可应用任何标签的是（　　）。

A．标签　　B．类

C．高级（id、伪类选择器等）　　D．都不是

5．CSS 的全称是（　　）。

A．cascading sheet style　　B．cascading system sheet

C．cascading style sheet　　D．cascading style system

二、简答题

1．CSS 在 HTML 文档中有几种引用类型？

2．CSS 主要有哪些选择器？其格式如何书写？

三、操作题

利用 CSS 对网页文件 1.html 做如下设置。

1）h1 标题字体颜色为白色，背景颜色为蓝色，居中，4 个方向的填充值为 15px。

2）使文字环绕在图片周围，图片边线：粗细为 1px，颜色为#9999cc，虚线，与周围元素的边界为 5px。

3）段落格式：字体大小为 12px，首行缩进 2 字符，行高为 1.5 倍行距，填充值为 5px。

4）消除网页内容与浏览器窗口边界间的空白，并设置背景色为#ccccff。

5）给两个段落加不同颜色的右边线：3px double red 和 3px double orange。

网页最终显示效果如图 6.14 所示。

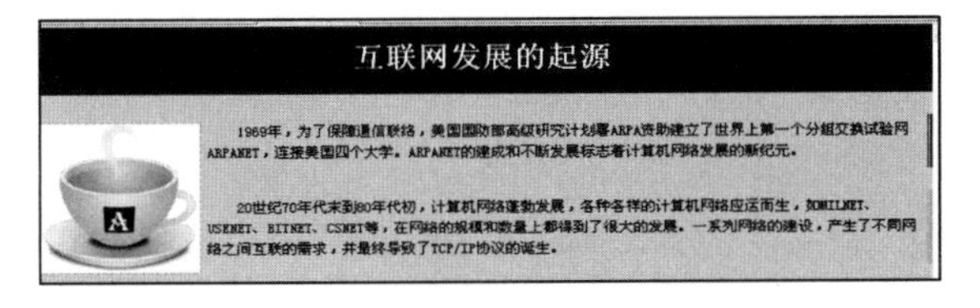

图 6.14　网页最终显示效果

CSS3 定位与布局

基于 Web 标准的网站设计的核心技术就是实现网站内容和表现形式的分离。HTML5 以严谨的语言编写结构，以 CSS3 完成网页的布局，因此，掌握 CSS3 定位与布局网页的方式，是制作网页的关键技术之一。

任务目标

- 了解 div、CSS3 定位与布局的基本概念。
- 掌握 CSS3 定位与布局的使用方法。
- 掌握在网页设计中灵活使用 CSS3 定位与布局的方法。
- 初步认识 JavaScript 语言。

任务一　初识 div

通过对本任务的学习，首先理解块元素与内联元素的概念及其区别。div 作为常用的块元素，是用来布局网页的重要元素之一，在制作网页时要熟知并灵活运用 div。span 作为内联元素，在制作网页时也经常用到。本任务重点理解 div 与 span 的区别。

一、块元素与内联元素

块元素在网页中以块的形式显示，所谓块状就是元素显示为矩形区域或圆角矩形区域。在默认情况下，块元素会占据一行，并按自上而下的顺序排列。使用 CSS 可以改变这种分布形式，且可以自定义块元素的宽度和高度。

块元素通常作为其他元素的容器，可以容纳内联元素和其他元素，因此，块元素也被称为 box（盒子）。常用的块元素如表 7.1 所示。

表 7.1　常用的块元素

元素	说明
div	层
ol	排序表单
ul	非排序列表
P	段落
center	居中对齐块
h	h1—大标题、h2—副标题、h3—3 级标题……
hr	水平分隔线
form	说明包含的控件属于某个表单的组成部分

内联元素又称为行内元素（inline element），与其对应的是块元素。内联元素按从左至右的顺序显示，不单独占一行。当加入 CSS 控制以后，块元素和内联元素的这种默认占行属性的差异就不存在了。例如，可以把内联元素加上 display:block 这样的属性，让它有每次都从新行开始的属性，即成为块元素；同样，可以把块元素加上 display:inline 这样的属性，让它在同一行上排列。常用的内联元素如表 7.2 所示。

表 7.2　常用的内联元素

元素	说明
<a>	标签可定义锚
<img>	向网页中嵌入一幅图像
<input>	输入框
<label>	为 input 元素定义标注（标记）
<select>	创建单选或多选菜单

续表

元素	说明
<strong>	语气更强的强调内容
<textarea>	多行文本输入控件
<b>	字体加粗

扼要重述

内联元素与块元素的区别如下。

① 内联元素与块元素直观上的区别，即内联元素会在一条直线上排列；块元素单独占行垂直排列。

② 块元素可以包含内联元素和块元素。内联元素不能包含块元素。

③ 内联元素与块元素属性的不同，主要表现在盒模型属性上，内联元素设置 width 无效、height 无效（可以设置 line-height）、margin 上下无效、padding 上下无效。

二、div概述

div 标签与其他 HTML 支持的标签使用形式一样，例如，当使用<p></p>结构时，div 在使用时也以<div></div>的形式出现。

div 是块元素，用来为 HTML 文档内大块的内容提供结构和背景。<div>和</div>之间的所有内容都是用来构成这个块的，其中所包含元素的特性由<div>标签的属性来控制，或者是通过将这个块表格化来进行控制。<div>标签被称为区隔标记，其作用就是设定文本、图像等的摆放位置。

div 元素可以将文档分割为多个有意义的区块，因此，使用<div>标签是实现网页总体布局的首选。下面代码是使用<div>标签布局网页的示例。

```
<div>          <!-- 页眉区域 -->
    <div>…</div>          <!-- Logo -->
    <div>…</div>          <!-- 导航 -->
    ……
</div>
<div>          <!-- 主体区域 -->
    <div>…</div>          <!-- 模块 1 -->
    <div>…</div>          <!-- 模块 2 -->
    ……
</div>
<div>          <!-- 页脚区域 -->
    ……
</div>
```

以上代码可以看出，使用 3 个 div 元素分割了三大区域，分别是页眉区域、主体区域和页脚区域。在页眉区域、主体区域和页脚区域又使用 div 元素分割为几个小的区块。通过使用 div 元素可以把一个网页分为很多个功能模块。

div 元素在使用时，同其他 HTML 元素一样，可以加入其他的属性，如 id、class、alight、style 等，但为了实现内容与表现分离，不再将 alight（对齐）属性、style（行间样式表）属性编写在页面的<div>标签中，因此 div 代码值可能拥有以下两种形式。

```
<div id="id名称">...</div>
<div class="class名称">...</div>
```

传统网页布局采用 table 元素方式，现在采用 CSS+div 进行网页重构，主要有如下显著优势。

① 表现和内容相分离。将设计部分剥离出来放在一个独立样式文件中，HTML 文件中只存放文本信息，HTML 文件代码被大量精简。

② 提高了搜索引擎对网页的索引效率。用只包含结构化内容的 HTML 代替嵌套的标签，搜索引擎将更有效地搜索到网页内容，并可能给网站一个较高的评价。

③ 提高了页面浏览速度。一方面，CSS+div 布局较 table 布局减少了页面代码，加载速度得到很大提高，这在网络爬虫爬行时是非常有利的。过多的页面代码可能造成爬行超时，网络爬虫就会认为这个页面无法访问，影响收录及权重。另一方面，真正的网站优化不只是为了追求收录、排名，快速的响应速度是提高用户体验度的基础，这对整个搜索引擎优化及营销都是非常有利的。

④ 易于维护和改版。只要简单地修改几个 CSS 文件就可以重新设计整个网站的页面。

三、span元素

span 表示范围，是一个通用的内联元素，虽然没有明确的语义特征，但可以作为文本或内联元素的容器。使用 span 元素可以对部分文本或内联元素定义特殊的样式，辅助并完善排版、修饰特定内容或局部区域，示例代码如下。

```
<div>          <!-- 信息模块 -->
    <span>  <!-- 设置字体大小 -->
    ......<span>红色显示</span>
    ...................<span>加粗显示</span>
    ......<span>斜体显示</span>
    </span>

</div>
```

扼要重述

div 元素与 span 元素的区别如下。

① div 是块元素，而 span 是内联元素。

② div 占用的位置是一行，span 的宽度视内容而定。

任务二 CSS3 定位

通过对本任务的学习，深刻理解盒子模型的概念。从布局角度看，一个网页可以理解为是由一个盒子或多个盒子构成的。盒子设计包括边框、外边距和内边距设计。理解概念要结合图例、实例，再加以实践。CSS3 定位包括浮动定位和精确定位。

1）浮动定位的概念比较抽象，但在定位网页时经常用到。灵活运用浮动定位，是一个网页设计人员的必备技能。

2）对精确定位，要重点理解固定定位和相对定位，通过比较二者的区别，理解二者不同的应用场景。

一、盒子模型的概念

在网页设计中常常用到的属性包括内容（content）、填充（padding）、边框（border）及边界（margin）等，CSS 盒子模式都具备这些属性。可以把这些属性转移到我们日常生活中的盒子（箱子）上来理解，因此被称为盒子模式。CSS 盒子模式示意图如图 7.1 所示。

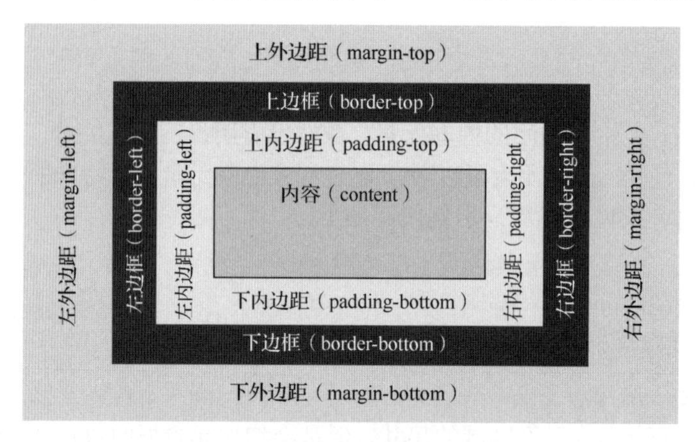

图 7.1 CSS 盒子模式示意图

在图 7.1 中，由内而外的元素依次是内容（content）、内边距（padding-top、padding-right、padding-bottom、padding-left）、边框（border-top、border-right、border-bottom、border-left）和外边距（margin-top、margin-right、margin-bottom、margin-left）。内边距、边框和外边距可以应用于一个元素的所有边，也可以应用于单独的边。其中，外边距可以是负值，而且在很多情况下都要使用负值的外边距。

标准 CSS 盒子模型图解如图 7.2 所示，说明如下。

1）与图 7.1 一样，在图 7.2 中，元素框的最内部分是实际的元素（element）；直接包围元素的是内边距（padding），内边距呈现了元素的背景（background）；内边距的边缘是边框（border）；边框以外是外边距（margin），外边距默认是透明的，因此不会遮挡其后的任何元素（其实元素的 margin 就是其所在父元素的 padding）。元素的背景应用于由内容和内边距、边框组成的区域。

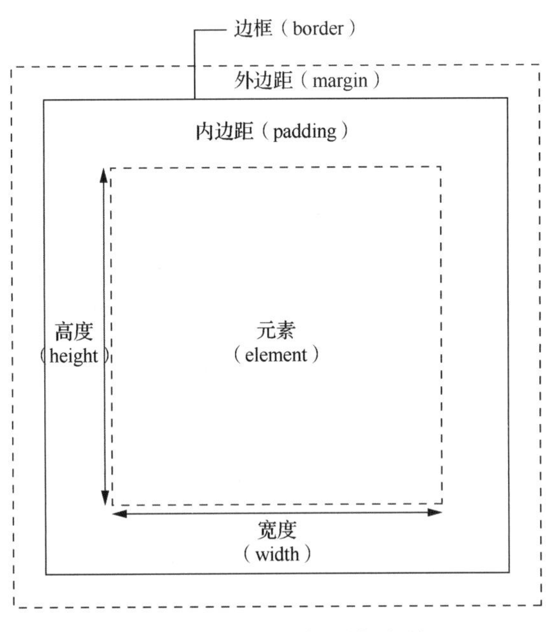

图 7.2　标准 CSS 盒子模型图解

2）内边距、边框和外边距都是可选的，默认值是零。但是，许多元素由用户代理的样式表设置外边距和内边距。可以通过将元素的外边距和内边距设置为零来覆盖这些浏览器样式。这可以分别进行设置，也可以使用通用选择器（*）对所有元素进行设置，代码如下。

```
//设置所有元素的外边距和内边距为 0
* {
  margin: 0;
  padding: 0;
}
```

3）在 CSS 中，width 和 height 指的是元素（element）区域的宽度和高度。增加内边距、边框和外边距不会影响元素区域的尺寸，但是会增加元素框的总尺寸。假设框的每个边上有 10px 的外边距和 5px 的内边距，如果希望这个元素框达到 100px，就需要将内容的宽度设置为 70px，CSS 设置代码如下。

```
#box {
  width: 70px;
  margin: 10px;
  padding: 5px;
}
```

CSS 代码中 100px 元素框如图 7.3 所示。

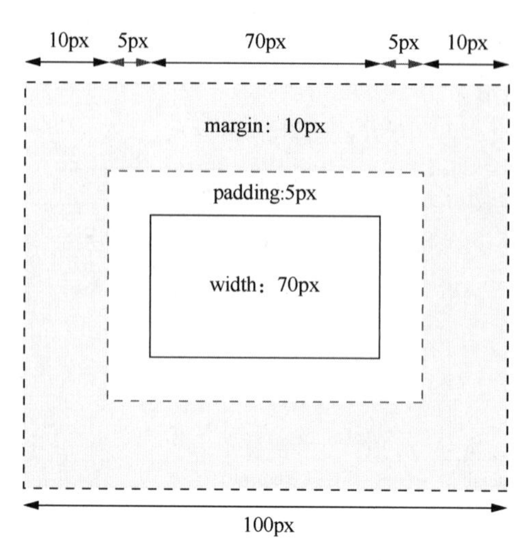

图 7.3　100px 元素框图

4）根据盒子模型的划分方法，标准 CSS 盒子的宽度和高度的计算方式如下。

```
        W=width（content）+（border[左右边框]+padding[左右内边距]+margin[左右外边距]）*2
        H=hight（content）+（border[左右边框]+padding[左右内边距]+margin[左右外边距]）*2
```

1．边框设计

盒子模型边框线由 CSS 中的 border 属性定义，用于表示元素内容所能到达的边界线，包括边框样式（border-style）、边框宽度（border-width）、边框颜色（border-color）及边框综合属性（border）。

语法为 border:border-width、border-style、border-color，单独设置边框时使用以下几个属性：border-left 设置左边框，一般单独设置左边框样式时使用；border-right 设置右边框，一般单独设置右边框样式时使用；border-top 设置上边框，一般单独设置上边框样式时使用；border-bottom 设置下边框，一般单独设置下边框样式时使用。

（1）边框样式（border-style）

border-style 属性用于设置元素所有边框的样式，或者单独地为各边设置边框样式。它有 10 个属性值，分别如下。

1）none：无样式。

2）hidden：无样式，主要用于解决与表格的边框冲突。

3）dotted：点画线。

4）dashed：虚线。

5）solid：实线。

6）double：双线，两条线加上中间的空白等于 border-width 的取值。

7）groove：槽状。

8）ridge：脊状，与 groove 相反。

9）inset：凹陷。

10）outset：凸出，与 inset 相反。

单独书写边框线样式属性值示例代码如下。

```
border-top-style: dotted;
border-bottom-style: dashed;
border-right-style: solid;
border-left-style: double;
```

以上代码分别设置了上、下、右、左的边框线的不同样式，并采用单独书写属性值的方法。通常边框线样式属性值采用简写形式，代码如下。

```
border-style: dotted  dashed;
border-style: dotted  dashed   solid;
border-style: dotted  dashed   solid   double;
```

以上代码给出了 3 种简写的形式，方法是按照规定的顺序，给出 2 个、3 个或 4 个属性值，它们的含义有所区别，具体含义如下。

① 如果给出 2 个属性值，则前者表示上、下边框的属性，后者表示左、右边框的属性。

② 如果给出 3 个属性值，则前者表示上边框的属性，中间的数值表示左、右边框的属性，后者表示下边框的属性。

③ 如果给出 4 个属性值，则依次表示上、右、下、左边框的属性，即顺时针排序。

（2）边框颜色（border-color）

border-color 属性用来定义所有边框的颜色，或者为 4 个边分别设置颜色。它可以取颜色的值或被设置为透明（transparent）。示例代码如下。

```
.colorset {border-color:gray;}
```

该行 CSS 代码表示“.colorset”类定义 4 个边框颜色为灰色。border-color 属性值的个数及其所对应方向的边框效果的设置方法与 border-style 的设置方法相同。

（3）边框宽度（border-width）

border-width 属性可定义 4 个边框的宽度，即边框的粗细程度，它有 4 个可选属性值：

1）medium，是默认值，通常大约是 2px。

2）thin，比 medium 细。

3）thick，比 medium 粗。

4）用长度单位定值。可以用绝对长度单位（cm、mm、in、pt、pc）或相对长度单位（em、ex、px）。

border-width 属性值设置的个数及其所对应方向产生效果的设置方法与 border-style、border-color 相同。

2. 外边距设计

CSS 中的 margin 属性定义盒子与盒子之间的距离，即页面块元素之间的距离。margin 属性派生出 margin-top、margin-right、margin-bottom 和 margin-left 共 4 个属性。通过上、右、下、左 4 个方向规划出网页布局元素之间的距离。

CSS 中 margin 默认属性值为 0，也就说盒子之间是紧贴在一起的。它的取值方式与 CSS 中的 width 属性相似，不过 margin 属性可以取负值，设置为负值的块元素向相反的方向移动，甚至可以覆盖在父块或其他元素之上。例如，设置 margin-left:40px 和 margin-left:-40px，那么第一个元素从当前的位置向右移动 40px，第二个元素则从当前位置向左移动 40px。

以下实例代码实现了子元素脱离父元素的边框线，达到给予文字内容画龙点睛的效果。

```
<!DOCTYPE html>
<html lang="en">
<head>
    <meta charset="UTF-8">
    <title>外边距实例</title>
    <style>
body {
    background-color:#f4f4f4;//设置背景颜色与图片背景色一致,融合
    font-size:12px;          //文字初始化
}
.fa {
    height:250px;            //占领空间,定义 div 元素高度为 250px
    width:200px;             //占领空间,定义 div 元素宽度为 200px
    border:1px solid #ff1213;   //设置边框线,表示标签内容占据的地方
    padding:10px;            //设置内边距,让内部内容可以舒展,远离边框线 10px
    position:relative;       //设置相对定位,为内部图片绝对定义做铺垫
    margin:0 auto;           //设置浏览器居中
    margin-top:30px;         //设置上外边距,为内部图片跳出边框提供存放空间
}
.fa img {
    margin-top:-40px;        //设置图片向上移动 40px,视觉上跳出父元素空间
    position:absolute;       //设置绝对定位,跳出普通文档流
}
.fa p {
    float:left;              //设置左浮动,打破常规文档流
}
</style>
</head>
<body>
<div class="fa">
<p>"停车坐爱枫林晚"的"坐"字解释为"因为"。因为夕照枫林的晚景实在太迷人了,所以诗人特地停车观赏。这句中的"晚"字用得无比精妙,它蕴含多层意思:(1)点明前两句是白天所见,后两句则是傍晚之景。</p><img src="img/bjh.gif" width="94" height="175" />
</div>
</body>
</html>
```

以 margin.html 命名并保存文件，在 360 浏览器中运行，外边距实例效果如图 7.4 所示。

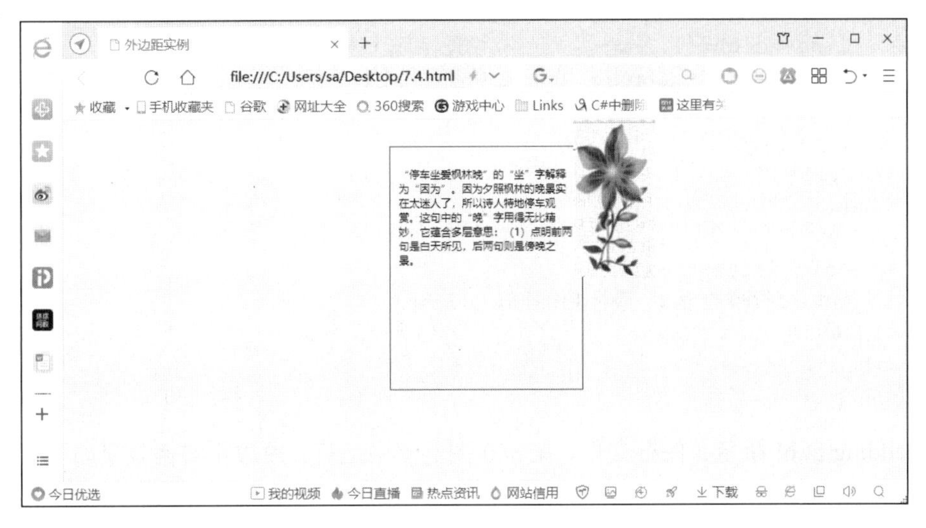

图 7.4　外边距实例效果

3. 内边距设计

CSS 中的 padding 属性定义盒子与边框之间的距离，即盒子模型内容与边框之间 4 个方向的值。padding 属性派生出 padding-left、padding-top、padding-right 和 padding-bottom 共 4 个属性。

CSS 中 padding 默认属性值为 0，即内容与边框之间是紧贴在一起的。它的取值方式与 CSS 中 margin 属性十分相似，不过 padding 属性不可以取负值。

在下面的实例中，父元素定义了宽度和高度并且设置了背景图片，子元素设置了内边距，其中左内边距为 60px，上内边距为 10px。具体实现代码如下。

```
<!DOCTYPE html>
<html lang="en">
<head>
    <meta charset="UTF-8">
    <title>内边距实例</title>
    <style type="text/css">
    body, p {
    margin:0;                    //清除浏览器默认外边距
    padding:0;                   //清除浏览器默认内边距
    }
    .box1 {
    background:url(img/1.jpg) no-repeat left top;    //设置背景图片
    width:360px;                 //盒子宽度与图片宽度一致
    height:340px;                //盒子高度与图片高度一致
    margin:0 auto;               //设置居中对齐方式
    margin-top:30px;             //设置盒子与浏览器上外边距为 30px
    }
     .box1 p {
    font-size:36px;              //设置字体大小,太小则在图片上不明显
    color:#000;                  //设置字体颜色
```

```
        font-family:"黑体";          //设置字体类型
        line-height:1.2em;           //设置行高,根据字体大小计算行高大小
        padding-left:60px;           //单独使用左内边距
        padding-top:10px;            //单独使用上内边距,并观察与外层盒子上外边距的不同
        }
    </style>
    </head>
    <body>
        <div class="box1">
        <p>日照香炉生紫烟 遥看瀑布挂前川</p>
    </div>
    </body>
    </html>
```

以 padding.html 命名并保存文件，在 360 浏览器中运行，内边距实例效果如图 7.5 所示。

图 7.5　内边距实例效果

二、浮动定位

学习浮动定位之前，首先要理解文档流的概念。文档流就是 HTML 文档中的元素（如块元素、内联元素）依据它们的显示属性按照在文档中的先后次序依次显示，即按从左到右、从上至下的顺序显示。文档流是块元素则占一行或多行，是内联元素则和其他元素共占一行。

HTML 结构在显示时是无法改变的，不过通过浮动定位和布局可以打破普通文档流，改变页面文档元素的显示位置，实现在视觉效果上重组文档结构。

浮动的元素可以左右移动，直到它的外边框边缘碰到包含块或另一个浮动元素的边缘。如果包含块太窄，无法容纳水平排列的浮动元素，那么其他浮动元素向下移动，直到有足够多的空间。如果浮动元素的高度不同，那么当它们向下移动时可能会被其他浮动元素卡住。内联元素会围绕着浮动框排列。

图 7.6 为 3 个元素框往不同方向浮动不同效果示意图。

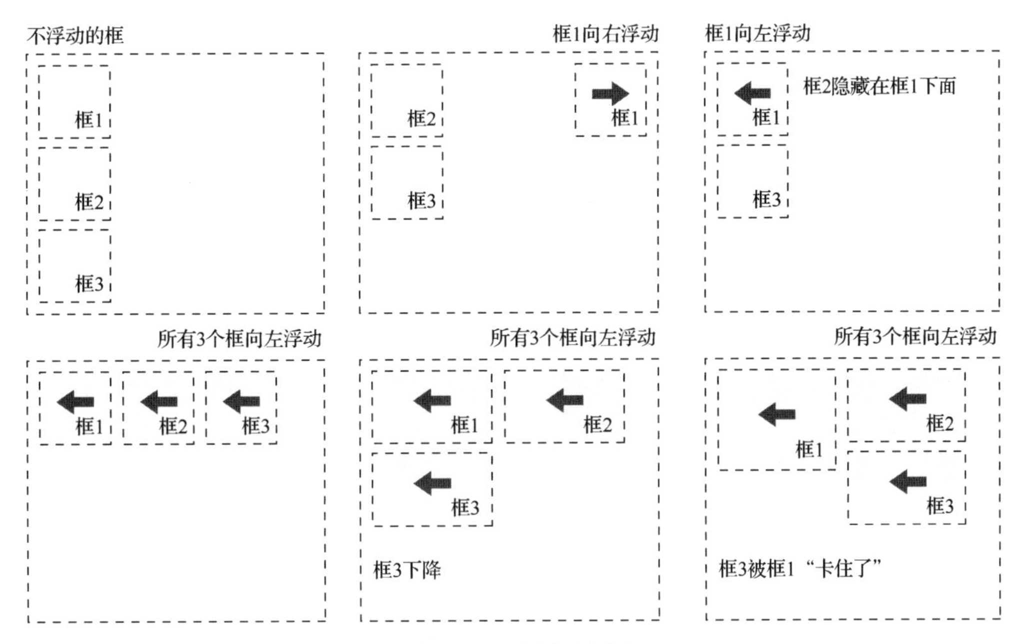

图 7.6　浮动框示意图

浮动显示通常有 3 种方式：向左、向右、不浮动，分别对应 float:left、float:right、float:none 这 3 种属性。float 属性取值及描述见表 7.3。

表 7.3　float 属性取值及描述

值	描述
left	脱离普通文档流，元素向左浮动
right	脱离普通文档流，元素向右浮动
none	默认值，元素不浮动，并会显示其在文本中出现的位置

浮动为网页布局带来极大便利，但同时也产生了新的问题，即网页元素不再按照默认文档流显示。例如，有时网页主体区域设置浮动后，页脚区上移到主体区，违背了设计初衷。为了解决浮动带来的布局问题，CSS 定义了 clear 属性。clear 属性规定元素的哪一侧不允许其他浮动元素，其属性取值及描述见表 7.4。

表 7.4　clear 属性取值及描述

值	描述
left	在左侧不允许浮动元素
right	在右侧不允许浮动元素
both	在左右两侧均不允许浮动元素
none	默认值，允许浮动元素出现在两侧
inherit	规定应该从父元素继承 clear 属性的值

如果不允许网页元素左右有浮动元素，其实现代码如下。

```
clear:both;
```

在下面的实例中，通过图片左右浮动，实现图片文字左右环绕。通过设置不浮动，显示浏览器在默认状态下图片与段落文字的效果。

```
<!DOCTYPE html>
<html lang="en">
<head>
    <meta charset="UTF-8">
    <title>浮动定位</title>
    <style type="text/css">
    div {
    width:500px;          //设置存放文字、图片的父元素宽度
    margin:0 auto;        //设置居中对齐
    font-size:12px;       //设置文字大小
    line-height:22px;     //设置文字行高
    }
    p {
    text-align:left;      //段落文字左对齐
    text-indent:2em;      //首行文字缩进两个文字大小
    }
    img {
    padding:5px 10px;     //设置图片的内边距,与段落文字拉开距离
    float:left;           //设置图片左浮动,观察文字
    width:120px;          //设置图片的宽
    height:100px;         //设置图片的高
    }
     .fl img {
    float:left;           //通过 class 名控制图片左浮动
    }
     .fr img {
    float:right;          //通过 class 名控制图片右浮动
    }
    .fn img {
    float:none;           //转换为默认显示方式
    }
</style>
</head>
<body>
    <div class="fl"> <img src="images/g1.jpg" />
    <p> 3 月 26 日，在德国汉斯·赛德尔基金会的牵手下,开发区职业中专迎来了黑森州大盖
劳市职业技术学校师生访问团一行 19 人,开启了"中德青少年交流年"在青岛的序幕。本次交流承接"2016
中德青少年交流年"北京开幕式,突出"交流、友谊、未来"的主题,希望中德两国迎来友好交往的新一轮高
潮。</p>
</div>
<div class="fr"> <img src="images/g1.jpg" />
    <p> 3 月 26 日,在德国汉斯·赛德尔基金会的牵手下,开发区职业中专迎来了黑森州大盖
劳市职业技术学校师生访问团一行 19 人,开启了"中德青少年交流年"在青岛的序幕。本次交流承接"2016
中德青少年交流年"北京开幕式,突出"交流、友谊、未来"的主题,希望中德两国迎来友好交往的新一轮高
潮。</p>
</div>
<div class="fr fn"> <img src="images/g1.jpg"/>
```

```
        <p> 3 月 26 日，在德国汉斯·赛德尔基金会的牵手下,开发区职业中专迎来了黑森州大盖
劳市职业技术学校师生访问团一行 19 人,开启了"中德青少年交流年"在青岛的序幕。本次交流承接"2016
中德青少年交流年"北京开幕式,突出"交流、友谊、未来"的主题,希望中德两国迎来友好交往的新一轮高
潮。</p>
      </div>
      </body>
      </html>
```

以 float.html 命名并保存文件，在 360 浏览器中运行，浮动定位实例效果如图 7.7 所示。

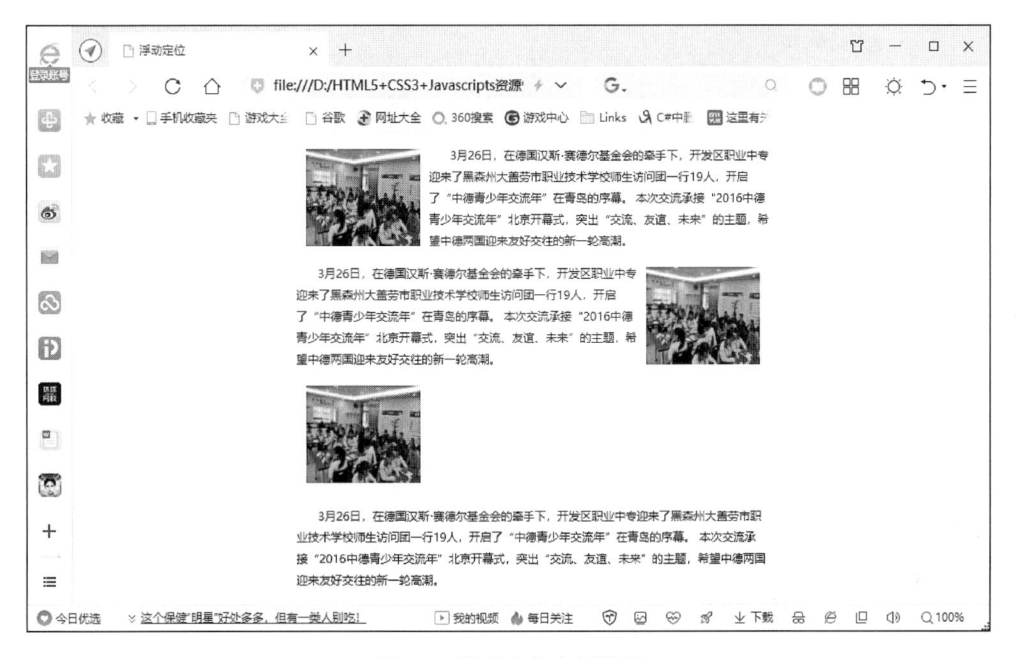

图 7.7　浮动定位实例效果

三、精确定位

CSS 定义了比 float 布局更加精确的 position 定位属性，它能够精确定位页面中的每个元素。position 定位网页布局的 4 种方式包括相对定位、绝对定位、固定定位和不定位。

1. 相对定位（relative）

relative：元素框偏移某个距离。元素仍保持其未定位前的形状，它原本所占的空间仍保留。通过 left 或 right 属性指定其水平偏移量，通过 top 或 bottom 属性指定其垂直偏移量。通过设置垂直或水平位置，让这个元素相对于它的起点进行移动。

例如，将 top 设置为 20px，那么元素将出现在起点下面 20px 的位置，如果将 left 设置为 30px，那么元素将向右移动 30px，CSS 样式设置代码如下。

```
#div_relative{
position: relative;
top: 20px;
left: 30px;
}
```

相对定位效果示意图如图 7.8 所示。

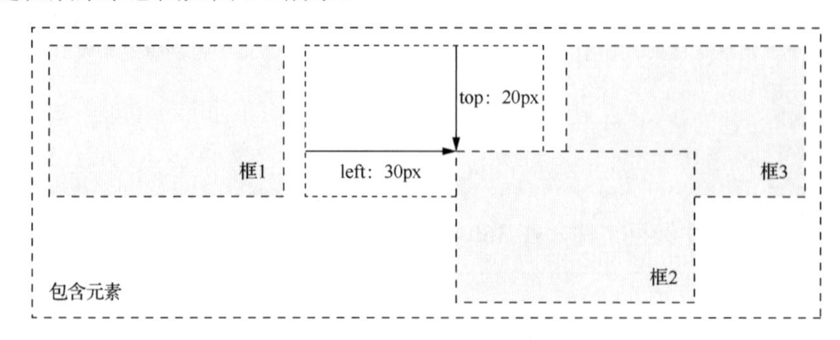

图 7.8　相对定位效果示意图

注意

在使用相对定位时，无论是否进行移动，元素仍然占据原来的空间，因此移动元素会导致其他元素被覆盖。

2. 绝对定位（absolute）

absolute：设置为绝对定位的元素框从文档流完全删除，并相对于其包含块定位。包含块可能是文档中的另一个元素或初始包含块。元素在正常文档流中所占的空间会关闭，就好像该元素原来不存在一样，不论元素在原来的正常流中生成何种类型的框，它在定位后都将生成一个块级框。

例如，将 top 设置为 20px，那么元素将出现在已相对定位的祖先元素下面 20px 的位置，如果将 left 设置为 30px，那么元素将从祖先元素处向右移动 30px，CSS 样式设置代码如下。

```
#div_relative {
position: absolute;
top: 20px;
left: 30px;
}
```

绝对定位效果示意图如图 7.9 所示。

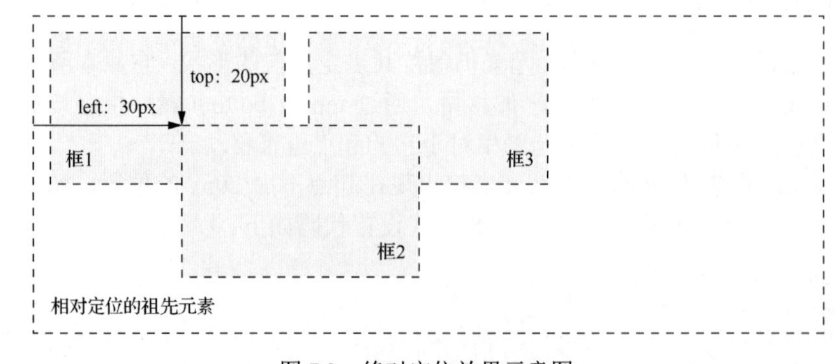

图 7.9　绝对定位效果示意图

扼要重述

1）使用绝对定位的盒子以离它最近的一个已经定位的祖先元素为基准进行偏移。

2）如果没有已经定位（只要该盒子的 position 属性不是 static，并且已经被设置）的祖先元素，则以浏览器窗口为基准进行定位。

3. 固定定位（fixed）

fixed：与绝对定位类似，只是以浏览器窗口为基准进行定位。

4. 不定位（static）

static：默认的属性值，也就是该盒子按照普通文档流（包括浮动方式）进行布局。

任务三 CSS3 布局设置

本任务要求在理解 CSS 定位的基础上，实践 CSS3 布局设置。固定布局、流动布局和浮动布局是常用的布局设计。本任务通过 3 个具体实例，学习这 3 种布局的设计步骤、方法及区别。

一、固定布局设计

固定布局也就是固定元素的宽度，布局的大小不会随用户调整浏览器窗口的大小而变化。固定布局一般设定 900～1100px 宽（最常见的是 960px）。

（1）优点

1）固定宽度的布局更容易使用，在设计方面更容易定制。

2）固定宽度的布局在所有浏览器中宽度一样，所以不会受到图片、表单、视频和其他固定宽度内容的影响。

3）固定宽度的布局不需要 min-width 和 max-width，所有浏览器都支持。

4）固定宽度的布局即使需要兼容 800px×600px 这么小的分辨率，网页的主体内容仍然有足够的宽度。

（2）缺点

1）对于屏幕分辨率高的用户，固定宽度的布局会留下很大的空白。

2）固定宽度的布局在屏幕分辨率过小时需要垂直滚动条。

3）固定宽度的布局具有无缝纹理，连续的图案需要适应更大的分辨率。

以下实例设定 3 列布局，固定 3 列宽度。首先设置一个 div，宽度为 600px，居中作为 3 个内 div 的外包裹，3 个内 div 宽度分别为 150px、300px 和 150px，总计为 600px，正好与外包裹 div 宽度相等，具体实现代码如下。

```
<!DOCTYPE html>
<html lang="en">
<head>
    <meta charset="UTF-8">
    <title>固定布局</title>
    <style type="text/css">
    *{                                //通配符,为块元素初始化
    margin:0;                         //外边距为 0px
    padding:0;                        //内边距为 0px
    }
     body{
        margin:10px;                  //外边距为 10px
    }
     #body{                           //id 选择符为#body
        margin:0 auto;                //设置居中
        border:1px solid red;         //边框线为 1px,实线,红色
        width:600px;                  //宽为 600px
        height:500px;                 //高为 500px
        position:relative;            //设置相对定位
        margin-bottom:10px;           //底外边距为 10px
    }
     #body #navl{                     //定义左导航 id 为#navl
        width:150px;                  //宽为 300px
        height:500px;                 //高为 500px
        border:1px solid black;       //边框线为 1px,实线,黑色
        background:lightcyan;         //背景:淡青色
    }
    #body #main{                      //定义中部内容区 id 为#main
        width:300px;                  //宽为 300px
        height:500px;                 //高为 500px
        border:1px solid black;       //边框线为 1px,实线,黑色
        background:lightblue;         //背景:浅蓝色
        position:absolute;            //设置绝对定位
        top:0;                        //距离顶端 0px
        left:150px;                   //向右移动 150px
    }
    #body #navr{                      //定义右导航 id 为#navr
        width:150px;
        height:500px;
        border:1px solid black;
        background:lightcyan;
        position:absolute;
        top:0;
        left:450px;                   //向右移动 450px
    }
    </style>
</head>
<body>
```

```
        <div id="body">
            <div id="navl">左导航</div>
            <div id="main">中内容</div>
            <div id="navr">右导航</div>
        </div>
    </body>
    </html>
```

id="body"的 div 定义为相对定位（relative），为后面的 3 个 div 绝对定位做好铺垫，并且作为父元素，内包裹的 3 个 div 以此为根据做了绝对定位，id="navl"的 div 以父元素的左顶点(0,0)起始，id="main"的 div 从(0,150)起始，id="navr"的 div 则从(0,450)起始，分别加上各自定义的宽度，计算得到 3 个 div 的固定布局。

在 360 浏览器中运行，固定布局效果如图 7.10 所示。

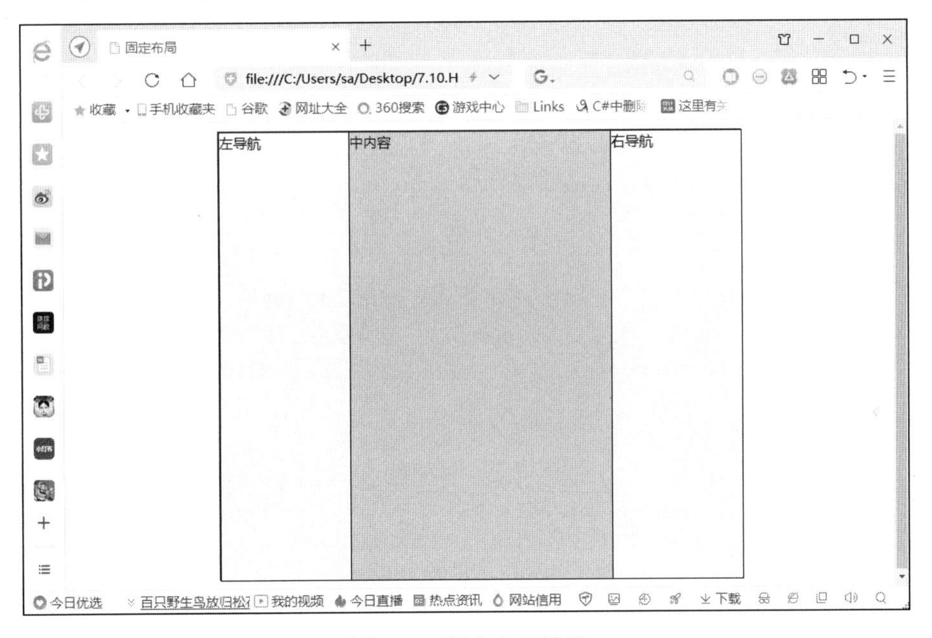

图 7.10　固定布局效果

注意

当使用固定宽度布局时，应该确保至少居中外包裹 div 以保持一种平衡（margin:0 auto）。否则，对于屏幕分辨率高的用户，整个页面会被藏到一边去。

二、流动布局设计

流动布局的大小会随用户调整浏览器窗口的大小而变化。

（1）优点

1）流动布局页面对用户更友好，因为它能自适应用户的设置。

2）流动布局页面周围的空白区域在所有分辨率和浏览器下都是相同的，在视觉上更美观。

3）如果设计良好，流动布局可以避免在低分辨率下出现水平滚动条。

（2）缺点

1）流动布局在特定的分辨率下看起来是好的，使设计者更难控制用户所见，并可能忽略掉一些错误。

2）流动布局页面的图片、视频及其他设置了宽度的内容可能需要多种宽度以适应不同分辨率的用户。

3）在特别高的分辨率下，流动布局页面的内容会被拉成长长的一行，变得难以阅读。

以下实例是左右两列的流动布局，其中左端的 div 占 86%，右端的 div 占 13%，共计占 99%，实现代码如下。

```
<!DOCTYPE html>
<html lang="en">
<head>
    <meta charset="UTF-8">
    <title>流动布局</title>
    <style>
    body{
        margin:0;                           //清除外边距
        padding:0;                          //清除内边距
        text-align:center;                  //IE 及 IE 内核的浏览器居中
    }
    .layout{
        width:86%;                          //86%的宽度与 lay1 层的 13%,合计为 99%
        font-size:12px;                     //字体大小为 12px
        height:300px;                       //盒子高为 300px
        margin:0 auto;                      //居中
        text-align:left;                    //文本左对齐
        background-color:#0066CC;           //设置背景色
        float:left;                         //设置左浮动
        border:2px solid #FF66CC            //设置边框属性
        }
    .lay1{
        width:13%;                          //13%的宽度与 layout 层的 86%,合计为 99%
        font-size:12px;                     //字体大小为 12px
        height:300px;                       //盒子高为 300px
        margin:0 auto;                      //居中
        text-align:left;                    //文本左对齐
        background-color:#FF9900;           //设置背景色
        float:left;                         //设置左浮动
        border:2px solid #99CC33            //设置边框属性
        }
```

```
</style>
</head>
<body>
  <div class="layout">流动布局,百分比为单位,86%</div>
  <div class="lay1">流动布局,百分比为单位,13%</div>
</body>
</html>
```

保存文件，在 360 浏览器中运行，两列宽度自适应的流动布局效果如图 7.11 所示。

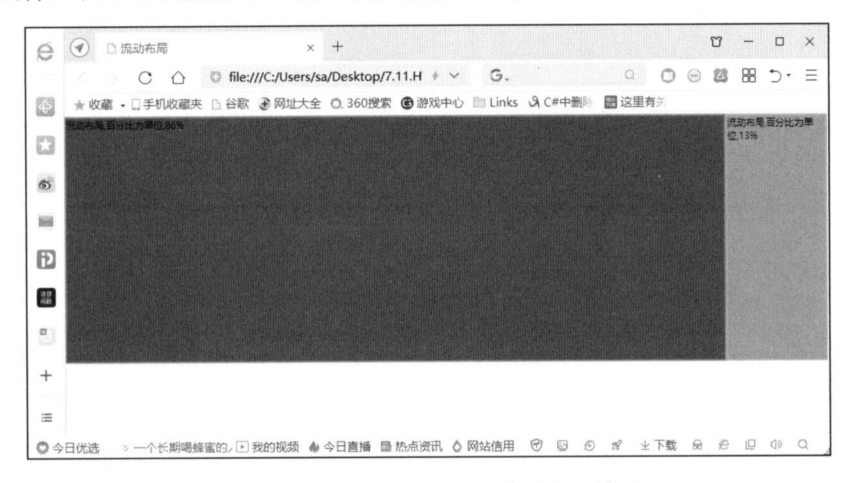

图 7.11　两列宽度自适应的流动布局效果

三、浮动布局设计

浮动布局简单地说就是多个块元素在同一行显示出来。浮动布局是网页设计中常用的方式之一，特别是固定布局结合浮动布局，由固定布局定义位置、大小，浮动布局定义内部元素多列效果。

（1）优点

1）浮动元素并列。当两个或两个以上的相邻元素被定义为浮动显示时，若存在足够的空间容纳元素，则浮动元素可并列显示。

2）浮动元素环绕。浮动元素能够随文档流动，浮动元素后面的块元素和内联元素都能够以流的方式环绕在浮动元素左右，形成“图文并茂”环绕现象。

（2）缺点

1）如果没有足够的空间，那么后列浮动元素将会下移到能够容纳它的地方，产生“错位”现象，并且影响后面的元素。

2）图文环绕设置间距时，需加大设置图片间距和边距。

在以下实例中，父元素包含两个子元素，父元素设置在浏览器内居中，子元素通过 float 属性实现两列浮动布局，实现代码如下。

```
<!DOCTYPE html>
```

```
<html lang="en">
<head>
    <meta charset="UTF-8">
    <title>浮动布局</title>
    <style>
    body{
        margin:0;                       //清除外边距
        padding:0;                      //清除内边距
        text-align:center;              //IE 及 IE 内核的浏览器居中
    }
    .flow{
        width:500px;                    //定义父元素的宽度
        background-color:#09C;          //设置背景色
        font-size:12px;                 //字体大小为 12px
        height:300px;                   //父元素高为 300px
        margin:0 auto;                  //居中
        text-align:left;                //文本左对齐
    }
    .fl,.fr{
        float:left;                     //设置左浮动
        width:240px;                    //设置浮动元素宽度
        background-color:#C33;          //设置背景色
        height:290px;                   //设置浮动元素高度
        border:1px solid  #F60;         //设置边框属性
        margin-top:5px;                 //上边距
        margin-left:3px;                //左边距
    }
    .fr{
    float:right;                        //设置右浮动
    background-color:#399;              //设置背景色
    border:1px solid  #F60;             //设置边框属性
    margin-left:0;                      //左边距
    margin-right:3px;}                  //右边距
</style>
</head>
<body>
    <div class="flow">
    <div class="fl">左浮动</div>
    <div class="fr">右浮动</div>
</div>
</body>
</html>
```

保存文件，在 360 浏览器中运行，两列浮动布局效果如图 7.12 所示。

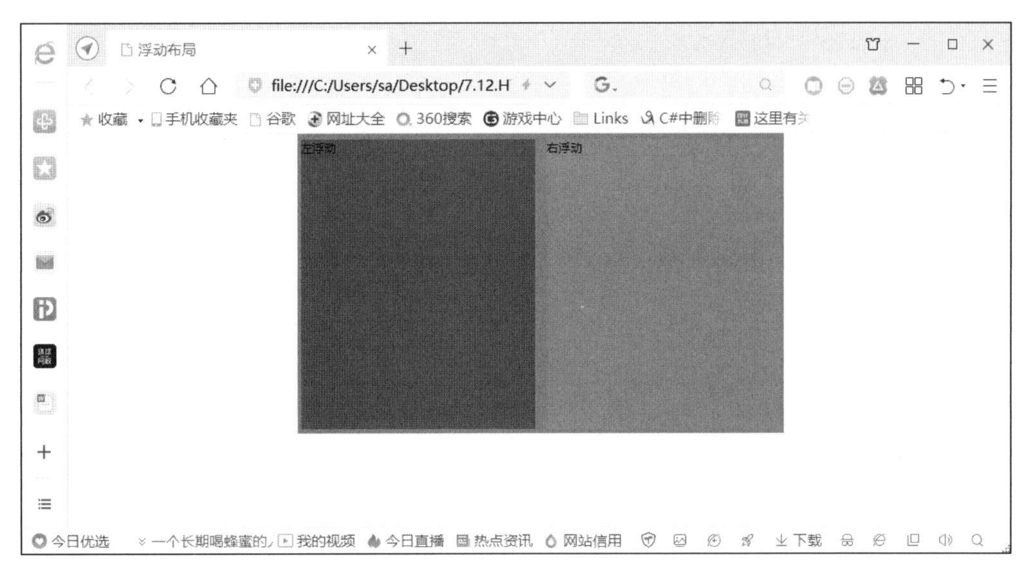

图 7.12　两列浮动布局效果

项目实训一　制作博客页面

实训概述

博客网站的页面通常布局结构简洁，本实训采用融合了固定布局、流动布局两种类型特点的弹性布局模式进行博客页面操作，可以根据用户的改变使整体页面发生改变，增强用户体验。

实训目的

1）掌握 CSS3 弹性布局的方法。

2）掌握弹性布局融合固定布局、流动布局的技巧。

实训步骤

01 新建目录 d:/blog。

02 运行 Sublime Text 3，新建文件 index.html。

03 在文件 index.html 中编写如下代码。

```
<!DOCTYPE html>
<html lang="en">
<head>
    <meta charset="UTF-8">
```

```
    <title>项目引导</title>
    <style type="text/css">
    body {
        font: 1em 微软雅黑, 新宋体;       //设置字体
        background: #666666;           //设置页面背景色为灰色
        margin: 0;                     //清除外边距
        padding: 0;                    //清除内边距
        text-align: center;            //文本居中
        line-height:150%;              //设置段落文字行高
    }
    #container {
        width: 46em;                   //宽度使用 em 作为单位
        background: #FFFFFF;           //设置背景颜色为白色
        margin: 0 auto;                //在浏览器居中
        border: 1px solid #000000;     //设置边框线
        text-align: left;              //文本内容左对齐
        font-size:1em;                 //字体大小改变时,整个页面发生变化
    }
    #header {
        background:url(img/bg_header.gif) no-repeat center -2em;
                                       //设置背景图片
        height:13em;                   //高度使用 em 作为单位
    }
    #header h1 {
        margin: 0;                     //清除默认元素外边距
        padding: 10px 0 10px 30px;     //设置 4 个方向的内边距
    }
    #header h1 a{
        color:#999;                    //超链接字体颜色
        font-size:0.8em;               //字体大小使用 em 作为单位
        text-decoration:none;          //除去默认超链接的下画线
    }
    #mainContent {
        padding: 0 20px;               //设置左右内边距,内容不紧贴左右两侧
        font-size:0.95em;              //字体大小使用 em 作为单位
    }
    #footer {
        padding: 0 20px;               //设置底部左右内边距
        background:#DDDDDD;            //设置底部背景色
    }
    #footer p {
        margin: 0;                     //底部段落,清除默认外边距
        padding: 10px 0;               //设置上下内边距
        font-size:1em;                 //字体大小使用 em 作为单位
    }
    #footer a{
        color:gray;                    //底部超链接颜色
        text-decoration:none;          //除去默认超链接的下画线
    }
</style>
```

```
        </head>
        <body>
            <div id="container">
            <div id="header">
            <h1><a href="http://zxueyi.iteye.com">网络技术、软件开发</a></h1>
            </div>
            <div id="mainContent">
                <h1>在硅谷,程序员的学位并不重要</h1>
                <p>上周,华尔街给近年热门的 IT 行业泼了一盆冷水:有才华的程序员并不需要学历就
能在顶尖的公司谋得职位的说法是错误的。《华尔街日报》和 Burning Glass Technologies 称,"事实
证明,科技公司相比于其他公司,更加看重学历。"文章指出,"其中 75%的科技公司职位都对学历做了明确
要求,而其他类型的职位中,只有 58%的公司对学历有要求。" </p>
                <p>这些数据可能是正确的,但是文中断章取义的说法并不恰当。</p>
                <p>世界 IT 中心硅谷,一直以聚集了众多的编程天才而闻名。程序员受到的尊重,来自
其为开源项目和社区做出的贡献,在高级的会议和事件上的演讲,以及他们写出的程序。</p>
                <p>硅谷最好的编程职业——无论是称心的实习生还是奖金丰厚的正式职位——都给了
那些在软件开发社区活跃的人,而不是手里拿着高学历的人。知名的程序员能得到猎头推荐,受到招聘方的
青睐。而招聘广告的作用往往是快速筛选掉不合格的候选人,而不是选出最优秀的人。</p>
            </div>
            <div  id="footer"><p>Copyright  ©2016  zhangxueyi  Powered  By:<a
href="http://zxueyi.iteye.com">博客</a></p></div>
        </div>
        </body>
        </html>
```

代码解释如下。

① <body>标签定义字体大小为 1em。

② 博客页面采用一列弹性宽度布局，宽度为 46em，高度自适应。id 为 container 层定义在浏览器下居中显示，重新定义文字对齐方式为左对齐，字体大小重新定义为 1em。

③ 博客标题部分：id 为 header 层定义背景图片，其偏移位置为中间开始、顶部为-2em，定义行高为 13em。在<h1>标签内定义内边距，调整博客标题文字，改变默认链接设置，字体大小使用 em 作为单位。

④ 博客主题部分：id 为 mainContent 层定义左右内边距，字体大小为 0.95em。

⑤ 底部区域：定义底部左右内边距和背景色，分别定义底部区域的<p>和<a>的属性。其中<p>标签中定义字体大小为 1em。

扼要重述

本项目采用弹性布局方式，字体大小以 em 作为相对单位，定义布局的宽度或高度，字体大小的改变也将影响页面布局的大小。项目中多次出现 em 单位，计算方法以父元素的字体大小为参照，例如，如果父元素字体大小为 10px，而子元素的大小为 2em，那么实际大小为 20px。

04 在 360 浏览器打开 index.html，博客页面运行效果如图 7.13 所示。

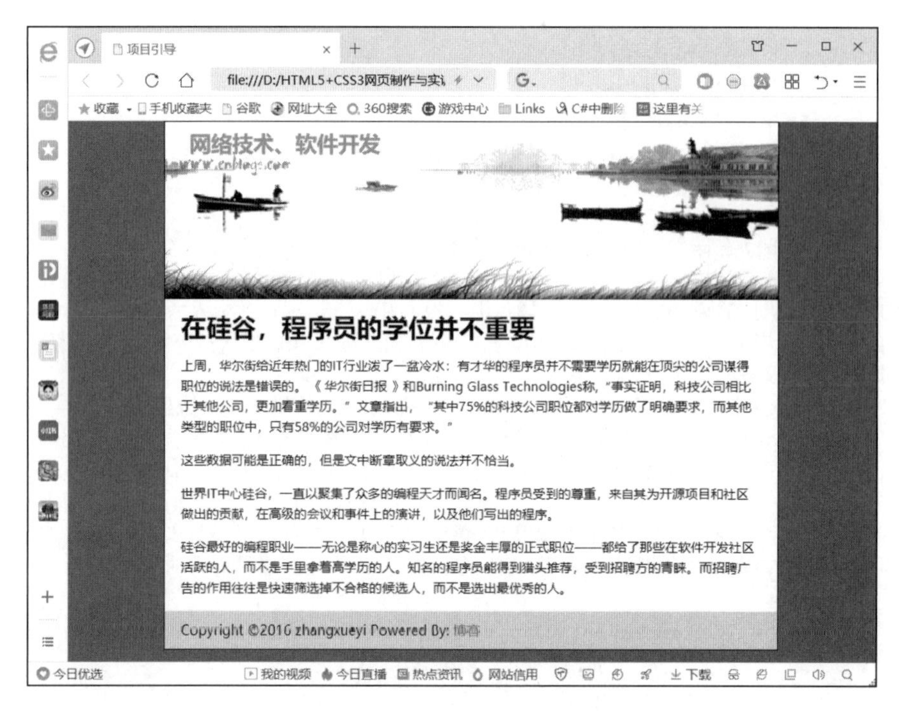

图 7.13 博客页面运行效果图

项目实训二 制作公司网

实训概述

公司网属于公司的门户网站，模块内容丰富，需要整体规划布局，可采用固定布局与浮动布局相结合的方法突出公司的形象与风格。

实训目的

1）规划网站的整体布局。
2）掌握固定布局与浮动布局的方法。
3）掌握导航条的制作方法。
4）参考本实训提示，自己创新，设计出独特风格的网页。

实训步骤

01 新建目录 d:/company。
02 运行 Sublime Text 3，新建文件 index.html。

03 首先对网站整体规划，分为 header、body 和 footer 三大区域，每个区域内又分为更小的区域，网站示意图如图 7.14 所示。

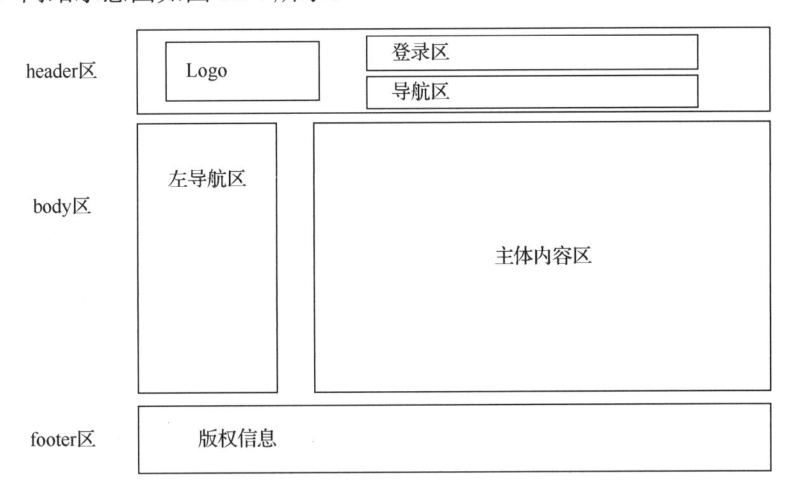

图 7.14　网站示意图

04 网站布局及实现。

（1）CSS 样式表初始化部分

分别对<body>、<div>、 <form>、<img>、<ul>、<ol>、<li>、<dl>、<dt>、<dd>、<p>进行初始化设置：

```
body { text-align: center; font-family:"宋体", arial;margin:0; padding:0;
font-size:14px;}
div,form,img,ul,ol,li,dl,dt,dd {margin: 0; padding: 0; border: 0; }
div{margin:0 auto;}
li{list-style-type:none;}
img{vertical-align:top;}
p{ margin:0; padding:0;}
```

设置超链接<a>标签的字体颜色，并设置<a>标签拥有最高优先级、无下画线；设置当鼠标指针悬停在超链接之上时的颜色，并使文本显示下画线。代码如下：

```
a{color:#333132!important; text-decoration:none;}
a:hover {color: #bc2931; text-decoration:underline;}
```

① header 区 CSS 代码。

定义头部导航样式：

```
.nav{width:958px; height:64px; border:1px solid #CFCFCF; font-size:12px;
margin-bottom:10px;}
```

定义 Logo 左浮动，宽为 147px，高为 64px：

```
.logo{float:left; width:147px; height:64px;}
```

定义导航文本样式和超链接样式：

```
.nav.links-A{text-align:left;padding-top:15px;float:left;padding-left
```

```
:31px; width:720px; }
        .nav  .links-A  a{text-decoration:underline;  margin-right:12px;text-decoration:none;}
        .nav .links-A a:hover{ text-decoration:underline;}
```

定义登录文本域样式：

```
        .login{width:751px; float:right; padding-left:28px; background:#8E 0000; height:31px; text-align:left; font-size:13px; color:#FFF4C7;margin-right: 1px;}
        .login input{width:86px; height:16px; border:1px solid #B7A5A1; margin-right:12px;}
        .login  input.denglu{border:none;  background:  transparent  url('img/dlu.gif') no-repeat  left top;width:66px; height:18px; position:relative; top:3px;}
```

定义下载客户端链接样式：

```
        .downimg{background:url('img/down.jpg') no-repeat left 1px; display:inline-block; padding-left:20px;color:#FFF4C7!important; }
```

定义设为主页和超链接文本的属性：

```
        .con33{ float:right; background:url('img/home.jpg') no-repeat left 1px; padding-left:20px; position:relative; top:8px;}
        .con33 a{ margin-right:18px;color:#FFF4C7!important;}
        .pa3-1{position:relative; top:3px; }
```

② Body 区 CSS 代码。

以下代码中，class 为 cli 层定义宽度，实现内部浮动元素的居中。

```
        .cli{width:960px;}
```

class 为 left-cli 层存放导航，定义整体宽度为 220px，高度为 499px；设置导航顶部的背景图片，字体大小为 16px、加粗，字体间距为 4px；设置边框线，查看此层占据的位置；设置左浮动，没有设置左边距，故不需要 display 属性。

```
        .left-cli{width:220px; height:499px;background:url(img/lt.jpg)
no-repeat  left  top;float:left;  border:1px  solid  #CACACA;  font-weight:bold; font-size:16px; letter-spacing:4px;}
```

以下代码设置 ul 元素上边距为 33px，宽度为 204px，高度为 300px；左浮动，相对定位。

```
        .left-cli  ul{  margin-top:33px;width:204px;  height:300px;  float:left; position:relative; }
```

以下代码设置 li 元素宽度为 204px，与父元素相同，清除两边浮动，防止下面元素上移；设置 display 属性为 block，为设置左右边距做准备，定义背景图像属性；设置行高为 33px；设置左浮动，溢出部分隐藏。

```
        .left-cli   li{width:204px; clear:both; display:block;  height:33px; background:url(img/loa1.gif) no-repeat left top;line-height:33px; margin-bottom: 5px; margin-left:8px; float:left; overflow:hidden;}
```

以下代码定义第一个 li 元素属性，设置了背景图像、字体颜色和宽度。

```
        .left-cli li.selbj3{ cursor:pointer;background:url(img/loa2.gif)
no-repeat left top; color:#fff;width:204px; }
```

以下代码定义第一个 li 元素超链接颜色，而且指定为优先级最高。class 为 right-cli 层存放公司导航对应的内容，设置宽度为 709px，右浮动，段落文本对齐方式为左对齐。左侧的高度已经定义了，右侧高度随着段落内容的增加而逐渐增加。

```
        .left-cli li.selbj3 a{color:#fff!important;}
        .right-cli{ width:709px; float:right; text-align:left}
```

以下代码定义主体内容区的标题属性。

```
        .right-cli h1{ width:709px; height:40px; background:url(img/loa3.jpg)
no-repeat left top; line-height:36px;font-size:16px;letter-spacing:2px;font-
weight:bold;text-indent:36px;margin-bottom:9px;}
```

以下代码定义主体内容区.cont 层属性和段落属性，其中 text-justify:inter-ideograph 为 IE 浏览器私有属性，定义文本排齐属性。

```
        .right-cli .cont{padding:0 12px; width:680px; border:1px solid #CDCDCD;}
        .right-cli .cont p{ color:#464646; line-height:26px; font-size:12px;
padding-bottom:20px; padding-top:10px; text-indent:2em; text-align:justify;
text-justify:inter-ideograph;}
```

③ footer 区 CSS 代码。

以下代码定义底部区域样式表，设置背景图片，水平方向上从左上角开始重复滚动显示，设置相对定位、上边距 10px。

```
        .footer{background:transparent url('img/footbj.jpg') repeat-x scroll
left top;clear:both;height:115px;width:960px; position:relative;top:10px; }
```

以下代码定义段落清除两端浮动，设置字体颜色、大小和行高，设置相对定位、上边距 20px。

```
        .footer p{clear:both;color:#484848;font-size:12px;line-height:21px;
position:relative;top:20px;}
```

（2）HTML 部分

① header 区域。

以下代码为 header 区域的 HTML 文档，文档中含有 JavaScript 代码。

```
            <div class="nav">
            <a href="#" class="logo"><img src="img/logo2.jpg" title="滚雪球"
/></a>
            <div class="login">
           <span class="con33"><a href="javascript:;"
onclick="this.style.behavior='url(#default#homepage)';
        this.setHomePage('http://www.gxq.com.cn');">设为主页</a>
        </span>
```

```
 <span class="pa3-1">账户：<input type="text" />密码：<input type="password"
/><input type="button" class="denglu" /><a href="#" class=
"downimg">滚雪球 level-2 深度行情终端下载</a>
          </span>
         </div><!--login end-->
          <div class="links-A"><a href="#">首页</a><a href="#">登录终端</a><a
href="#">我要购买</a><a href="#">产品简介</a><a href="#">视频演示</a><a href="#">
卫视视频        </a><a href="#">客服中心</a></div>
        </div><!--nav end-->
```

以下代码中使用关键字 JavaScript，在 onclick 事件中定义行为，将该网页设置为主页。

```
        <a href="javascript:;"
        onclick="this.style.behavior='url(#default# homepage)';
        this.setHomePage('http://www.gxq.com.cn');">设为主页</a>
```

② body 区域。

```
        <div class="Cli">
            <div class="left-cli">
            <ul>
                <li class="selbj3"><a href="about.html">关于××</a></li>
                <li><a href="Disclaimer.html">免责申明</a></li>
             </ul>
            </div><!--left-cli end-->
            <div class="right-cli">
            <h1>关于××</h1>
                <div class="cont">
                        <div class="dingwei1">
                         <p>上海××网络科技有限公司是一家专业致力于金融领域信息技术产品
和证券分析系统的研发、销售和服务的高科技企业。公司研发总部位于上海。</p>
                         <p>公司旗下的"滚雪球深度行情终端"拥有上交所深交所 Level-2 行情授
权许可,为广大终端用户提供 Level-2 行情数据、动态资讯、实时操盘、资金流向等证券信息服务，同时
被国泰君安等国内众多知名券商指定为核心用户专用证券分析终端。</p>
                         <p>公司通过独特的营销策略和运营发展,"滚雪球深度行情终端"用户累计
达 300 万人,凭借强大的数据分析功能和优质服务,获得广大终端用户的一致好评和业界的广泛认可。</p>
                         </div>
                </div><!--cont end-->
            </div><!--right-cli end-->
        </div><!--cli end-->
```

③ footer 区域。

```
        <div class="footer">
            <p>本站专用短信平台移动 10657532****,1065710904****;联通 1065505933643****,
1582184****;电信 106590200101843**** <br/><a href="/Shai/about.html" target=
"_blank">关于我们</a> | <a href="/Shai/Disclaimer.html" target="_blank">免责申明
</a>| 沪 ICP 备 09001174 号 客服热线:400-8877-***<br/> 互动短信平台 12114 注册号为
("001","002")<br/>版权所有:上海××网络科技有限公司 </p>
        </div>
```

运行 index.html，网站整体效果如图 7.15 所示。

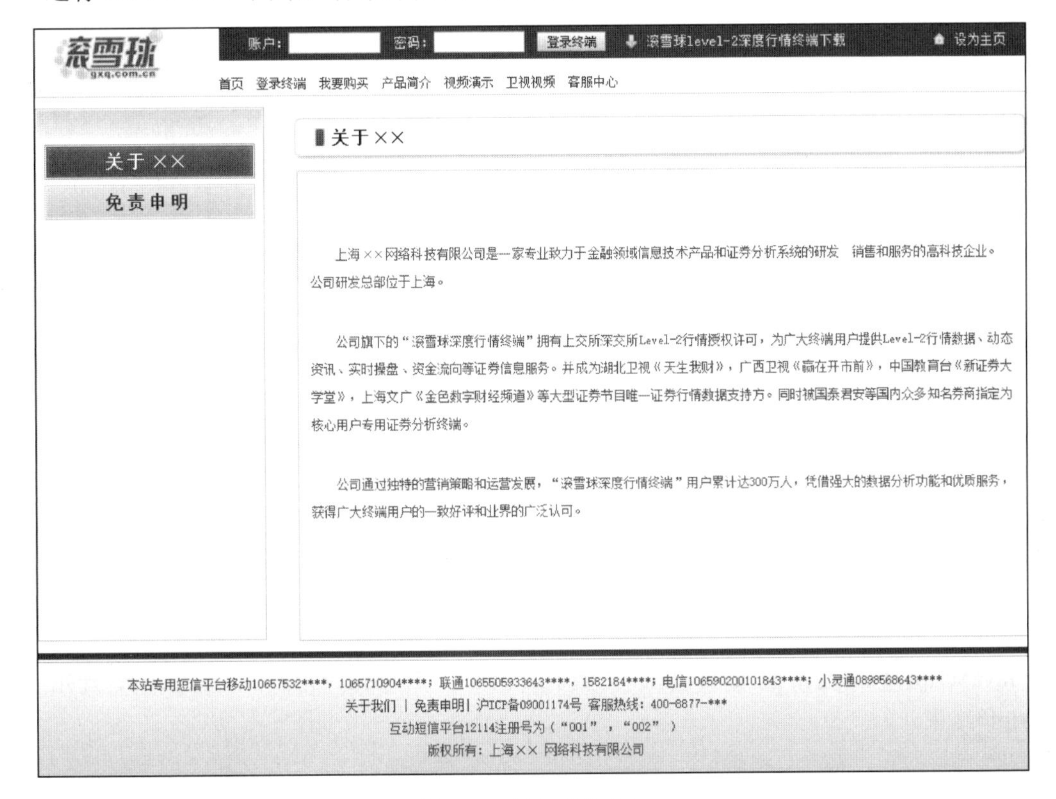

图 7.15　网站整体效果

拓展链接　JavaScript 语言与行为

JavaScript 自 1995 年诞生以来，经过十几年的发展，功能不断完善强大，而且其标准也被大多数浏览器厂商所采纳。丰富多彩的网页动态特效、强有力的界面控制，以及数据有效性检查都离不开 JavaScript 编程，甚至商业网站开发、企业 ERP 开发（B/S 模式）在客户端都运用了 JavaScript 脚本编程，可见 JavaScript 是 Web 编程中经常采用的脚本语言。

Dreamweaver 提供了大量的行为组件，提高了开发网页的效率，这些行为事件本质都是采用 JavaScript 编写的；同时 Dreamweaver 提供了可视化编写 JavaScript 脚本的界面，网页制作者可方便快捷地利用 JavaScript 实现一些特殊功能。

在 Dreamweaver 中编写 JavaScript，选择“查看”菜单中的“代码”或“代码和设计”命令，调用显示代码设计视图，如图 7.16 所示。

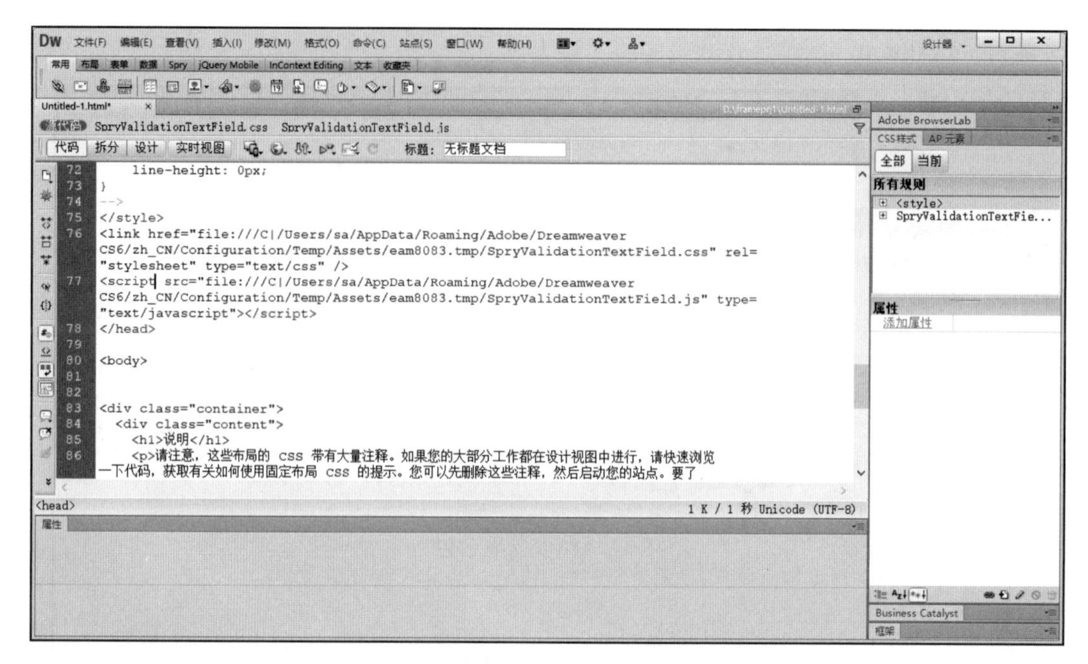

图 7.16 显示代码设计视图

JavaScript 代码通常嵌入 HTML 文档中，包含在 HTML 标记内，从<script>开始，以</script>结束。

项 目 小 结

本项目讲解了块元素与内联元素、div 与 span、盒子的基本概念及设计方法，以及浮动定位、精确定位；通过实例演示了固定布局、流动布局和浮动布局的基本操作及应用方法。在“项目引导”“项目实训”中涵盖了固定布局、流动布局和浮动布局的实际应用，读者应仔细研究，灵活运用到自己制作的网页中，真正学会 CSS 布局的应用。

思考与练习

一、选择题

1．CSS 是利用（　　）HTML 标记构建网页布局的。

A．<dir>　　B．<div>　　C．<dis>　　D．<dif>

2．下列属性中能够设置盒子模型的左侧外边距的是（　　）。

A．margin:　　B．indent:　　C．margin-left:　　D．text-indent:

3．在 CSS 语言中下列（　　）是“左边框”的语法。

A．border-left-width: <值>　　B．border-top-width: <值>

C．border-left: <值>　　D．border-top-width: <值>

4．下列 CSS 属性中能够设置盒子模型的内边距为 10、20、30、40 顺时针方向的是（　　）。

A．padding:10px 20px 30px 40px　　B．padding:10px 1px

C．padding:5px 20px 10px　　D．padding:10px

5．下列（　　）是 CSS 正确的语法构成。

A．body:color=black　　B．{body;color:black}

C．body {color: black;}　　D．{body:color=black(body)}

二、简答题

1．什么是盒子模型？标准 CSS 盒子的宽度和高度的计算公式是什么？

2．精确定位包括哪 4 种方式？

三、操作题

利用 padding、浮动定位实现滑动门效果的导航页面，效果如图 7.17 所示。

图 7.17　滑动门效果

JavaScript 基础编程

HTML 用于架构网站，CSS 用于美化网页，JavaScript 则用于实现网页动态效果，三者相辅相成。前面的项目对 JavaScript 有所涉及，特别是项目五使用 canvas 元素绘图中，获取文档对象时就使用了 JavaScript。因此，掌握 JavaScript 基础知识是十分必要的。本项目主要介绍 JavaScript 语言基础，及其在具体实例中的应用。

任务目标

- 掌握在网页中使用 JavaScript 的方法。
- 初步掌握 JavaScript 语言基础。
- 掌握与页面交互的技巧。
- 了解 BOM 对象模型。

任务一　在网页使用 JavaScript

如何在 HTML 文档中嵌入 JavaScript 脚本是开发动态效果网站必备的知识。函数、事件是 JavaScript 语言中重要的两个概念。本任务要求学生结合实例理解这两个概念，并在 JavaScript 脚本语言编程时灵活运用这两个概念。

一、在HTML中嵌入脚本

在 HTML 文件中有 3 种方式加载 JavaScript，这些方式与 HTML 中加载 CSS 很相似。这 3 种方式是：通过<script> 标签嵌入、引入外部脚本、在 HTML 属性中直接嵌入。

1. 通过<script>标签嵌入

通过<script>标签嵌入 JavaScript 代码时，必须将代码放在<script type="text/javascript">和</script>标记对之间。

通过<script>标签嵌入 JavaScript 代码如下。

```
<html>
<head>
    <title>通过<script>标签嵌入</title>
</head>
<body>
<!-- 开始嵌入 JavaScript 代码 -->
<script type="text/javascript">
    document.write("这是通过 script 标签嵌入的代码");  // 输出语句
</script>
<!-- 结束 -->
</body>
</html>
```

浏览器载入 HTML 文档时，会识别<script>标签，执行其中的 JavaScript 代码，然后将结果返回并在浏览器窗口中显示。document.write 字段是标准的 JavaScript 命令，用于向文档写入 HTML 表达式。

以 script.html 命名并保存文件，拖放到 Chrome 浏览器中，单击浏览器中的按钮，显示效果如图 8.1 所示。

2. 引入外部脚本

当网页功能比较复杂或通用代码较多时，直接在<script>标签中嵌入 JavaScript 代码会导致网页杂乱，不易管理。这时，我们希望能将 JavaScript 代码保存在单独的文件中，使用时再嵌入 HTML 文档。

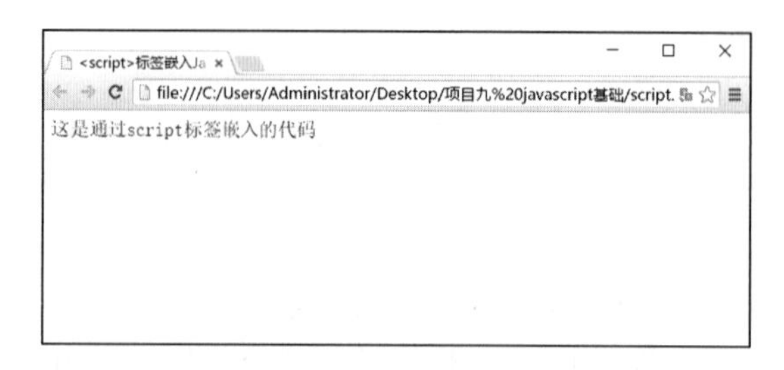

图 8.1 <script>标签嵌入 JavaScript 代码显示效果

可以通过<script>标签的 src 属性引入外部文件。

例如，引入网站根目录下的 demo.js 文件：

```
<script type="text/javascript" src="/demo.js"></script>
```

引入上级目录中 script 目录下的 demo.js 文件：

```
<script type="text/javascript" src="../script/demo.js"></script>
```

引入百度的 JavaScript 文件：

```
<script type="text/javascript" src="http://www.baidu.com/script/demo.js"></script>
```

引入外部脚本，能够很轻松地让多个页面使用相同的 JavaScript 代码。外部脚本一般会被浏览器保存在缓存文件中，用户再次访问网页时，无须重新载入，加快了网页的打开速度。

注意

外部脚本一般保存为.js 文件。

3. 在 HTML 属性中直接嵌入

在 HTML 属性中嵌入 JavaScript 代码主要是针对 JavaScript 事件。JavaScript 事件是指用户对网页进行操作时，网页做出相应的响应。

以下代码为鼠标单击事件实例。

```
<html>
<head>
    <title>鼠标单击事件</title>
</head>
<body>
    <p onclick="alert('你已经点击了我！');">请点击这里</p>
</body>
</html>
```

二、函数

函数是一个代码块，内容被包含在函数体内，通常将一些常用的、实用的功能编写成函

数，方便以后调用。将脚本编写为函数，就可以避免页面载入时执行该脚本。函数包含着一些代码，这些代码只能被事件激活，或者在函数被调用时才会被执行。可以在页面中的任何位置调用脚本（如果函数嵌入一个外部的.js 文件，那么甚至可以从其他的页面中调用脚本）。

函数在页面起始位置定义，即<head>部分。

1. 创建函数的语法

```
function 函数名(var1,var2,…,varX)
  {
  代码...
  }
```

参数的函数必须在其函数名后加( )：

```
function 函数名()
    {
    代码...
    }
```

注意

别忘记 JavaScript 中大小写字母的重要性。function 这个词必须是小写的，否则 JavaScript 就会出错。另外需要注意的是，必须使用大小写完全相同的函数名来调用函数。

2. return 语句

return 语句用来规定从函数返回的值。因此，需要返回某个值的函数必须使用这个 return 语句。

例如，下面的函数会返回两个数（a 和 b）相乘的值。

```
function prod(a,b)
{
x=a*b
return x
}
```

当调用上面这个函数时，必须传入两个参数，例如：

```
product=prod(2,3)
```

prod()函数的返回值是 6，这个值会存储在名为 product 的变量中。

3. 函数应用实例

以下是 HTML 文档中应用 JavaScript 函数的具体实例代码。

```
<html>
<head><script type="text/javascript">
function displaymessage()
{
```

```
alert("青岛开发区职业中专!")
}
</script>
</head>
<body>
<form>
<input type="button" value="单击" onclick="displaymessage()" >
</form>
</body>
</html>
```

当用户单击“单击”按钮时，激活 onclick 事件，alert（“青岛开发区职业中专！”）函数被执行，运行效果如图 8.2 所示。

图 8.2 函数实例运行效果

三、响应事件

网页中的每个元素都可以产生某些可以触发 JavaScript 函数的事件。例如，我们可以设计在用户单击某按钮时产生一个 onclick 事件来触发某个函数。事件在 HTML 页面中定义。下面是一些常用的事件举例。

1. onload 和 onunload

当用户进入或离开页面时就会触发 onload 和 onunload 事件。例如，onload 事件常用来检测访问者的浏览器类型和版本，然后根据这些信息载入特定版本的网页。

2. onfocus、onblur 和 onchange

onfocus、onblur 和 onchange 事件通常相互配合用来验证表单。

下面是一个使用 onchange 事件的例子。用户一旦改变了域的内容，checkEmail()函数就会被调用。

```
<input type="text" size="30" id="email" onchange="checkEmail()">
```

3. onsubmit

onsubmit 用于在提交表单前验证所有的表单域。

下面是一个使用 onsubmit 事件的例子。当用户单击表单中的确认按钮时，checkForm()函数就会被调用。假若域的值无效，此次提交就会被取消。checkForm()函数的返回值是 true 或 false。如果返回值为 true，则提交表单，反之则取消提交。

```
<form method="post" action="xxx.htm" onsubmit="return checkForm()">
```

4. onMouseOver 和 onMouseOut

onMouseOver 和 onMouseOut 用来创建动态的按钮。onMouseOver 是指鼠标指针移动到元素时的事件，onMouseOut 则是鼠标指针离开元素时的事件。

下面是一个使用 onMouseOver 事件的例子。当 onMouseOver 事件被脚本侦测到时，就会弹出一个警告框。

```
    <a href="http://www.qkzz.cn"onMouseOver="alert('一个鼠标指针移动到元素事件');
return false">
    <img src="qkzz.gif" width="100" height="30">
    </a>
```

任务二　JavaScript 语言基础

每种编程语言都会使用变量，JavaScript 也不例外。从变量的作用域、类型及运算符、循环和数组对象等基础学起，是学会一门编程语言的不二选择。

一、变量

JavaScript 变量用于保存值或表达式。可以给变量起一个简短名称，如 x 或更有描述性的名称，如 length。JavaScript 变量也可以保存文本值，如 carname="zhizhuan"。

JavaScript 变量名称的规则如下。

1）变量对大小写敏感（y 和 Y 是两个不同的变量）。

2）变量必须以字母或下画线开始。

在 JavaScript 中，可使用 var 来定义任何类型的变量，每个变量只是用于保存数据的占位符。示例代码如下。

```
    var test;                    /*定义一个变量,但其类型是未知的,可以存放任何类型的值,
```

```
没有初始化时,test 中存储的是 Undefined 类型的值*/
        var test=2;               /*定义一个变量,并直接初始化为数值型*/
        var test="javascript";  /*定义一个变量,并直接初始化 String 类型,单引号和双引号
都可以,只要成对出现即可*/
```

> **注意**
>
> 由于 JavaScript 对大小写敏感，因此变量名也对大小写敏感。

二、变量作用域

变量作用域是程序中定义这个变量的区域。全局（global）变量的作用域是全局的，在 JavaScript 中处处有定义；函数内部声明的变量是局部（local）变量，其作用域是局部性的，只在函数体内部有定义。示例代码如下。

```
        var scope = "global";
        function checkScope() {
            var scope = "local";
            document.write(scope);
        }
        checkScope();                  //输出 local
        document.write(scope);       //输出 global
```

全局变量作用域中使用变量可以不用 var 语句，但在声明局部变量时一定要使用 var 语句，否则会视为对全局变量的引用。示例代码如下。

```
        var scope = "global";
        function checkScope() {
            scope = "local";
            document.write(scope);
        }
         checkScope();                 //输出 local
```

三、变量类型

虽然 JavaScript 是弱类型语言，但是，它也有自己的几种数据类型，分别是 Number（数字）、String（字符）、Boolean（布尔）、Object（对象）、Undefined、Null 和数组。其中，Object 属于复杂数据类型，Object 由无序的键值对组成。其余几种都属于简单数据类型。

> **注意**
>
> 变量类型首字母是大写的，而变量值首字母是小写的。

JavaScript 拥有动态类型，这意味着相同的变量可用作不同的类型。示例代码如下。

```
        var x                    //x 为 Undefined
        var x = 6;               //x 为数字
```

```
var x = "Bill";        //x 为字符串
```

1. Boolean（布尔）类型

布尔（逻辑）只能有两个值：true 或 false。

```
var x=true
var y=false
```

2. Object（对象）类型

对象由{ }分隔。在括号内部，对象的属性以名称和值对的形式 (name : value) 来定义，属性由,分隔。示例代码如下。

```
var person={firstname:"Bill", lastname:"Gates", id:5566};
```

上面例子中的对象（person）有 3 个属性：firstname、lastname 及 id。
声明也可横跨多行：

```
var person={
firstname: "Bill",
lastname: "Gates",
id:  5566
};
```

对象属性有两种引用方式，示例代码如下。

```
name=person.lastname;
name=person["lastname"];
```

3. Undefined 和 Null 类型

Undefined 这个类型表示变量不含有值。
可以通过将变量的值设置为 null 来清空变量。示例代码如下。

```
cars=null;
person=null;
```

四、运算符

JavaScript 运算符主要包括：算术运算符、赋值运算符、比较运算符、三元（条件）运算符、逻辑运算符和字符串连接运算符 6 种。

1. 算术运算符

算术运算符用于执行变量与（或）值之间的算术运算，如表 8.1 所示。

表 8.1　算术运算符

运算符	说明	实例	运算结果
+	加	y=2+1	y=3
-	减	y=2-1	y=1
*	乘	y=2*3	y=6
/	除，返回结果为浮点类型	y=6/3	y=2
%	求余，返回结果为浮点类型，要求两个操作数均为整数	y=6%4	y=2
++	递加，分为前加和后加，对布尔值和 null 将无效	y=2 ++y（前加），y++（后加）	y=3
--	递减，分为前减和后减，对布尔值和 null 将无效	y=2 --y（前减），y--（后减）	y=1

对于前加和后加，执行后的结果都是变量加 1，其区别在于执行时返回结果不一样，参考下面的例子，代码如下。

```
var x = 2;
alert(++x);       //输出：3
alert(x);         //输出：3
var y = 2;
alert(y++);       //输出：2
alert(y);         //输出：3
```

递减同理。

2. 赋值运算符

赋值运算符用于赋值运算，赋值运算符的作用在于把右边的值赋给左边的变量。表 8.2 为赋值运算符如表 8.2 所示（设定 y=6）。

表 8.2　赋值运算符

运算符	示例	等价于	运算结果
=	y=6		y=6
+=	y+=1	y=y+1	y=7
-=	y-=1	y=y-1	y=5
*=	y*=2	y=y*2	y=12
/=	y/=2	y=y/2	y=3
%=	y%=4	y=y%4	y=2

3. 比较运算符

比较运算符用来比较两个值，结果是一个逻辑值，false 或 true，如表 8.3 所示。

表 8.3　比较运算符

运算符	说明	实例	运算结果
==	等于	2= =3	false
===	恒等于（值和类型都要做比较）	2= = =2 2= = ="2"	true false
!=	不等于，也可写作<>	2! =3	true
>	大于	2>3	false
<	小于	2<3	true
>=	大于等于	2>=3	false
<=	小于等于	2<=3	true

4. 三元（条件）运算符

三元（条件）运算符可视为特殊的比较运算符，语法如下。

```
(expr1) ? (expr2) : (expr3)
```

语法解释：在 expr1 求值为 true 时整个表达式的值为 expr2，否则为 expr3。

示例代码如下。

```
x = 2;
y = (x == 2) ? x : 1;
alert(y); //输出：2
```

该示例是判断 x 的值是否等于 2，如果 x 等于 2，那么 y 的值就等于 x（也就是等于 2），反之 y 就等于 1。

5. 逻辑运算符

逻辑运算符可以将两个或多个关系表达式连接成一个，或使表达式的逻辑反转，具体如表 8.4 所示。

表 8.4　逻辑运算符

运算符	说明	示例	运算结果

&&	逻辑与（and）	x=2;
		y=6;
		x && y>5
			false

||	逻辑或（or）	x=2;
		y=6;
		x && y>5
			true

!	逻辑非，取逻辑的反面	x=2;
		y=6;
		!(x>y)
			true

6. 字符串连接运算符

连接运算符主要用于连接两个字符串或字符串变量。因此，在对字符串或字符串变量使用该运算符时，并不是对它们做加法计算。

示例代码如下。

```
x = "北京";
y = x + "你好!"; //结果：y = "北京你好!"
// 要想在两个字符串之间增加空格,需要把空格插入一个字符串中：
y = x + " 你好!"; //结果：y = "北京 你好!"
```

五、循环

如果希望一遍又一遍地运行相同的代码，并且每次的值都不同，那么使用 JavaScript 循环是很方便的。

1. for 循环

for 循环是创建循环时常用到的工具。

for 循环语法如下。

```
for (语句 1; 语句 2; 语句 3)
  {
  被执行的代码块
  }
```

语句 1 在循环（代码块）开始前执行；语句 2 定义运行循环（代码块）的条件；语句 3 在循环（代码块）已被执行后执行。

示例代码如下。

```
for (var i=0; i<5; i++)
  {
  x=x + "The number is " + i + "<br>";
  }
```

从上面的示例中可以看到：语句 1 在循环开始之前设置变量（var i=0）；语句 2 定义循环运行的条件（i 必须小于 5）；语句 3 在每次代码块已被执行后增加一个值（i++）。

2. for/in 循环

JavaScript 中 for/in 循环语句遍历对象的属性。

示例代码如下。

```
var person={fname:"John",lname:"Doe",age:25};
for (x in person)
  {
  txt=txt + person[x];
  }
```

3. while 循环

while 循环会在指定条件为真时循环执行代码块。

While 循环语法如下。

```
while (条件)
  {
  需要执行的代码
  }
```

示例代码如下。

```
while (i<5)
  {
  x=x + "The number is " + i + "<br>";
  i++;
  }
```

4. do-while 循环

do-while 循环是 while 循环的变体。在检查条件是否为真之前，该循环会执行一次代码块；如果条件为真，则会重复这个循环。

do-while 循环语法如下。

```
do
  {
  需要执行的代码
  }
while (条件);
```

示例代码如下。

```
do
  {
  x=x + "The number is " + i + "<br>";
  i++;
  }
while (i<5);
```

六、数组对象

数组对象的作用是使用单独的变量名来存储一系列的值。创建一个数组有 3 种方法。

下面的代码定义了一个名为 myCars 的数组对象。

1）常规方式代码如下。

```
var myCars=new Array();
myCars[0]="Saab";
myCars[1]="Volvo";
myCars[2]="BMW";
```

2）简洁方式代码如下。

```
var myCars=new Array("Saab","Volvo","BMW");
```

3）字面方式代码如下。

```
var myCars=["Saab","Volvo","BMW"];
```

通过指定数组名及索引号码，可以访问某个特定的元素。以下示例可以访问 myCars 数组的第一个值。

```
var name=myCars[0];
```

以下示例修改了数组 myCars 的第一个元素。

```
myCars[0]="Opel";
```

任务三　与页面交互

通过操作 DOM 元素和动态添加事件，JavaScript 语言能够实现与页面的动态交互，因此，要重点掌握操作 DOM 元素的方法，学会动态绑定事件的方法。

一、操作DOM元素

HTML DOM 是指当网页被加载时，浏览器会创建页面的文档对象模型。

HTML DOM 模型被构造为对象的树，如图 8.3 所示。

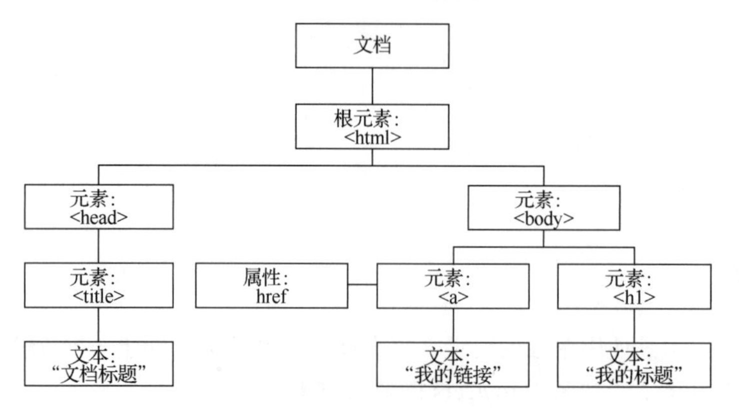

图 8.3　HTML DOM 模型图

JavaScript 操作 HTML DOM 元素，简单地说就是对 HTML 中的 DOM 元素的节点操作。

DOM 元素中包含 3 种常见节点：元素节点、文本节点、属性节点。

元素节点：如<body>、<p>、<div>等。

文本节点：<p>...</p>中的 DOM 文本内容。

属性节点：元素的属性，如"<a href="http://www.qkzz.com">青岛开发区职业中专</a>"中的"href"属性。

对 DOM 元素进行操作，须先获得该元素对象。可以通过 id 获取该元素的对象。

```
var obj=document.getElementById("id");
```

得到元素对象之后，即可对 DOM 元素进行操作，例如，可以通过如下代码操作。

```
对象.style.property=value;
```

示例 1　改变 DOM 元素的样式，如背景颜色、字体大小、边框等。

```
<p id="js">学习 JavaScript 很重要,网页中动态交互离不开 JavaScript,现与大家一起来分享一些经验与技巧……</p>
<script type="text/javascript">
  var js=document.getElementById("js");
  js.style.color="yellowgreen";
  js.style.backgroundColor="#abcdef";
  js.style.border="1px solid blue";
</script>
```

示例 2　通过单击改变<p>段落标签的内容。

```
<p id="js">学习 JavaScript 很重要，网页中动态交互离不开 JavaScript，现与大家一起来分享一些经验与技巧……</p>
<button  onclick="changeText();">单击更改元素内容</button>
<script type="text/javascript">
function changeText(){
alert("hello world");
  var js_obj=document.getElementById("js");
  js_obj.innerHTML="我校网站 http://www.qkzz.cn";
}
</script>
```

示例 3　为 div 添加 className 类。

```
<!DOCTYPE html>
<head>
<meta charset="utf-8" />
<title>无标题文档</title>
<style>
  .aixuexi{
  width:760px;
  hight:45px;
  border:1px solid green;
  background:#abcdef;
}
</style>
</head>
<body>
<div id="xuexi">宝剑锋从磨砺出，梅花香自苦寒来</div>
<script type="text/javascript">
  var xuexi=document.getElementById("xuexi");
  xuexi.className="aixuexi";
</script>
```

```
</body>
</html>
```

二、JavaScript动态添加事件

为了更好地实现代码分离，可不用把事件直接写入代码中，而是通过动态添加事件来实现。

1. 直接给对象或节点添加事件

示例代码如下。

```
<!DOCTYPE html>
<html lang="en">
<head>
    <meta charset="UTF-8">
    <title>button 测试</title>
</head>
<body>
    <button id="btn1">点击此 button1 标签,弹出事件</button>
    <script>
     var t = document.getElementById("btn1");
     t.onclick = function tst(){
    alert('button 测试');
    }
    </script>
</body>
</html>
```

以 button.html 命名并保存文件，拖放到 Chrome 浏览器中，单击浏览器中的按钮，显示效果如图 8.4 所示。

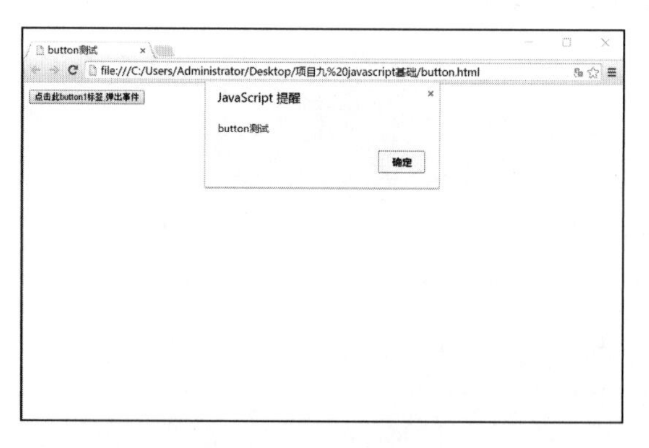

图 8.4　JavaScript 直接添加事件显示效果

2. 使用 attachEvent 和 addEventListener

示例代码如下。

```
<!DOCTYPE html>
<html>
```

```
        <head>
            <meta charset="UTF-8">
            <title></title>
        </head>
        <body>
            <p id="p1">测试添加事件:FireFox 使用 addEventListener,IE 使用
attachEvent<br>
            单击此 p 标签,绑定 2 个弹出事件</p>
            <script>
                function test1() {
                    alert("test1");
                }
                function test2(){
                    alert("test2");
                }
                //添加事件通用方法
                function addEvent(element,e,fn) {
                    //FireFox 使用 addEventListener 来添加事件
                    if(element.addEventListener) {
                        element.addEventListener(e,fn,false);
                    }
                    //IE 使用 attachEvent 来添加事件
                    else {
                        element.attachEvent("on"+e,fn);
                    }
                }
                window.onload = function(){
                    var element = document.getElementById("p1");
                    addEvent(element,"click",test1);
                    addEvent(element,"click",test2);
                }
            </script>
        </body>
    </html>
```

以 addeventlistener.html 命名并保存文件，拖放到 Firefox 浏览器中，单击浏览器中的文本，显示效果如图 8.5 所示。

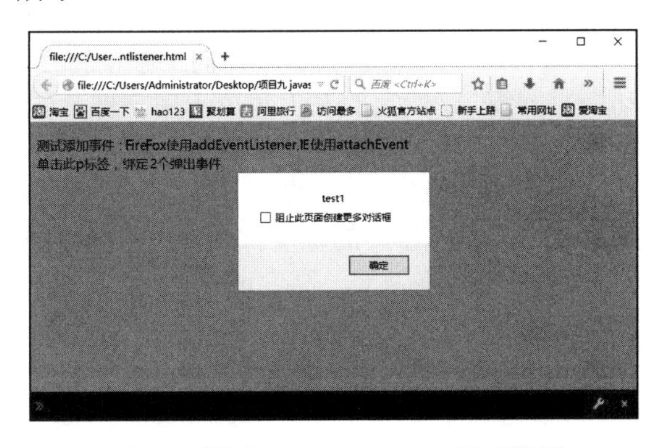

图 8.5　使用 addEventListener 显示效果

任务四　BOM 对象模型

BOM（browser object model）也称为浏览器对象模型，用于描述与浏览器进行交互的方法和接口。BOM 由多个对象组成，其中代表浏览器窗口的 window 对象是 BOM 的顶层对象，其他对象都是该对象的子对象。

BOM 中还包括作为访问 HTML 文档入口的 document 对象，用于导航的 location 对象，可以获取浏览器、操作系统与用户屏幕信息的 navigator 与 screen 对象。

一、window对象

window 对象表示整个浏览器窗口，但不表示其中包含的内容。window 还可用于移动或调整它表示的浏览器窗口的大小。

1. window 对象在框架中的应用

如果页面使用框架集，则每个框架都由它自己的 window 对象表示，存放在 frames 集合中。在 frames 集合中，可用数字（由 0 开始，从左到右，逐行地）或名字对框架进行索引；也可以用 top 对象代替 window 对象（如 top.frames[0]）。top 对象指向的都是最顶层的框架，即浏览器窗口自身。

由于 window 对象是整个 BOM 的中心，所以它享有一种特权，即不需要明确引用它，在引用函数、对象或集合时，解释程序都会查看 window 对象，所以 window.frame[0]可以简写为 frame[0]。

window 的另一个实例是 parent。parent 对象与装载文件框架一起使用，要装载的文件也是框架集。window 对象的 name 属性存储的是框架的名字。

self 是一个更加全局化的窗口指针，它总是等于 window，如果页面上没有框架，window 和 self 就等于 top，frames 集合的长度为 0。

2. 窗口操作

moveBy(dx,dy)——把浏览器窗口相对当前位置水平移动 dx 个像素，垂直移动 dy 个像素。dx 值为负数时，向左移动窗口；dy 值为负数时，向上移动窗口。

moveTo(x,y)——移动浏览器窗口，使它的左上角位于用户屏幕的(x,y)处，可以使用负数，不过这样会把部分窗口移出屏幕的可视区域。

resizeBy(dw,dh)——相对于浏览器窗口的当前大小，把窗口的宽度调整 dw 个像素，高度调整 dh 个像素。dw 为负数时，缩小窗口的宽度；dh 为负数时，缩小窗口的高度。

resizeTo(w,h)——把窗口的宽度调整为 w，高度调整为 h，不能使用负数。

3. 导航和打开新窗口

用 JavaScript 可以导航到指定的 URL，并用 window.open()方法打开新窗口。该方法接收 4 个参数，即要载入新窗口页面的 URL、新窗口的名字、特性字符串和说明是否用新载入的页面替换当前载入页面的 Boolean 值。该窗口的特性由第三个参数（特性字符串）决定。如果省略第三个参数,将打开新的浏览器窗口,就像单击了 target 被设置为“_blank”的链接。特性字符串是用, 分隔的设置列表,在, 或=前后不能有空格。window.open()方法将返回 window 对象作为它的函数值，该 window 就是新创建的窗口。window.open()参数如表 8.5 所示。

表 8.5　window.open( )参数

设置	值	说明
left	Number	说明新创建的窗口的左坐标，不能为负数
top	Number	说明新创建的窗口的上坐标，不能为负数
height	Number	设置新创建的窗口的高度，该数字不能小于 100
width	Number	设置新创建的窗口的宽度，该数字不能小于 100
resizable	yes,no	判断新窗口是否能通过拖动连线调整大小，默认值是 no
scrollable	yes,no	判断新窗口容不下内容时是否允许滚动，默认值是 no
toolbar	yes,no	判断新窗口是否显示工具栏，默认值是 no
status	yes,no	判断新窗口是否显示状态栏，默认值是 no
location	yes,no	判断新窗口是否显示地址栏，默认值是 no

示例代码如下。

```
        var oNewWin=window.open("http://www.qkzz.net","yiyawindow","height=150,
width=300,top=10,left=10,resizable=yes");
        oNewWin.moveTo(100,100);
        oNewWin.resizeTo(200,200);
        oNewWin.close();                    /*关闭新窗口*/
        alert(oNewWin.opener == window);   /*s 输出 true,只有在新窗口的最高层 window
对象才有 opener 属性*/
```

4. 系统对话框

alert()方法：只接受一个参数，即要显示给用户的文本，浏览器创建一个具有 OK 按钮的系统消息框，以显示指定的文本。

confirm()方法：只接受一个参数，即要显示的文本，浏览器创建一个具有 OK 按钮和 Cancel 按钮的系统消息框，以显示指定的文本。该方法返回一个 Boolean 值，如果单击 OK 按钮，则返回 true；如果单击 Cancel 按钮，则返回 false。

prompt()方法：提示用户输入某些信息，接受两个参数，即要显示给用户的文本和文本框中的默认文本。如果单击 OK 按钮，则文本框中的值作为函数值返回；如果单击 Cancel 按钮，则返回 null。

以上 3 种对话框是模态的，即如果用户未单击 OK 按钮或 Cancel 按钮关闭对话框，则不能在浏览器窗口中做任何操作。

5. 状态栏

window.status 属性用于设置状态栏要显示的内容。

window.defaultStatus 属性用于设置状态栏默认显示的内容。

6. 时间间隔和暂停

setTimeout()方法：设置暂停（在指定的毫秒数后执行指定的代码），接收两个参数，即要执行的代码和在执行它之前要等待的毫秒数（1/1000s）。第一个参数可以是代码串（与 eval()函数的参数相同），也可以是函数指针。

clearTimeout()方法：取消还未执行的暂停，并将暂停 id 传递给它。

setInterval()方法：设置在每隔指定的时间段就执行一次指定的代码。参数与 setTimeout()相同。

clearInterval()方法：用时间间隔 id 阻止要执行的代码。参数为一个时间间隔 id。

示例代码如下。

```
var iTimeoutId=setTimeout("alert('Hello World!')",1000);
clearTimeout(iTimeoutId);
var  iNum=0;
var iMax=100;
var iIntervalId=null;
function  incNum(){
        iNum++;
        if(iNum ==iMax){
              clearInterval(iIntervalId);
         }
 }
iIntervalId=setInterval(iNum,500);
```

上述第一行代码表示，在执行一组指定的代码前等待一段时间，则使用暂停。如果要反复执行某些代码，可使用时间间隔。

7. 历史

浏览器窗口的历史就是用户访问过的站点的列表。访问其可以使用 window 对象的 history 属性及它的相关方法。

go()方法：只有一个参数，即前进或后退的页面数。如果是负数，则在浏览器历史中后退；如果是正数，则前进。可以使用 length 属性查看历史中的页面数。

二、document对象

document 对象是 window 对象的属性，window 对象的任何属性和方法都可直接访问。它是唯一一个既属于 BOM 又属于 DOM 的属性。表 8.6 列出了 BOM 的 document 对象部分通用属性。

表 8.6 document 对象部分通用属性

属性	说明
alinkColor	激活的链接颜色，如<body alink="color">，建议使用 CSS 脚本代替
bgColor	页面的背景颜色，如<body bgcolor="color">，建议使用 CSS 脚本代替
fgColor	页面的文本颜色，如<body text="color">，建议使用 CSS 脚本代替
lastModified	最后修改页面的日期，是字符串
linkColor	未点击过的链接颜色，如<body link="color">定义的

续表

属性	说明
referrer	浏览器历史中后退一个位置的 URL
title	<title/>标签中显示的文本
URL	当前载入页面的 URL
vlinkColor	访问过的链接颜色，如<body vlink="color">，建议使用 CSS 脚本代替

document 对象也有许多集合，提供对载入的页面各个部分的访问，如表 8.7 所示。

表 8.7 document 对象集合

集合	说明
anchors	页面中所有锚的集合
applets	页面中所有 applet 的集合
embeds	页面中所有嵌入式对象的集合
forms	页面中所有表单的集合
images	页面中所有图像的集合
links	页面中所有链接的集合

可以用数字或名字引用 document 对象的每个集合，如 document.images[0]。

write()方法：在页面输出字符串，只接收一个参数，即要写入文档的字符串。注意：把<script/>标签写入页面时一定要把“<script/>”字符串分开。writeln()方法与 write()方法功能一样，不同的是它将在字符串末尾加一个换行符(\n)。可以使用这种功能动态地引入外部 JavaScript 文件。

要插入内容属性，必须在完全载入页面前调用 write()方法和 writeln()方法。如果任何一个方法是在页面载入后调用的，则它将抹去页面的内容，显示指定的内容。在调用 write()方法前，先调用 open()方法，写入完成后，再调用 close()方法完成显示。

三、location对象

location 对象是 BOM 中比较有用的对象之一，它是 window 对象和 document 对象的属性。location 对象表示载入窗口的 URL，也可以解析 URL。

表 8.8 和表 8.9 列出了 BOM 的 location 对象部分属性和方法。

表 8.8 location 对象部分属性

属性	说明
hash	如果 URL 包含#，该方法将返回该符号之后的内容
host	服务器的名字（如 www.yiiyaa.net）
hostname	通常等于 host，有时会省略前面的 www
href	当前载入页面的完整 URL
pathname	URL 中的主机名后面的部分
port	URL 中声明的请求的端口

续表

属性	说明
protocol	URL 中使用的协议，即双斜杠之前的部分
search	执行 get 请求的 URL 中问号后面的部分（查询字符串）

表 8.9 location 对象方法

方法	说明
assign()	载入一个新的文档
reload()	重新载入当前文档
replace()	用新的文档替换当前文档

示例代码如下。

```
location.assign("http://www.qkzz.cn");  /*设置窗口的URL,同location.href属性一样*/
location.replace("http://www.qkzz.cn"); /*同assign()方法一样,只不过是从浏览器历史中删除包含脚本的页面,这样就不能通过浏览器的后退和前进按钮访问它*/
```

reload()方法：重新载入当前页面，只有一个参数。参数如果是 false，则从缓存中载入；如果是 true，则从服务器载入。

四、navigator对象

navigator 也是 window 对象的属性，可以用 window.navigator 引用，也可以用 navigator 引用。以下代码可说明 navigator 对象的使用方法。

```
<!DOCTYPE html>
<html lang="en">
<head>
<meta charset="UTF-8">
</head>
<body>
    <div id="example"></div>
    <script>
    txt = "<p>浏览器代号: " + navigator.appCodeName + "</p>";
    txt+= "<p>浏览器名称: " + navigator.appName + "</p>";
    txt+= "<p>浏览器版本: " + navigator.appVersion + "</p>";
    txt+= "<p>启用 cookie 的布尔值: " + navigator.cookieEnabled + "</p>";
    txt+= "<p>操作系统平台: " + navigator.platform + "</p>";
    txt+= "<p>用户代理头部的值: " + navigator.userAgent + "</p>";
    txt+= "<p>系统语言: " + navigator.systemLanguage + "</p>";
    document.getElementById("example").innerHTML=txt;
    </script>
</body>
</html>
```

以 navigator.html 命名并保存文件，在 Firefox 浏览器中运行，效果如图 8.6 所示。

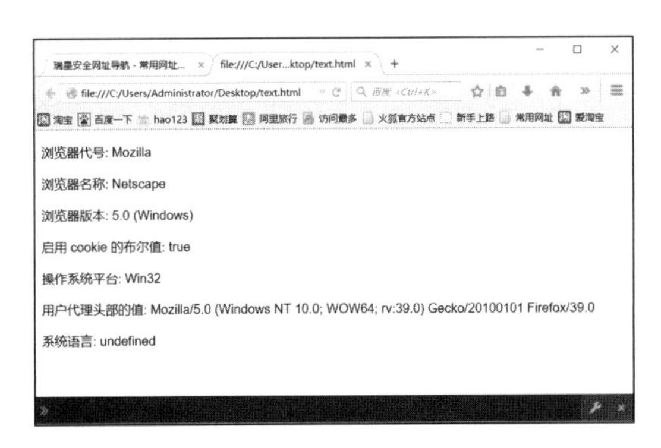

图 8.6　使用 navigator 对象在 Firefox 浏览器中的显示效果

五、screen对象

screen 对象可以获取某些关于屏幕的信息。screen 对象主要包括如下属性。

1）availHeight：窗口可以使用的屏幕的高度（以像素计），包括操作系统需要的空间。

2）availWidth：窗口可以使用的屏幕的宽度（以像素计）。

3）colorDepth：用于表示颜色的位数，大多数系统采用 32 位。

4）height：屏幕的高度（以像素计）。

5）width：屏幕的宽度（以像素计）。

例如，可以使用下面的代码填充用户的屏幕。

```
window.moveTo(0,0);
window.resizeTo(screen.availWidth, screen.availHeight);
```

项目实训一　二级联动菜单

实训概述

本实训主要运用 JavaScript 数组和表单对象元素，建立一级菜单与二级菜单的联系。

实训目的

1）掌握 JavaScript 数组的操作方法。

2）掌握 JavaScript 表单对象元素的操作方法。

实训步骤

01 新建目录 d:/menu_prj。

02 运行 Visual Studio Code，新建文件 index.html。

03 在文件 index.html <head>…</head>中编写如下代码。

```
<script type="text/javascript" src="jquery/jquery.js"></script>
    <script type="text/javascript">
        var arr_province = ["请选择省市", "北京市", "上海市", "重庆市", "深
圳市", "广东省"];
        var arr_city = [
            ["请选择城市/地区"],
            ["东城区", "西城区"],
            ["宝山区", "长宁区"],
            ["和平区", "河北区"],
            ["俞中区"],
            ["福田区"],
            ["广州市"]
        ];
        //二级联动初始化
        function init() {
            var province = document.form1.province;
            var city = document.form1.city;
            var len = arr_province.length

            //alert(city)
            province.length = len;
            for (var i = 0; i < len; i++) {
             province.options[i].text = arr_province[i];
             province.options[i].value = arr_province[i];
            }
            var index = 2;
            province.selectedIndex = index;
            var len = arr_city[index].length;
            city.length = len;
            for (var i = 0; i < len; i++) {
              city.options[i].text = arr_city[index][i];
              city.options[i].value = arr_city[index];
            }
        }
        function change_select(index) {
            //alert(index);
            var city = document.form1.city;
            var len = arr_city[index].length;
            //alert(len);
            city.length = len;
           for (var i = 0; i < len; i++) {
             city.options[i].text = arr_city[index][i];
             city.options[i].value = arr_city[index][i];
            }
        }
    </script>
```

04 在<body>...</body>中编写如下 HTML 代码。

```
<body onload="init()">
    <form name="form1">
```

```
                省份：
                <select name="province" onchange="change_select(this.selected
Index)"></select>
                城市：
                <select name="city"></select>
            </form>
        </body>
```

05 单击一级菜单“北京市”，相应的二级菜单内容发生改变，在 Chrome 浏览器中的运行效果如图 8.7 所示。

图 8.7　二级联动菜单效果

项目实训二　制作计时器

实训概述

计时器在网页中使用广泛，本实训运用 JavaScript 时间函数和文档对象 window 的操作方法，结合 CSS3 技术，设计计时器。

实训目的

1）完成计时器的制作。
2）掌握时间函数的使用。
3）掌握文档对象 window 的操作方法。
4）参考本实训提示，自己创新，设计出独特风格的网页。

实训步骤

01 新建目录 d:/times。
02 运行 Visual Studio Code，新建文件 index.html。
03 在文件 index.html <head>...</head>中编写如下代码。

```
    <style>
            #div{
                font-size: 60px;
                margin:0  auto;
                width: 900px;
```

```
                border: 1px solid red;
                text-align: center;
            }
    </style>
    <script type="text/javascript">
            var n1=window.setInterval("fn()",5000);
            function fn(){        //显示时间函数
                var d1=new Date;
                var obj=document.getElementById("div");
                obj.innerHTML=d1.toLocaleDateString();
            }
            function qingchu(){
                window.clearInterval(n1);
            }
            function jixu(){
                n1=window.setInterval("fn()",1000);
            }
            window.setTimeout("qingchu()",600);
   </script>
```

04 在<body>...</body>中编写如下代码。

```
<div id="div">
  <input type="button" value="清除定时器" onclick="qingchu()">
  <input type="button" value="继续定时器" onclick="jixu()">
</div>
```

05 在 Chrome 浏览器中的运行效果如图 8.8 所示。

图 8.8　项目运行效果

06 单击“继续定时器”按钮，显示效果如图 8.9 所示。

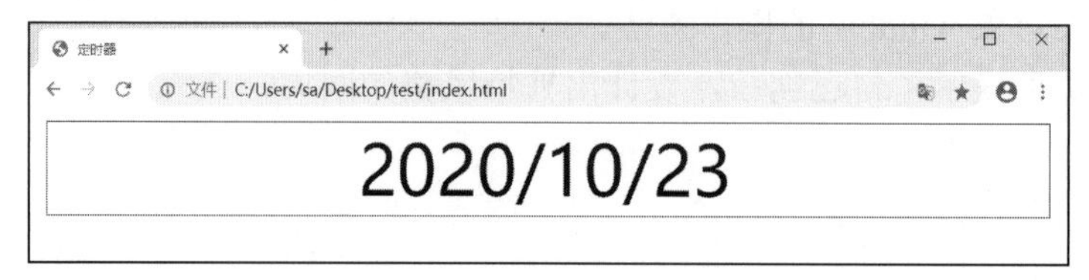

图 8.9　“继续定时器”显示效果

拓展链接　ECMAScript 和 JavaScript

ECMAScript 是 JavaScript 的规格，JavaScript 是 ECMAScript 的一种实现，在一般场合

中，这两个词是可以互换的。

JavaScript的创造者Netscape公司，将JavaScript提交给国际标准化组织ECMA（European Computer Manufacturers Association，欧洲计算机制造商协会），希望这种语言能够成为国际标准，后来ECMA发布标准文件的第一版（ECMA-262），规定了浏览器脚本语言的标准，并将这种语言称为ECMAScript。该标准从一开始就是针对JavaScript语言制定的，之所以不称为JavaScript，有两个原因：一是商标，Java是Sun公司的商标，根据授权协议，只有Netscape公司可以合法地使用JavaScript这个名字，且JavaScript本身也已经被Netscape公司注册为商标；二是为了体现这门语言的制定者是ECMA，而不是Netscape，有利于保证这门语言的开放性和中立性。

项 目 小 结

本项目介绍了在网页中使用JavaScript的方法，重点介绍了JavaScript的语言基础及与页面交互的技巧，最后介绍了BOM对象模型，在“项目引导”“项目实训”中重点介绍了JavaScript基础语法、文档对象操作、函数等知识点与技能点，读者应仔细研究，灵活运用到自己制作的网页中，真正掌握JavaScript的应用。

思考与练习

一、选择题

1．“Hello World”的正确JavaScript语法是（　　）。
A．document.write("Hello World")　　B．"Hello World"
C．response.write("Hello World")　　D．("Hello World")

2．JavaScript的特性不包括（　　）。
A．解释性　　B．用于客户端　　C．基于对象　　D．面向对象

3．下列JavaScript的判断语句中，（　　）是正确的。
A．if(i==0)　　B．if(i=0)　　C．if i==0 then　　D．if i=0 then

4．下列JavaScript的循环语句中，（　　）是正确的。
A．if(i<10;i++)　　B．for(i=0;i<10)　　C．for i=1 to 10　　D．for(i=0;i<=10;i++)

5．下列选项中，（　　）不是网页中的事件。
A．onclick　　B．onMouseOver　　C．onsubmit　　D．onunclick

二、简答题

1．在HTML中嵌入JavaScript脚本有哪3种方式？
2．JavaScript函数的定义是什么？写出其语法。

三、操作题

编写一段代码，实现浏览器标题栏和状态栏上动态显示时间的效果。

jQuery 编程

JavaScript 虽然可以增强网页效果，但也存在一些缺陷，如操作 Dom 对象过于烦琐、命名容易重复、使用过多的循环遍历等。jQuery 是一套轻量级 JavaScript 类库。使用 jQuery 可以帮助我们迅速完成各种脚本功能，并且使实现效果都是跨浏览器兼容的。jQuery 链式编程改变了 JavaScript 的编程方式，科学高效。

任务目标

- 初步掌握 jQuery 的概念与特性。
- 掌握 jQuery 的基础知识。
- 掌握 jQuery 中选择器、操作元素的使用。
- 初步掌握 jQuery 动画制作。

任务一 jQuery 入门

本任务要求了解 jQuery，熟悉 jQuery 的优势及目前的使用版本，学会 Visual Studio Code 的安装、配置及编写 HTML 的方法。

一、认识jQuery

jQuery 是一个快速、简洁的 JavaScript 框架，也是一个优秀的 JavaScript 代码库（或 JavaScript 框架）。jQuery 设计的宗旨是“Write Less，Do More”，即倡导写更少的代码，做更多的事情。它封装 JavaScript 常用的功能代码，提供一种简便的 JavaScript 设计模式，优化 HTML 文档操作、事件处理、动画设计和 Ajax 交互。

jQuery 的核心特性可以总结为：具有独特的链式语法和短小清晰的多功能接口；具有高效灵活的 CSS 选择器，并且可对 CSS 选择器进行扩展；拥有便捷的插件扩展机制和丰富的插件。jQuery 可以兼容各种主流浏览器，如 IE 6.0+、Firefox 1.5+、Safari 2.0+、Opera 9.0+等。

二、jQuery的优势

1）一款轻量级的 JavaScript 框架。jQuery 核心 JavaScript 文件才几十千字节，不会影响页面加载速度。

2）丰富的 DOM 选择器。jQuery 的选择器用起来很方便，比如要找到某个 DOM 对象的相邻元素或将一个表格进行隔行变色，JavaScript 可能要写好几行代码，而 jQuery 只要一行代码即可。

3）链式表达式。jQuery 的链式表达式可以把多个操作写在一行代码中，更加简洁。

4）支持事件、样式、动画。jQuery 还简化了 JavaScript 操作 CSS 的代码，并且代码的可读性也比 JavaScript 强。

5）支持 Ajax 操作。jQuery 简化了 Ajax 操作，后端只需返回一个 JSON 格式的字符串就能完成与前端的通信。

6）跨浏览器兼容。jQuery 基本兼容了现在的主流浏览器。

7）插件扩展开发。jQuery 有着丰富的第三方插件，如树形菜单、日期控件、图片切换插件、弹出窗口等基本前端页面上的组件都有对应的插件，并且用 jQuery 插件做出来的效果很炫，还可以根据自己的需要去改写和封装插件，简单实用。

三、目前jQuery的三大版本

1）1.x：兼容 IE 6、IE 7、IE 8，使用最为广泛，官方只做漏洞维护，功能不再新增。因此对一般项目来说，使用 1.x 版本的浏览器就可以了，最终版本为 1.12.4（2016 年 5 月 20 日）。

2）2.x：不兼容 IE 6、IE 7、IE 8，很少有人使用，官方只做漏洞维护，功能不再新增。如果不考虑兼容低版本的浏览器，可以使用 2.x 版本的浏览器，最终版本为 2.2.4（2016 年 5 月 20 日）。

3）3.x：不兼容 IE 6、IE 7、IE 8，只支持最新的浏览器。除非特殊要求，一般不会使用 3.x 版本的浏览器，因为很多旧的 jQuery 插件不支持这个版本。

四、导入jQuery的.js文件

1）在项目中创建 js 目录，把 jQuery-3.3.1.min.js 复制到目录中。

2）在 HTML 页面导入：<script src="js/jQuery-3.3.1.min.js"></script>。

jQuery-xxx.js 与 jQuery-xxx.min.js 的区别如下。

- jQuery-xxx.js：开发版本。程序员开发时使用，有良好的缩进和注释，文件较大。
- jQuery-xxx.min.js：生产版本。在程序中使用，没有缩进，文件较小，程序加载更快。

五、Visual Studio Code安装

下载安装 Visual Studio Code，下载网址为 https://code.visualstudio.com/。

可以根据自己使用的环境下载对应的版本，如 Stable 稳定版、Insiders 内测版。官方网站有两个下载入口，如图 9.1 所示。

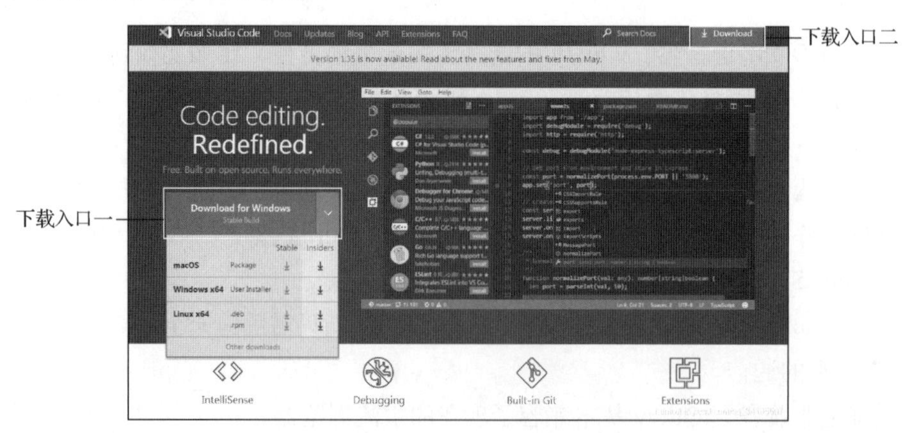

图 9.1　Visual Studio Code 官网下载入口

下载界面如图 9.2 所示，以 Windows 环境为例，共有 3 个选项。

- User Installer：用户安装程序。
- System Installer：系统安装程序。
- .zip：解压版。

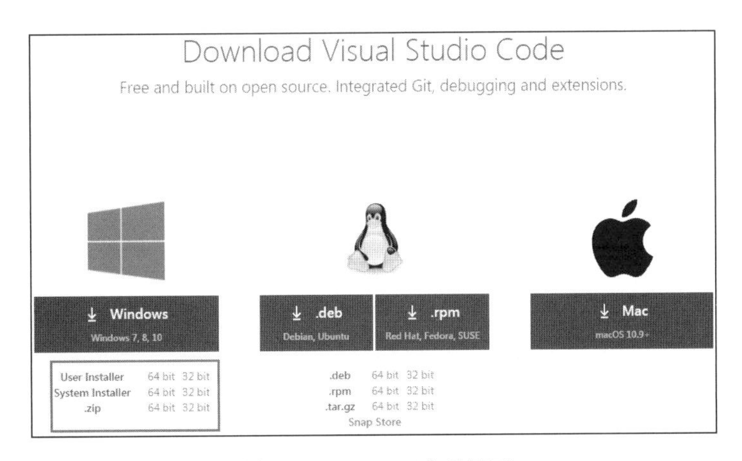

图 9.2　Windows 选项界面

可直接下载解压版的 Visual Studio Code，双击 Code.exe 可执行文件直接使用，如图 9.3 所示。

api-ms-win-crt-math-l1-1-0.dll	2019/6/12 22:52	应用程序扩展	37 KB
api-ms-win-crt-multibyte-l1-1-0.dll	2019/6/12 22:52	应用程序扩展	36 KB
api-ms-win-crt-private-l1-1-0.dll	2019/6/12 22:52	应用程序扩展	79 KB
api-ms-win-crt-process-l1-1-0.dll	2019/6/12 22:52	应用程序扩展	29 KB
api-ms-win-crt-runtime-l1-1-0.dll	2019/6/12 22:52	应用程序扩展	32 KB
api-ms-win-crt-stdio-l1-1-0.dll	2019/6/12 22:52	应用程序扩展	34 KB
api-ms-win-crt-string-l1-1-0.dll	2019/6/12 22:52	应用程序扩展	34 KB
api-ms-win-crt-time-l1-1-0.dll	2019/6/12 22:52	应用程序扩展	30 KB
api-ms-win-crt-utility-l1-1-0.dll	2019/6/12 22:52	应用程序扩展	28 KB
blink_image_resources_200_percent.p...	2019/6/12 22:32	PAK 文件	5 KB
Code.exe	2019/6/12 22:52	应用程序	71,366 KB
Code.VisualElementsManifest.xml	2019/6/12 22:30	XML 文档	1 KB
content_resources_200_percent.pak	2019/6/12 22:32	PAK 文件	1 KB
content_shell.pak	2019/6/12 22:31	PAK 文件	7,307 KB
d3dcompiler_47.dll	2019/6/12 22:52	应用程序扩展	4,085 KB

图 9.3　Code.exe 可执行文件

六、Visual Studio Code配置

1）设置 Visual Studio Code 语言为中文。

2）在 Windows 系统下按快捷键 Ctrl+Shift+P 打开命令面板，设置界面如图 9.4 所示。

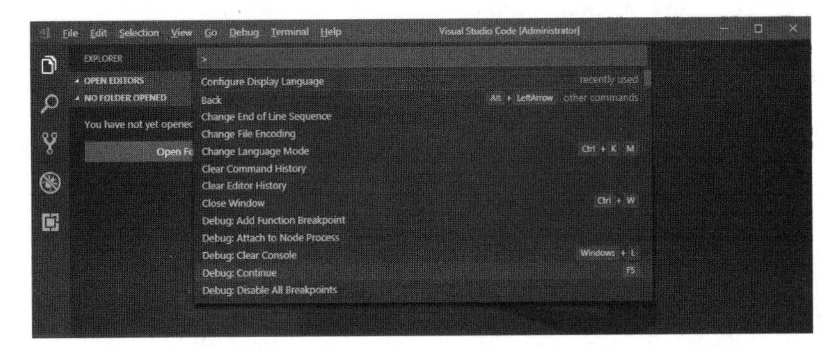

图 9.4　Visual Studio Code 设置界面

3）在文本框中输入 Configure Language（若是中文模式下则要切换为其他语言，输入“配置语言”），按回车键。

4）在打开的 locale.json 文件中修改 locale 值为 zh-CN，修改成功后保存文件，重新打开 Visual Studio Code，即可完成语言修改。

> **注意**
>
> 若重启后语言没有改变，可能是由于没有下载适用于 Visual Studio Code 的中文（简体）语言包。

七、Visual Studio Code下快速开始编写HTML的方法

1）按快捷键 Ctrl+N 新建文件。

2）新建的文件 Untitled-1 是纯文本格式，需修改为 HTML 格式。更改后可以看到，语言模式和文件标头均已改变。

3）快速生成标准的 HTML 代码。

① 在第一行输入“！”。

② 按 Tab 键或者选择代码提示中的“！”。

八、在浏览器中查看HTML页面

Visual Studio Code 默认是在其控制台下查看 HTML 页面，这对于调试和查看效果十分不方便，所以这里需要安装扩展插件，从而在浏览器中查看 HTML 页面。

安装完成后，选择要在浏览器中打开的 HTML 页面，按快捷键 Alt+B 即可在默认浏览器中打开页面。

使用快捷键 Shift+Alt+B 可以选择在其他浏览器中打开 HTML 页面。

任务二 jQuery 核心基础

本任务要求重点掌握 jQuery 对象的定义，DOM 对象和 jQuery 对象的相互转换，jQuery 对象的链式操作方法，以及$变量的使用。

一、jQuery对象的定义

在 jQuery 库中，通过本身自带的方法获取页面元素的对象，称为 jQuery 对象。jQuery 对象是通过 jQuery 包装 DOM 对象后产生的。jQuery 对象是 jQuery 独有的，其可以使用 jQuery 中的方法，但是不能使用 DOM 的方法。例如，$("#img").attr("src","test.jpg");中的$("#img")就是 jQuery 对象。

DOM 对象就是 JavaScript 固有的一些对象操作。DOM 对象能使用 JavaScript 固有的方法，但是不能使用 jQuery 中的方法。例如，document.getElementById("img").src = "test.jpg";中的 document.getElementById("img")就是 DOM 对象。$("#img").attr("src","test.jpg");和 document.

getElementById("img").src = "test.jpg";是等价的，是正确的，但是$("#img").src = "test.jpg";或document.getElementById("img").attr("src","test.jpg");都是错误的。

this 是 JavaScript 的语法关键字，它指向一个 DOM 对象，jQuery 使用 this，必须将 DOM 对象转换成 jQuery 对象，传入 jQuery 函数$(this)，将 JavaScript 对象包装成为一个 jQuery 对象，如$(this).attr("src","test.jpg")。

二、DOM对象转换成jQuery对象

对一个 DOM 对象，只需要用 $()将其包装起来，就可以获得一个 jQuery 对象了，形式为$(DOM 对象)，将 DOM 对象转换为 jQuery 对象，可以先定义变量 var。例如：

```
var v = document.getElementById("v");   //DOM 对象
var $v = $(v);                          //jQuery 对象
```

转换后，即可任意使用 jQuery 的方法。

三、jQuery对象转成DOM对象

将一个 jQuery 对象转换成 DOM 对象有两种方式：[index]和.get(index)。

1）jQuery 对象是一个数据对象，可以通过[index]的方法来得到相应的 DOM 对象。例如：

```
var $v = $("#v");     //jQuery 对象
var v = $v[0];        //DOM 对象
alert(v.checked);     //检测这个 checkbox 是否被选中
```

2）由 jQuery 本身提供，通过.get(index)方法得到相应的 DOM 对象。例如：

```
var $v = $("#v");     //jQuery 对象
var v = $v.get(0);    //DOM 对象($v.get()[0]也可以)
alert(v.checked);     //检测这个 checkbox 是否被选中
```

通过以上方法，可以任意地相互转换 jQuery 对象和 DOM 对象，需要强调的是，DOM 对象才能使用 DOM 中的方法，jQuery 对象不可以使用 DOM 中的方法。

四、jQuery对象的链式操作方法

首先来看一个例子：

```
$("#myphoto").css("border","solid 2px#FF0000").attr("alt","good");
```

该语句对一个 jQuery 对象先调用了 css()函数修改样式，然后使用 attr()函数修改属性，这种调用方式像链一样，所以称为链式操作。

链式操作能够让代码变得简洁，因为往往可以在一条语句中实现以往多条语句才能实现的任务。如果不使用链式操作，则需要用两条语句才能完成上面的任务：

```
$("#myphoto").css("border","solid 2px#FF0000");
$("#myphoto").arrt("alt","good");
```

除了增加了代码量，还调用了两次选择器，降低了运行速度。

在一个较短的链式操作中，语句往往比较清晰，可以分步骤地对 jQuery 对象实现各种操作。但是链式操作不应该太长，否则会造成语句难以理解，因为要查看 jQuery 对象当前的状态并不是容易的事，如果涉及 jQuery 对象中元素的增删操作，则更加难以判断。

不是所有的 jQuery 函数都可以使用链式操作，这与链式操作的原理有关。之所以可以实现链式操作，是因为其中的每个函数返回的都是 jQuery 对象本身。在 jQuery 类库的内部实现中，虽然很多函数都返回 jQuery 对象本身，但都是通过调用内部有限的几个函数实现的。例如，attr()函数设置属性时，实际上最后调用了 jQuery.each(object,callback,args)方法。注意，此方法不是 jQuery 对象方法，jQuery 对象方法也有一个 each()函数，为 jQuery.fn.each (callback,args)，此函数最后同样调用 jQuery.each 函数：

```
Each:function(callback,args){
     Return jQuery.each(this,callback,args);
}
```

下面为 jQuery.each 函数的返回结果：

```
Each.function(object,callback,args){
     Return object;
}
```

Object 是 jQuery.fn 对象，即 jQuery 对象，最后返回的还是 jQuery 对象。

可以使用下面的原则判断一个函数返回时是否为 jQuery 对象，即是否可以用于链式操作：除了获取某些数据的函数，如获取属性值 attr(name)、获取集合大小 size()这些明显返回数据的函数，jQuery 函数都可以用于链式操作，如设置属性 attr(name.value)。

五、$变量的使用

$变量是 jQuery 变量的引用。jQuery 变量是全局变量，jQuery 对象是指 jQuery.fn，不能混淆。jQuery 变量类似于静态类，上面的方法都是静态方法，可以在任何时刻调用，如 jQuery.each。jQuery.fn 是实例方法，只能在 jQuery 对象上调用。例如，jQuery.fn.each()方法只能通过$(‘#id’).each 这种形式调用。

前面提到，可以使用$代替 jQuery，因为在 jQuery 的内部有如下实现：

```
jQuery=window.jQuery=window.$
```

所以$变量和 jQuery 变量实际上是 window 对象的属性，也就是全局变量，可以在页面上的任何地方调用。

任务三　jQuery 选择器的使用

本任务要求理解 jQuery 选择器的定义，并结合具体的实例灵活运用 jQuery 选择器实现各种功能。

一、jQuery选择器的定义

jQuery 选择器继承了 CSS 与 XPath 语言的部分语法，允许通过标签名、属性名或内容对 DOM 元素进行快速、准确的选择，而不必担心浏览器的兼容性。通过 jQuery 选择器对页面元素的精准定位，才能完成元素属性和行为的处理。

一个典型的 jQuery 选择器语法形式：

```
$(selector).methodName();
```

selector 是一个字符串表达式，用于识别 DOM 中的元素，然后使用 jQuery 提供的方法集合加以设置。大多数情况下 jQuery 支持这样的操作：

```
$(selector).method1().method2(). method3()
```

jQuery 选择器具有如下优势。

1）代码更简单。

2）支持 CSS1～CSS3 选择器。

3）完善的处理机制。

二、jQuery选择器的分类与操作

jQuery 选择器分为基本选择器、层次选择器、过滤选择器和表单选择器。

1. 基本选择器

基本选择器是 jQuery 选择器中使用最多的选择器。它由元素的 id、class 类名、元素名、多个元素符组成。基本选择器如表 9.1 所示。

表 9.1 基本选择器

选择器	描述	返回
#id	根据给定的 id 匹配一个元素	单个元素
element	根据给定的 id 匹配所有元素	元素集合
.class	根据给定的类匹配元素	元素集合
*	匹配所有元素	元素集合
selector、selector N	将每一个选择器匹配到的元素合并后一起返回	元素集合

实例 1 元素选择器。

jQuery 元素选择器是基于元素名选取元素的。$("p")表示在页面中选取所有 <p> 元素。实例代码如下。

```
<!DOCTYPE html>
<html lang="en">
<head>
    <meta charset="UTF-8">
    <meta name="viewport" content="width=device-width, initial-
scale=1.0">
```

```
        <title>实例 1</title>
        <script type="text/javascript" src="jQuery/jQuery.js"></script>
    </head>
    <body>
        <h2>这是一个标题</h2>
        <p>这是一个段落。</p>
        <p>这是另一个段落。</p>
        <button>点我</button>
        <script type="text/javascript">
            $(document).ready(function () {
                $("button").click(function () {
                    $("p").hide();
                });
            });

        </script>
    </body>
    </html>
```

上述代码在 Chrome 浏览器中的运行效果如图 9.5 所示。

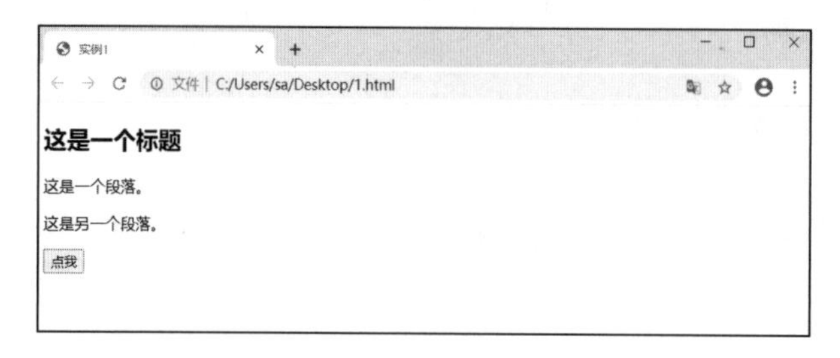

图 9.5　实例 1 的运行效果

单击“点我”按钮，两个段落被隐藏，如图 9.6 所示。

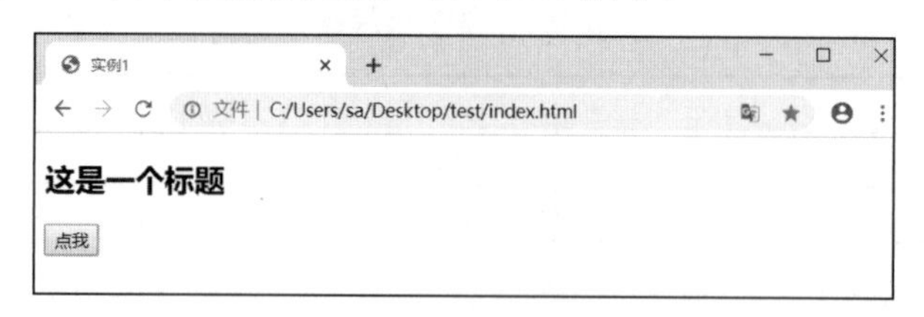

图 9.6　隐藏效果

实例 2　#id 选择器。

jQuery #id 选择器通过 HTML 元素的 id 属性选取指定的元素。页面中元素的 id 应该是唯一的，所以，若要在页面中选取唯一的元素需要通过#id 选择器。通过#id 选择器选取元素的语法如下：

```
$("#test")
```

实例代码如下。

```
<!DOCTYPE html>
<html lang="en">
<head>
    <meta charset="UTF-8">
    <meta name="viewport" content="width=device-width, initial-scale=
1.0">
    <title>实例 1</title>
    <script type="text/javascript" src="jQuery/jQuery.js"></script>
</head>
<body>
    <h2>这是一个标题</h2>
    <p>这是一个段落。</p>
    <p id="test">这是另一个段落。</p>
    <button>点我</button>
    <script type="text/javascript">
        $(document).ready(function () {
            $("button").click(function () {
                $("#test").hide();
            });
        });
    </script>
</body>
</html>
```

上述代码在 Chrome 浏览器中的运行效果与实例 1 完全相同，单击“点我”按钮，id="test"属性的元素将被隐藏，如图 9.7 所示。

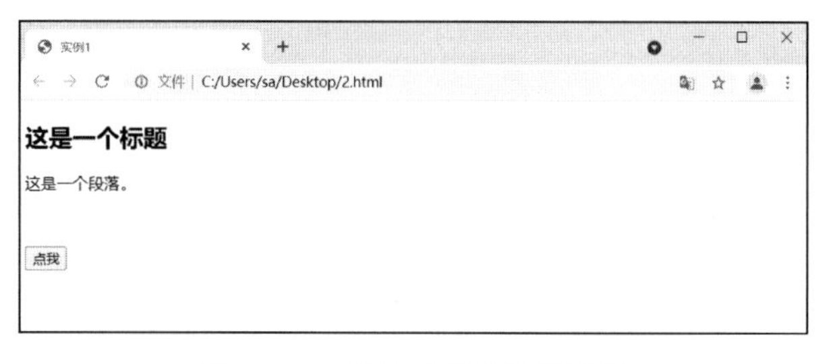

图 9.7 id 属性元素被隐藏效果

实例 3 .class 选择器。

jQuery 类选择器可以通过指定的 class 查找元素。语法如下：

```
$(".test")
```

实例代码如下。

```
<!DOCTYPE html>
<html lang="en">
```

```
        <head>
            <meta charset="UTF-8">
            <meta name="viewport" content="width=device-width, initial-
scale=1.0">
            <title>实例 2</title>
            <script type="text/javascript" src="jQuery/jQuery.js"></script>
        </head>
        <body>
            <h2 class="test">这是一个标题</h2>
            <p class="test">这是一个段落。</p>
            <p>这是另外一个段落。</p>
            <button>点我</button>
            <script>
                $(document).ready(function(){
                    $("button").click(function(){
                        $(".test").hide();
                    });
                });
                </script>
        </body>
        </html>
```

上述代码在 Chrome 浏览器中的运行效果如图 9.8 所示。

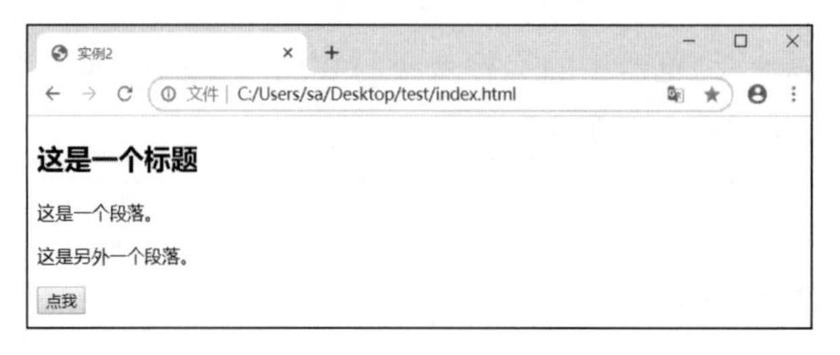

图 9.8　实例 3 的运行效果

单击“点我”按钮，标题和第一个段落被隐藏，如图 9.9 所示。

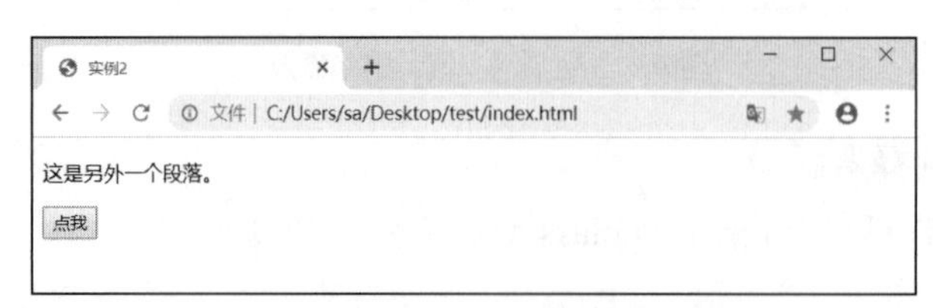

图 9.9　class 属性元素被隐藏效果

2. *层次选择器*

层次选择器通过 DOM 元素间的层次关系来获取元素，主要层次关系包括父子、后代、

相邻、兄弟关系，如表 9.2 所示。

表 9.2　层次选择器

选择器	描述	返回	示例
$("ancestor descendant")	选取 ancestor 元素中的所有 descendant（后代）元素，不仅仅是直接子元素	集合元素	$("div span")选取 div 元素中的所有 span 元素
$("parent>child")	选取 parent 元素下的 child（子）元素，即直接子元素的所有元素，不包括子元素中的子元素	集合元素	$("div>span")选取 div 元素中名为 span 的元素
$("prev+next")	选取紧接在 prev 元素后的 next 元素	集合元素	$(".one+div")选取 class 为 one 的下一个 div 元素
$("prev~siblings")	选取 prev 元素后的所有 siblings 元素	集合元素	$("#two~div")选取 id 为 two 的元素后面的所有<div>同级元素

实例 4　层次选择器。实例代码如下。

```
<h2>子选择器与后代选择器</h2>
    <div class="left">
        <div class="aaron">
            <p>div 下的第一个 p 元素</p>
        </div>
        <div class="aaron">
            <p>div 下的第一个 p 元素</p>
        </div>
    </div>
    <div class="right">
        <div class="imooc">
            <article>
                <p>div 下的 article 下的 p 元素</p>
            </article>
        </div>
        <div class="imooc">
            <article>
                <p>div 下的 article 下的 p 元素</p>
            </article>
        </div>
    </div>
    <script type="text/javascript">
        //子选择器
        //$('div > p') 选择所有 div 元素里面的直接子元素 P
        //$('div > p').css("border", "3px groove yellow");
    </script>
    <script type="text/javascript">
        //后代选择器
        //$('div  p') 选择所有 div 元素里面的 p 元素
        $('div p').css("border", "1px groove red");
```

```
    </script>
    <h2>相邻兄弟选择器与一般兄弟选择器</h2>
    <div class="bottom">
        <div>兄弟节点 div, +~选择器不能向前选择</div>
        <span class="prev">选择器 span 元素</span>
        <div>span 后第一个兄弟节点 div</div>
        <div>兄弟节点 div
            <div class="small">子元素 div</div>
        </div>
        <span>兄弟节点 span,不可选</span>
        <div>兄弟节点 div</div>
    </div>
    <script type="text/javascript">
```

上述代码在 Chrome 浏览器中的运行效果如图 9.10 所示。

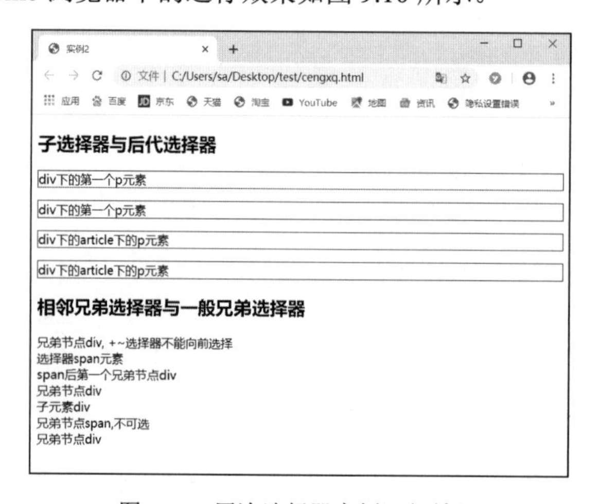

图 9.10 层次选择器实例运行效果

3. 过滤选择器

(1) 简单过滤选择器

过滤选择器是根据某类过滤规则进行元素的匹配，书写时都以:开头；简单过滤选择器是过滤选择器中使用比较广泛的一种，如表 9.3 所示。

表 9.3 简单过滤选择器

选择器	描述	返回
:first	集合中的第一个元素	集合元素
:last	集合中的最后一个元素	集合元素
:not（选择器）	集合中选取除某个或某些元素外的所有元素	集合元素
:even	集合中索引为偶数的元素集合，索引从 0 开始	集合元素
:odd	集合中索引为奇数的元素集合，索引从 0 开始	集合元素
:eq（索引值）	集合中索引等于括号中的索引值的元素，索引从 0 开始	集合元素

续表

选择器	描述	返回
:gt（索引值）	集合中索引大于括号中的索引值的元素集合，索引从 0 开始	集合元素
:lt（索引值）	集合中索引小于括号中的索引值的元素集合，索引从 0 开始	集合元素
:header	集合中所有的标题元素（h1～h6）	集合元素

实例 5　简单过滤选择器。实例代码如下。

```
<body>
    <p id="p0">p1</p>
    <div>
        <p id="p1">p2</p>
        <p id="p2">p3</p>
    </div>
    <div>
        <p id="p3">p4</p>
    </div>
    <p id="p4">p5</p>
    <h1>h1</h1>
    <div>
        <h2>h2</h2>
        <h3>h3</h3>
    </div>
    <script type="text/javascript">
        $("div p:first").css("border", "3px  groove red");
        $("div p:last").css("border", "2px  groove red");
        $("p:even").css("background", "blue");
        $("p:odd").css("background", "green");
    </script>
</body>
```

该实例首先在<div>标签中选择子元素<p>，使用:first、:last 选择器实现红色的边框效果，同时实现<p>索引为偶数、奇数的元素背景显示效果，在谷歌浏览器中的运行效果如图 9.11 所示。

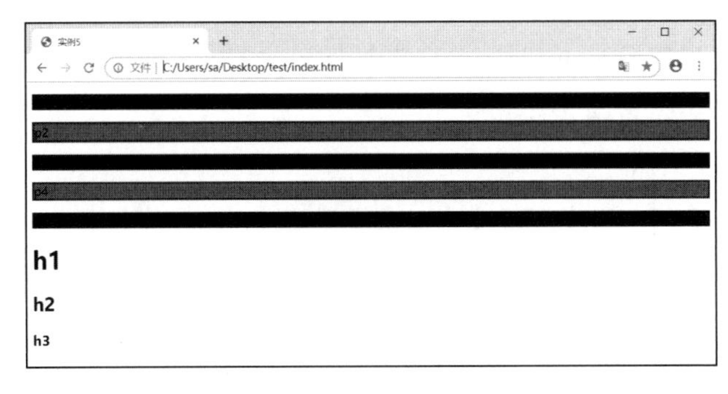

图 9.11　简单过滤选择器实例运行效果

（2）内容过滤选择器

内容过滤选择器根据元素中的文字内容或所包含的子元素特征获取元素，其文字内容可以与所要获取的元素模糊匹配或绝对匹配，从而进行元素定位，如表 9.4 所示。

表 9.4　内容过滤选择器

选择器	描述	返回	示例
:contains(text)	选取包含内容为 text 的元素	集合元素	$("div:contains('我')")选取含有“我”字的 div 元素
:empty	选取不包含子元素或文本的空元素	集合元素	$("div:empty")选取不含有子元素（包括文本）的 div 元素
:has(selector)	选择含有选择器所匹配的元素的子元素	集合元素	$("div:has(p)")选取含有 p 元素的 div 元素
:parent	选择含有子元素或文本的元素	集合元素	$("div:parent")选取包含子元素或文本的 div 元素

实例 6　内容过滤选择器。实例代码如下。

```
<body>
    <p id="p0">p1</p>
    <div>
        <p id="p1">p2</p>
        <p id="p2">p3</p>
    </div>
    <div>
        <p id="p3">p4</p>
    </div>
    <p id="p4">p5</p>
    <h1>h1</h1>
    <div>
        <h2>h2</h2>
        <h3>h3</h3>
    </div>
    <script type="text/javascript">
        $("p:contains('p2')").css("border", "2px  groove red");
        $("p:contains('p5')").css("border", "2px  groove red");
    </script>
</body>
```

使用内容过滤选择器 contains 对<p>标签中含有 p2、p5 内容的段落加红色框，在 Chrome 浏览器中的运行效果如图 9.12 所示。

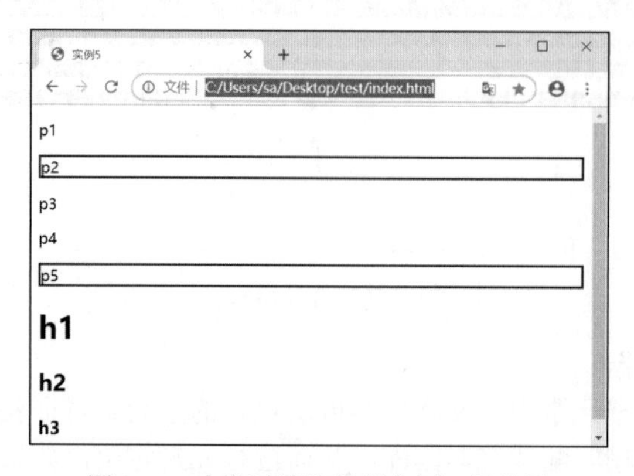

图 9.12　内容过滤选择器实例运行效果

（3）可见性过滤选择器

可见性过滤选择器根据元素是否可见的特征来获取元素，如表 9.5 所示。

表 9.5 可见性过滤选择器

选择器	jQuery 语法	描述	返回
:hidden	$(':hidden')	选取所有不可见元素	集合元素
:visible	$(':visible')	选取所有可见元素	集合元素

实例 7 可见性过滤选择器。实例代码如下。

```
<body>
   <div>
      <div id="div1">
         <h3>手机品牌</h3>
         <ul>
            <li class="one">苹果</li>
            <li>华为</li>
            <li class="one">vivo</li>
         </ul>
         <h3>电脑品牌</h3>
         <ul>
            <li>苹果</li>
            <li>联想</li>
            <li hidden="true">戴尔</li>
            <li hidden="true">东芝</li>
         </ul>
      </div>
      <div>
         <h3>销量排行</h3>
         <ol>
            <li>vivo</li>
            <li>苹果</li>
            <li>华为</li>
         </ol>
      </div>
   </div>
   <script type="text/javascript">
      $(function () {
         alert($("li:hidden").text());
         alert($("li:visible").length);
         alert($("li:visible").text());
      });
   </script>
</body>
```

上述代码在 Chrome 浏览器中的运行效果如图 9.13 所示。

图 9.13　可见性过滤选择器实例运行效果

（4）属性过滤选择器

属性过滤选择器如表 9.6 所示。

表 9.6　属性过滤选择器

选择器	描述	返回
[属性名称]	带有括号里的属性名称的元素集合	集合元素
[属性名称=属性值]	属性名称等于属性值的元素集合	集合元素
[属性名称!=属性值]	属性名称不等于属性值的元素集合	集合元素
[属性名称^=属性值]	以该属性值开头的元素集合	集合元素
[属性名称$=属性值]	以该属性值结尾的元素集合	集合元素
[属性名称~=属性值]	包含该属性值单词的元素集合	集合元素
[属性名称*=属性值]	包含该属性值字符串的元素集合	集合元素
[属性名称][属性名称]	多个属性过滤选择器的条件同时满足的元素集合	集合元素

实例 8　属性过滤选择器。实例代码如下。

```
<body>
    <p id="111">李白</p>
    <p id>杜甫</p>
    <p class="222">白居易</p>
    <script type="text/javascript">
        $(function () {
            $("p[id]").css("color", "blue");
            $("p[class='222']").css("color", "pink");
        });
    </script>
</body>
```

分别为包含 id 属性的 p 元素和包含 class="222"的 p 元素设置颜色属性，在 Chrome 浏览器中的运行效果如图 9.14 所示。

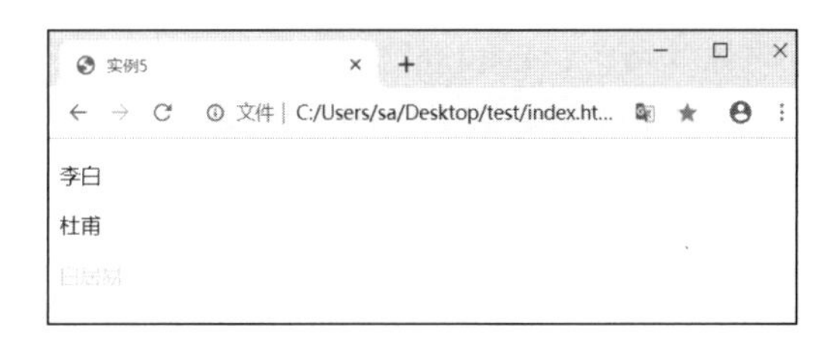

图 9.14　属性过滤选择器实例运行效果

（5）子元素过滤选择器

子元素过滤选择器如表 9.7 所示。

表 9.7　子元素过滤选择器

选择器	描述	返回
p:nth-child(n|even|odd)	属于其父元素的第 n 个/第偶数个/第奇数个且为 p 的子元素的元素集合，从 1 开始	集合元素
p:first-child	属于其父元素的第一个且为 p 的子元素的元素集合	集合元素
p:last-child	属于其父元素的最后一个且为 p 的子元素的元素集合	集合元素
p:only-child	属于其父元素的唯一子元素且为 p 的元素集合	集合元素

实例 9　子元素过滤选择器。实例代码如下。

```
<body>
    <div>
        <ul>
            <li>李白</li>
            <li>杜甫</li>
            <li>白居易</li>
        </ul>
    </div>
    <script type="text/javascript">
        $(function () {
            //设置列表中第 2 个 li 字号为 30
            $("ul li:nth-child(2)").css("font-size", 40)


            $("ul li:first-child").css("color", "red");

            $("ul li:last-child").css("color", "blue");

        });
    </script>
</body>
```

该实例完成如下设置。

- 列表中第 2 个 li 字号为 30。
- 列表中第 1 行字体为红色，first-child 匹配第 1 个子元素。

● 列表中最后一行字体为蓝色，last-child 匹配最后一个子元素。

上述代码在 Chrome 浏览器中的运行效果如图 9.15 所示。

图 9.15　子元素过滤选择器实例运行效果

（6）表单对象属性过滤选择器

表单对象属性过滤选择器主要是对所选择的表单元素进行过滤，如表 9.8 所示。

表 9.8　表单对象属性过滤选择器

选择器	描述	返回
:enabled	选取所有可用的元素	集合元素
:disabled	选取所有不可用的元素	集合元素
:checked	选取所有被选中的元素（单选框、复选框）	集合元素
:selected	选取所有被选中的选项元素（下拉列表框）	集合元素

实例 10　表单对象属性过滤选择器。实例代码如下。

```
    <body>
        <form>
            <input type="checkbox" name="newsletter" checked="checked"
value="Daily" />
            <input type="checkbox" name="newsletter" value="Weekly" />
            <input type="checkbox" name="newsletter" checked="checked"
value="Monthly" />
          </form>
        <script type="text/javascript">
          $("input:checked")
        </script>
    </body>
```

该实例有 3 个复选框，属性值设置 2 个选择，完成设置并在 Chrome 浏览器中运行，运行效果如图 9.16 所示。

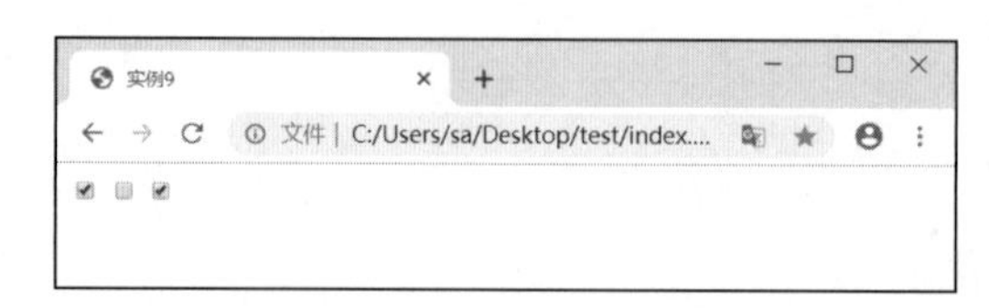

图 9.16　表单对象属性过滤选择器实例运行效果

4. 表单选择器

无论是提交还是传递数据，表单元素在动态交互页面的作用都是非常重要的。jQuery 中

专门加入了表单选择器（表 9.9），从而能够极其方便地获取某个类型的表单元素。

表 9.9　表单选择器

选择器	描述	示例
:input	选取所有<input>元素	$(":input")
:text	选取所有 type="text"的<input>元素	$(":text")
:password	选取所有 type="password"的<input>元素	$(":password")
:radio	选取所有 type="radio"的<input>元素	$(":radio")
:checkbox	选取所有 type="checkbox"的<input>元素	$(":checkbox")
:submit	选取所有 type="submit"的<input>元素	$(":submit")
:reset	选取所有 type="reset"的<input>元素	$(":reset")
:button	选取所有 type="button"的<input>元素	$(":button")
:image	选取所有 type="image"的<input>元素	$(":image")
:file	选取所有 type="file"的<input>元素	$(":file")

实例 11　表单选择器。实例代码如下。

```
<body>
    <h2>子元素筛选选择器</h2>
    <h3>input、text、password、radio、checkbox</h3>
    <h3>submit、image、reset、button、file</h3>
    <div class="left first-div">
        <form>
            <p><input type="text" value="text 类型" /></p>
            <p><input type="password" value="password" /></p>
            <p><input type="radio" /> </p>
            <p> <input type="checkbox" /> </p>
            <p><input type="submit" /></p>
            <p> <input type="image" /></p>
            <p><input type="reset" /></p>
            <p><input type="button" value="Button" /></p>
            <p><input type="file" /></p>
        </form>
    </div>
    <script type="text/javascript">
        //查找所有 input, textarea, select 和 button 元素
        //:input 选择器基本上选择所有表单控件
        $(":input").css("border", "1px groove red");
        //匹配所有 input 元素中类型为 text 的 input 元素
        $(":text").css("background", "#A2CD5A");
        //匹配所有 input 元素中类型为 password 的 input 元素
        $(":password").css("background", "yellow");
        //匹配所有 input 元素中的单选按钮,并选中
        $(":radio").attr('checked', 'true');
        //匹配所有 input 元素中的复选按钮,并选中
```

```
            $(":checkbox").attr('checked', 'true');
            //匹配所有 input 元素中的提交按钮,修改背景颜色
            $(":submit").css("background", "#C6E2FF");
            //匹配所有 input 元素中的图像类型的元素,修改背景颜色
            $(":image").css("background", "#F4A460");
            //匹配所有 input 元素中类型为按钮的元素
            $(":button").css("background", "red");
            //匹配所有 input 元素中类型为 file 的元素
            $(":file").css("background", "#CD1076");
        </script>
    </body>
```

该实例实现了表单常用元素的选取功能，每个表单选择器的设置方法都在源代码中进行了详细的说明，在 Chrome 浏览器中的运行效果如图 9.17 所示。

图 9.17　表单选择器实例运行效果

任务四　jQuery 动画效果

动画效果是 jQuery 吸引人的地方。通过 jQuery 的动画方法，能够轻松地为网页添加视觉效果，给用户一种全新的体验。jQuery 动画是一个大的系列，本任务将详细介绍 jQuery 的 3 种常见动画效果——显示与隐藏效果、淡入效果及高度变化效果。

一、显示与隐藏效果

jQuery 中的 show()和 hide()方法是通过改变 display 属性来实现元素显示与隐藏效果的，它们是 jQuery 中最基本的动画方法。

hide()方法是隐藏元素最简单的方法。如果没有参数，匹配的元素将被立即隐藏，没有动画，这大致相当于调用.css('display', 'none')。

display 属性值保存在 jQuery 的数据缓存中，所以 display 可以方便以后恢复到其初始值。如

果一个元素的 display 属性值为 inline，那么所隐藏的元素再显示时，这个元素将再次显示 inline。

实例 1　hide()和 show()。

通过 jQuery，可以使用 hide()和 show()方法来隐藏和显示 HTML 元素。实例代码如下。

```
<body>
 <p>如果你单击"隐藏" 按钮，我将会消失。</p>
   <button id="hide">隐藏</button>
   <button id="show">显示</button>
   <script type="text/javascript">
      $(document).ready(function () {
         $("#hide").click(function () {
            $("p").hide();
         });
         $("#show").click(function () {
            $("p").show();
         });
      });
   </script>
</body>
```

上述代码在 Chrome 浏览器中的运行效果如图 9.18 所示，单击“隐藏”按钮，文本内容将消失，单击“显示”按钮，文本内容将重新显示。

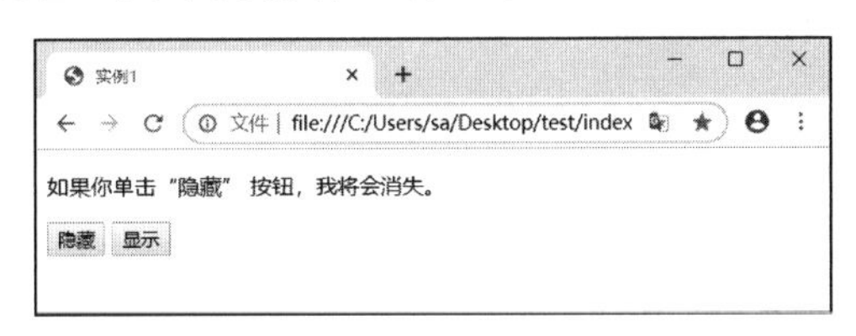

图 9.18　显示与隐藏效果

实例 2　带参数的 hide()。

该实例演示带有 speed 参数的 hide() 方法，并使用回调函数。实例代码如下。

```
<!DOCTYPE html>
<html lang="en">
<head>
   <meta charset="UTF-8">
   <meta name="viewport" content="width=device-width, initial-scale=
1.0">
   <title>实例 2</title>
   <script type="text/javascript" src="jQuery/jQuery.js"></script>
   <style>
      div {
         width: 130px;
         height: 50px;
         padding: 15px;
         margin: 15px;
         background-color: green;
      }
   </style>
</head>
```

```
<body>
    <div>隐藏及设置回调函数</div>
    <button class="hidebtn">隐藏</button>
    <script type="text/javascript">
        $(document).ready(function () {
            $(".hidebtn").click(function () {
                $("div").hide(1000, "linear", function () {
                    alert("hide() 方法已完成!");
                });
            });
        });
    </script>
</body>
</html>
```

上述代码中，hide()函数中第一个参数为 1000mm，第二个参数是一个字符串，表示过渡动画效果，第三个参数则是匿名函数 function()。上述代码在 Chrome 浏览器中的运行效果如图 9.19 所示。

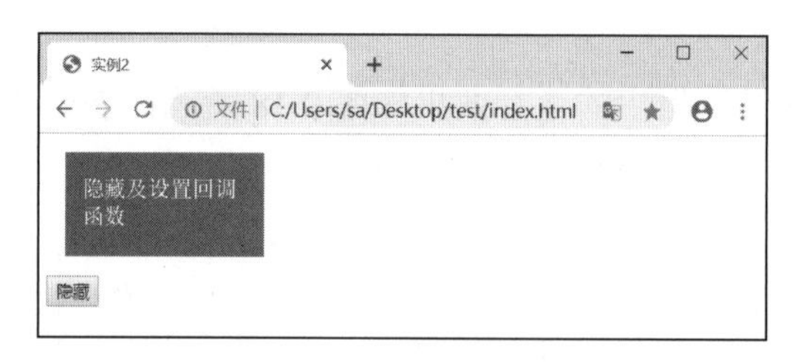

图 9.19　带参数的隐藏效果

单击“隐藏”按钮，标签<div>内容将消失，并弹出提示框，如图 9.20 所示。

图 9.20　<div>内容隐藏效果

二、淡入效果

jQuery fadeIn() 用于淡入已隐藏的元素。

语法：

```
$(selector).fadeIn(speed,callback);
```

可选的 speed 参数用于规定效果的时长。它可以取以下值：slow、fast 或毫秒。可选的 callback 参数是 fading 完成后所执行的函数名称。

```
<body>
    <p>以下实例演示了 fadeIn() 使用了不同参数的效果。</p>
```

```
        <button>单击淡入 div 元素。</button>
        <br><br>
        <div id="div1" style="width:80px;height:80px;display:none;
background-color:red;"></div><br>
         <div id="div2" style="width:80px;height:80px;display:none;
background-color:green;"></div><br>
        <div id="div3" style="width:80px;height:80px;display:none;
background-color:blue;"></div>
        <script>
            $(document).ready(function () {
                $("button").click(function () {
                    $("#div1").fadeIn();
                    $("#div2").fadeIn("slow");
                    $("#div3").fadeIn(3000);
                });
            });
        </script>
    </body>
```

上述代码在 Chrome 浏览器中的运行效果如图 9.21 所示。

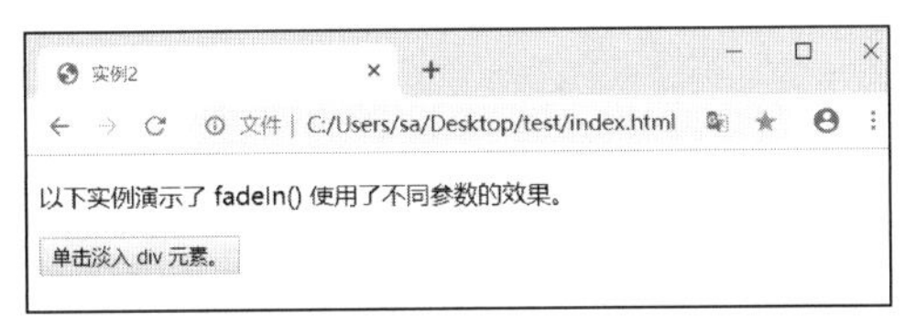

图 9.21　实例运行效果

单击“单击淡入 div 元素。”按钮，第一个<div>正常淡入，第二个<div>慢慢淡入，第三个<div>3 秒后淡入，图形依次淡入，效果如图 9.22 所示。

图 9.22　淡入效果

三、高度变化效果

使用 show()/hide()实现动画效果时，宽度、高度及透明度会同时变化。若只想让高度发生变化，则需要使用 slideUp()和 slideDown()方法。slideUp()方法将元素由下到上缩短隐藏，没有参数时，持续时间默认为 400ms。

```
    <body>
        <button id="btn">消失</button>
```

```
        <div id="box" style="height: 100px;width: 300px;background-color:
lightblue"></div>
        <script>
            $('#btn').click(function (event) {
                $('#box').slideUp();
            });
        </script>
    </body>
```

上述代码在 Chrome 浏览器中的运行效果如图 9.23 所示。单击“消失”按钮，<div>背景将消失。

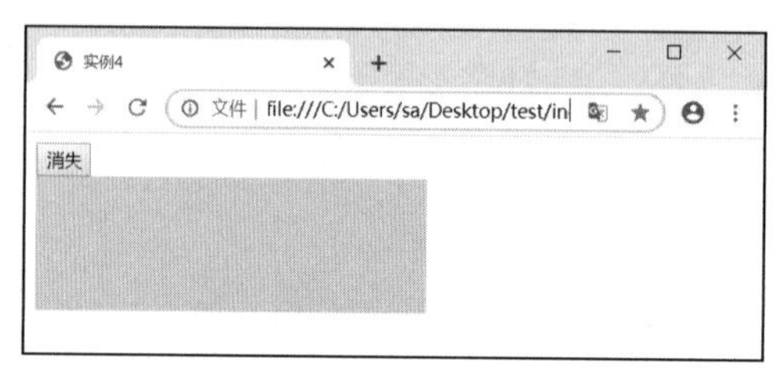

图 9.23　高度变化效果

项目实训一　制作动态菜单

实训概述

本实训通过运用 jQuery 技术，结合 CSS3 技术实现菜单的动态显示效果。

实训目的

本项目实现在菜单栏上单击一个菜单后另一个菜单收起来的效果。

实训步骤

01 新建目录 d:/menu。

02 运行 Visual Studio Code，新建文件 index.html。

03 在文件 index.html <head>...</head>中编写如下代码。

```
    <style>
            .header {
                background-color: #67b168;
                color: wheat;
            }
            .content {
                min-height: 30px;
            }
            .hide {
```

```
            display: none;
        }
    </style>
```

04 在<body>...</body>中编写 HTML 代码。

```
<div style="height: 200px;width: 200px;border: 1px solid #d58512">
        <div class="tiem">
            <div class="header">标题一</div>
            <div  class="content hide">内容一</div>
        </div>
        <div class="tiem">
            <div class="header">标题二</div>
            <div class="content hide">内容二</div>
        </div>
        <div class="tiem">
            <div class="header">标题三</div>
            <div class="content hide">内容三</div>
        </div>
</div>
```

05 在<body>...</body>中编写 jQuery 代码。

```
        <script>
            //找到所有 class 为 header 的标签,然后.click()绑定事件
                    $('.header').click(function(){
            //#jQuery 默认循环所有选中的标签
            //$(this)  当前单击的标签
            //$(this).next  当前单击的标签的下一个标签
            //找到当前单击的标签的下一个标签,移除 hide 样式,单击后 hide 去掉,即展开
                        $(this).next().removeClass('hide');
            //找到当前标签的父标签的兄弟标签,然后找样式为.content 的标签
                        $(this).parent().siblings().find('.content').addClass
('hide');
            //可以一行完成
                        $(this).next().removeClass('hide').parent().siblings().
find('.content').addClass('hide')
                            })
            </script>
```

06 在 Chrome 浏览器中的运行效果如图 9.24 所示，单击“标题一”“标题二”“标题三”就可以看到操作效果。

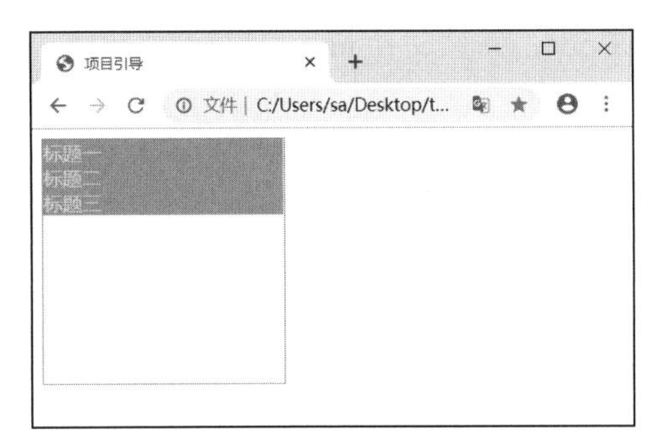

图 9.24　动态菜单运行效果

项目实训二　制作“手风琴”效果

实训概述

本实训通过运用 jQuery 技术，结合 CSS3 技术实现“手风琴”效果。

实训目的

1）完成“手风琴”效果制作。
2）掌握 jQuery 事件方法。
3）掌握 jQuery 动画效果的制作方法。
4）参考本实训提示，自己创新，设计出独特风格的网页。

实训步骤

01 新建目录 d:/accordion。
02 运行 Visual Studio Code，新建文件 index.html。
03 在文件 index.html <head>...</head>中编写如下代码。

```
<style>
    * {
        margin: 0;
        padding: 0;
    }

    div {
          width: 1200px;
          margin: 10px auto 0;
          border: 1px solid red;
          height: 300px;
          overflow: hidden;
    }
    ul {
          width: 10000px;
    }
    ul li {
          list-style: none;
          float: left;
          width: 200px;
          height: 300px;
          cursor: pointer;
    }
</style>
```

04 在<body>...</body>中编写 HTML 代码。

```
<div>
    <ul>
        <li><img src="images/28/01.jpg" alt=""></li>
        <li><img src="images/28/02.jpg" alt=""></li>
        <li><img src="images/28/03.jpg" alt=""></li>
        <li><img src="images/28/04.jpg" alt=""></li>
        <li><img src="images/28/05.jpg" alt=""></li>
        <li><img src="images/28/06.jpg" alt=""></li>
    </ul>
</div>
```

05 在<body>...</body>中编写 jQuery 代码。

```
<script>
    $(function () {
        var $lis = $('div li');
        //当鼠标指针移到某个图片上时,该图片所在 li 变为最大宽,其他的变为最小宽
        $lis.mouseover(function () {
            $(this).stop(true).animate({ width: 500 }, 1000).siblings().
stop(true).animate({ width: 140 }, 1000);
        }).mouseout(function () { //鼠标指针离开时,将所有图片所在 li 变为默认宽
            $lis.stop(true).animate({ width: 200 }, 1000);
        });
    })
</script>
```

06 单击第二幅图片，该图片扩大，其他的图片变小，在 Chrome 浏览器中的运行效果如图 9.25 所示。

图 9.25 “手风琴”效果

拓展链接 jQuery 插件

jQuery 插件是编程人员用 jQuery 编写的一些工具，在调用时只需要用很少的代码就能实现很好的效果。编写 jQuery 插件的目的主要是给已经有的一系列方法或函数做一个

封装，以便在其他地方重复使用，方便后期维护和提高开发效率。jQuery 插件调用的方法如下。

- 通过$.extend()来拓展 jQuery。
- 通过$.fn 来向 jQuery 添加方法。
- 采用$.widget()高级开发模式，该模式开发出来的部件带有很多 jQuery 内建的特性，如插件的状态信息可自动保存、各种关于插件的常用方法等特性。

项 目 小 结

本项目讲解了 jQuery 的基本概念及特性，重点讲解了 jQuery 选择器，通过实例演示了基本选择器、层次选择器、过滤选择器和表单选择器的基本操作及应用方法。在“项目引导”“项目实训”中重点训练了事件、动画、链式等知识点和技能点，读者应仔细研究，灵活运用到自己制作的网页中，真正学会 jQuery 的应用。

思考与练习

一、选择题

1．下面不是 jQuery 选择器的是（　　）。

A．基本选择器　B．层次选择器　C．CSS 选择器　D．表单选择器

2．当 DOM 加载完成后要执行的函数是（　　）。

A．jQuery(expression, [context])　B．jQuery(html,[ownerDocument])

C．jQuery(callback)　D．jQuery(elements)

3．下面函数中用来追加到指定元素末尾的是（　　）。

A．insertAfter()　B．append()　C．appendTo()　D．after()

4．下面函数中不是 jQuery 对象访问方法的是（　　）。

A．each()　B．size()　C．length()　D．onclick()

5．在 jQuery 中想要找到所有元素的同辈元素，下面可以实现的是（　　）。

A．eq(index)　B．find(expr)

C．siblings([expr])　D．next()

二、简答题

1．什么是 jQuery？

2．jQuery 中的选择器和 CSS 中的选择器有区别吗？

三、操作题

请编写一段代码，使用 jQuery 将页面上的所有元素边框设置为 2px 宽的虚线。

HTML5 设计微网站

微网站源于 Web.App 和网站的融合创新，兼容 iOS、Android、Windows 等各大操作系统，可以方便地与微信、微博等应用连接，是适应于移动客户端浏览市场对浏览体验与交互性能要求的新一代网站。微网站通常采用 HTML5 技术，运用 DIV+CSS 布局，具有短小精悍、吸引力强的特点。手机端网站就是典型的微网站，也是移动互联网的发展趋势。

任务目标

◆ 了解移动互联网的概念和发展趋势。
◆ 掌握微网站的开发、调试工具。
◆ 掌握微网站制作的一些必备知识。
◆ 通过实际项目，学会制作微网站的方法。

任务一　移动 Web 概述

通过对本任务的学习，要求了解移动互联网的发展趋势，重点了解 HTML5 开发移动 Web 的优势。

一、移动互联网的发展

1. 移动互联网的定义

移动互联网是互联网与移动通信的结合，综合了移动通信随时随地随身和互联网分享、开放、互动优势的传播网。

从技术层面定义，移动互联网以宽带 IP 为技术核心，可以同时提供语音、数据和多媒体业务的开放式基础电信网络；从终端层面定义，用户使用手机、笔记本计算机、平板计算机等移动终端，通过移动网络获取移动通信网络服务和互联网服务。

移动互联网的核心是互联网，因此一般认为移动互联网是桌面互联网的补充和延伸，应用和内容仍是移动互联网的根本。

2. 移动互联网的特点

移动互联网与桌面互联网共享着互联网的核心理念和价值观，日益丰富智能的移动装置是移动互联网的重要特征之一。

移动互联网的特点可以概括为以下几点。

1）终端移动性。移动互联网业务使得用户可以在移动状态下接入和使用互联网服务，移动的终端便于用户随身携带和随时使用。

2）业务使用的私密性。在使用移动互联网业务时，所使用的内容和服务更私密，如手机支付业务等。

3）终端和网络的局限性。移动互联网业务在便携的同时，也受到了来自网络能力和终端能力的限制：在网络能力方面，受到无线网络传输环境、技术能力等因素的限制；在终端能力方面，受到终端大小、处理能力、电池容量等的限制。无线资源的稀缺性决定了移动互联网必须遵循按流量计费的商业模式。

3. 移动互联网的发展趋势

近年来，移动网络的普及，包括 Wi-Fi、5G 网络等在大中小城市及一些乡镇农村的覆盖率不断扩大，为移动互联网的快速发展打下了良好的基础。另外，智能移动终端设备销量大增，尤其是智能手机、平板计算机、智能可穿戴设备的持续热销让移动互联网可以轻松连接到每一个智能终端的用户。Android 系统的开放性让移动应用软件得以实现快速的发展，在内容层面对移动互联网的发展形成了良好的支撑。此外，微信、QQ 等移动社交工具的普及对移动互联网的发展也具有明显促进作用。移动互联网发展趋势还包括以下两个方面。

（1）移动互联网与硬件的结合更为紧密

智能可穿戴设备、智能家居、智能工业等行业将在各种利好因素刺激下继续保持快速发展。智能硬件是移动互联网与传统制造业相交会的产物，多个智能硬件间也将通过 App 来实现在互联网上的互联互通，从而实现物联网。

（2）移动互联网将进一步推动场景变化

由于移动互联网用户使用互联网的工作场景、消费场景发生了变化，带动移动互联网实现族群变化，进而带来互联网应用的多元化发展。在医疗、汽车、旅游和教育市场，以场景为导向的细分市场创新正在不断地激活各垂直细分市场，如时空场景、客群活动场景等。在生活服务领域，随着不同使用场景的细化，移动互联网将快速向深度和广度变化，从而增加了各个不同场景中中部应用的发展空间。

二、HTML5在移动Web的应用

HTML5 具有语义学、本地存储、设备访问、连接性、多媒体、平面和三维效果、性能和集成及 CSS3 八大技术特征。HTML5 可让 Web 应用进入无插件时代，在功能和性能上逼近桌面应用。利用 HTML5 促使应用 Web 化，可实现跨平台。

Android 和 iOS 手机的兴起，加速了 HTML5 在移动设备中的普及，与桌面浏览器不同的是，移动操作系统和浏览器随着手机的换代而不断升级。移动浏览器的不断升级，给 HTML5 在移动 Web 方向的发展提供了源源不断的动力。同时，随着设备性能的不断提高，移动 Web 应用的能力也渐渐逼近客户端应用。

移动 Web 应用对比客户端应用有以下优势。

1）开发人员有丰富的 Web 开发经验和工具积累，形成了成熟的开发社区。

2）迭代更敏捷，可实现持续更新。

3）跨平台，开发成本比客户端低。

任务二　移动 Web 设计

“工欲善其事，必先利其器”，开发微网站首先要选择开发工具，Dreamweaver 作为可视化开发工具，其高版本都提供了移动 Web 的开发功能，如 Dreamweaver CS6。熟知 Dreamweaver 多屏幕设计、HTML5 布局是开发微网站的第一步。另外，采用 Chrome 浏览器作为调试工具，也是必须掌握的技能。

本任务要求掌握智能终端屏幕宽度及缩放、物理像素和逻辑像素的相关概念。这些相关概念是开发移动 Web 的必备知识。

一、微网站开发工具

目前微网站开发工具越来越多，本书采用 Sublime Text 3 作为编码工具。Sublime Text 3 界面简洁但功能强大，容易掌握。另一种常用微网站开发工具是 Dreamweaver CS6，

Dreamweaver CS6 作为可视化网页制作工具，所见即所得，长期以来广受用户欢迎。

1. Dreamweaver CS6 多屏幕设计

Dreamweaver CS6 新增了多屏幕面板，如图 10.1 所示。

图 10.1　多屏幕面板

多屏幕面板能够通过使用 CSS 媒体查询，简化具有不同屏幕分辨率设备页面布局的创建过程。单击“多屏幕”下拉列表，可选择不同分辨率的设备，如图 10.2 所示。

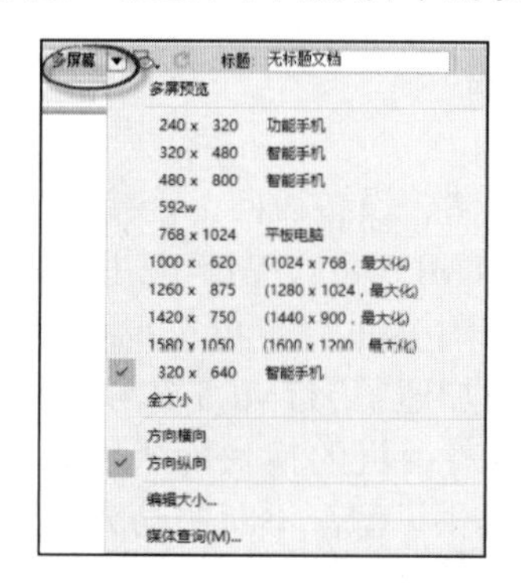

图 10.2　选择不同分辨率的设备

在图 10.2 中选中任一分辨率后，能够缩放文档当前窗口的视口。当与实时视图组合使用时，该视口允许查看在不同屏幕分辨率情形下网站的外观，如图 10.3 所示。

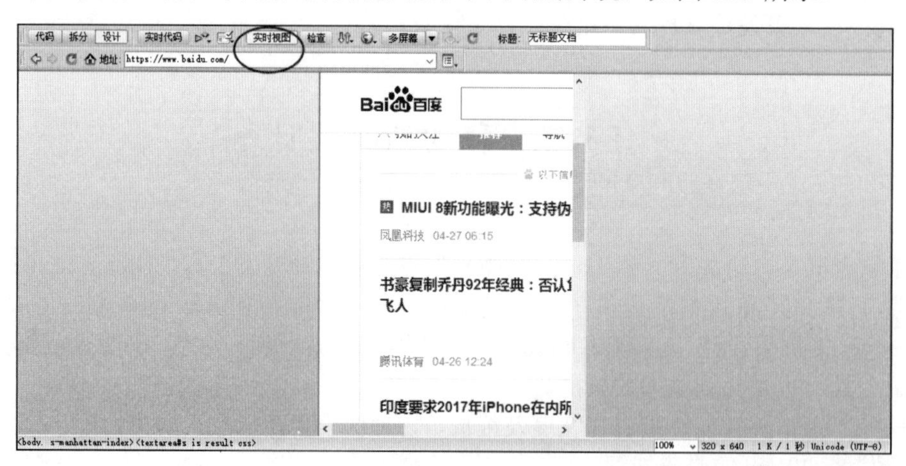

图 10.3　实时视图效果

当前值能够将桌面、平板计算机和智能手机的最常见尺寸作为目标尺寸，但也可以在菜单底部自定义尺寸。文档窗口能够对 CSS 媒体查询进行响应，并且基于该视口的宽度应用不同的式样规则。因此，快速和准确地调整窗口大小的能力在设计多屏幕分辨率时是必不可少的。

扼要重述

CSS 媒体查询

媒体查询包含了一个媒体类型和至少一个使用如宽度、高度和颜色等媒体属性来限制样式表范围的表达式。CSS3 加入的媒体查询使得无须修改内容便可以使样式应用于某些特定的设备范围。实例代码如下。

```
        <!-- link 元素中的 CSS 媒体查询 -->
        <link rel="stylesheet" media="(max-width: 800px)" href=
"example.css"/>
        <!-- 样式表中的 CSS 媒体查询 -->
        <style>
        @media (max-width: 600px) {
          .facet_sidebar {
            display: none;
          }
        }
        </style>
```

当媒体查询为真时，相关的样式表或样式规则就会按照正常的级联规则被应用。即使媒体查询返回假，<link>标签上带有媒体查询的样式表仍将被下载（只不过不会被应用）。

可以通过在文档窗口底部的状态条中单击“当前尺寸”按钮，或者选择“视图”→“窗口大小”命令进入“窗口大小”菜单，如图 10.4 所示。

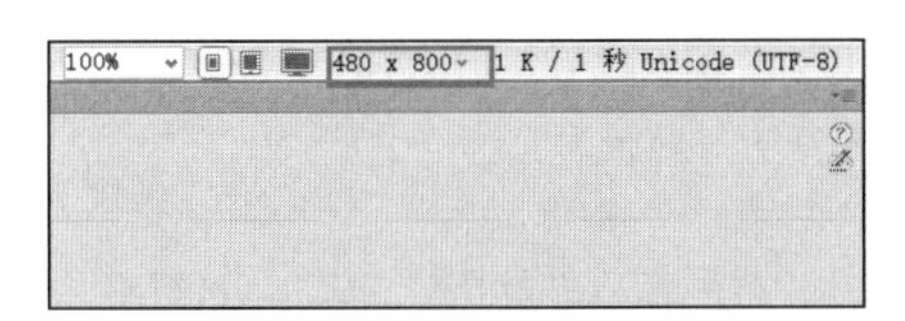

图 10.4　“窗口大小”菜单

注意

文档窗口的尺寸变更主要与 CSS 相关。

2. 使用 HTML5 布局

在新建文档对话框的空白页部分已经添加了新的预格式化的布局，其目的是能够开始使用 HTML5，操作步骤如下。

① 选择“文件”→“新建”命令，打开新建文档对话框。

② 选中对话框左边的空白页类型，然后再选中 HTML 作为页类型。

在布局栏的底部是两个新的HTML5布局，它们均具有页头和页脚及固定宽度，如图10.5所示。在默认情形下，该两栏版本在右侧具有一个边条，但该边条能够方便地切换到左侧。三栏版本在左右侧均有一个边条。

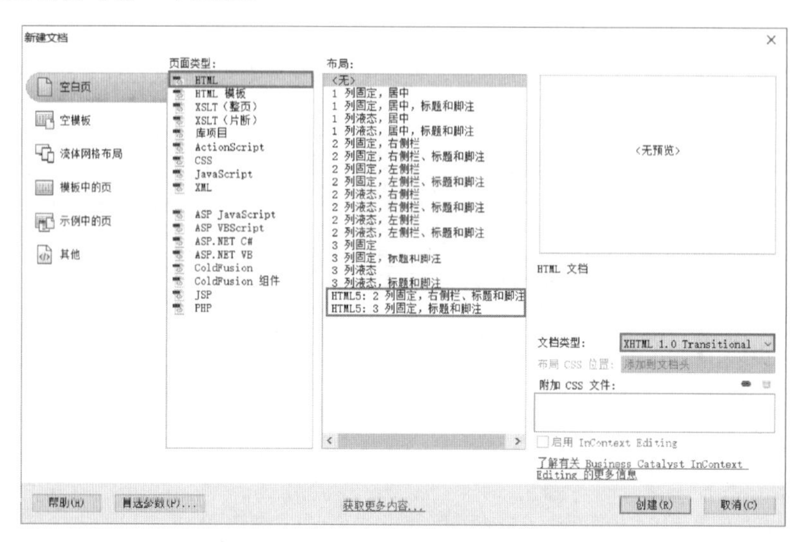

图10.5　HTML5布局

即使当前默认文档类型是 HTML 4.01 或 XHTML 1.0，但当选中其中一个布局时，在“新建文档”对话框右下侧的文档类型下拉菜单将自动切换到HTML5。

注意

HTML5的设计宗旨是能够满足后向兼容性的要求。当切回到另一个布局时，HTML5 将保持在文档类型弹出菜单中的选中状态。即使IE 6能够识别HTML5 DOCTYPE声明（而不是HTML5 标签），但为了安全起见，也应该与当前页面一起使用。

③ 选中两栏HTML5布局，然后单击“创建”按钮。HTML5两栏布局式样如图10.6所示。

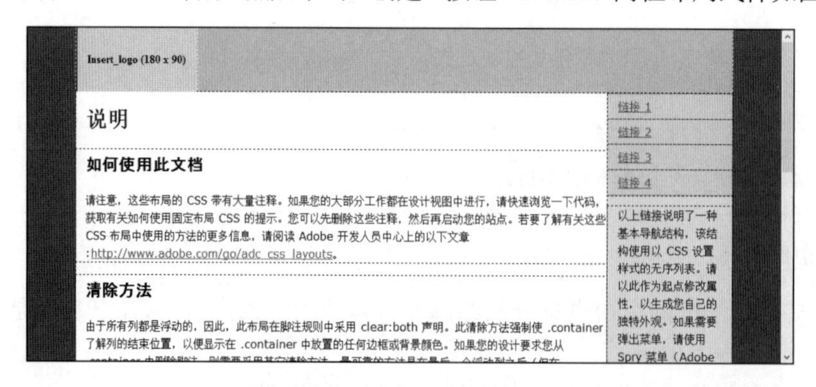

图10.6　HTML5两栏布局式样

这一操作将创建一个基本的两栏布局，可以将它用作一个起点，用来替换相应的占位符文本，以及像其他页面一样利用CSS对其设计式样。

二、Chrome移动端模拟

移动网站设计完成后，需要测试移动网站效果，但移动端手机多种多样，如果要在这些移动设备中一一测试，工作量十分巨大，而使用谷歌的 Chrome 仿真移动模拟器对每个移动设备进行模拟，可以达到事半功倍的效果。

Chrome 32 发布以后，开发者工具中新增了一个工具——移动仿真器（mobile emulation）。这个工具是为移动设备响应式设计测试而开发的。

1. 开启移动模拟模式

开启移动模拟模式可以采用以下任何一种方法。

- 按 F12（在 Mac 中可按快捷键 Cmd+Alt+I）。
- 选择“更多工具”→“开发者工具”命令。
- 右击网页，在弹出的快捷菜单中选择“检查”命令。

在开发者工具的最上面，会看到一个像手机的按钮。单击该按钮可开启移动模拟模式，如图 10.7 所示。

图 10.7　开启移动模拟模式按钮

2. 设备设置

开启移动模拟模式后，在开发者工具页面左上角，可单击下拉菜单选择对应移动设备进行模拟，还可以设置以下内容。

- 屏幕分辨率。
- 横向和纵向旋转。
- 像素比。
- 在可视化区域缩放、全屏操作。

选择 iPhone X 设备时，开发者工具页面左上角如图 10.8 所示。

图 10.8　选择 iphone X 设备

3. 网络设置

在 Network 选项卡内，可以设置网络速度（Fast3G、Slow3G、Offline 这 3 个选项），观

察网站加载速度快慢，以便进一步优化网站设计，如图 10.9 所示。

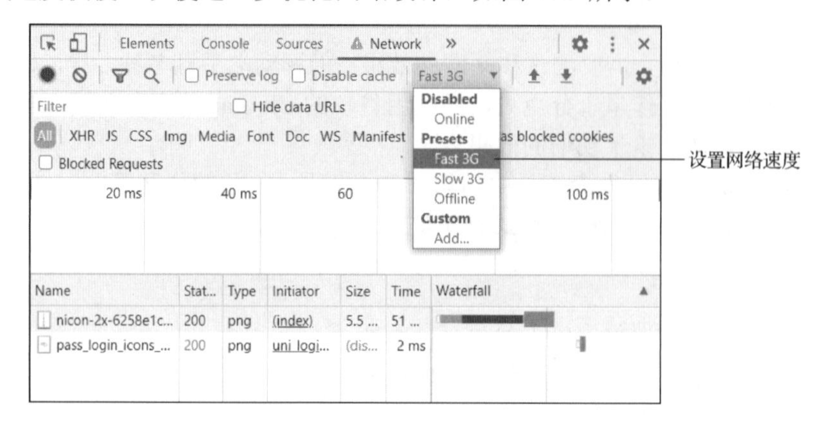

图 10.9　设置网络速度

三、微网站屏幕宽度及缩放

设计移动网站需要注意屏幕宽度及缩放问题。首先在网页的<hcad> 标签之间增加一个<meta>标签，添加如下代码。

```
    <meta name="viewport" content="width=device-width, initial-scale=1.0,
minimum-scale=1.0, maximum-scale=1.0,user-scalable=no">
```

- 设置窗口 name="viewport"。
- 设置页面大小与屏幕等宽 width=device-width。
- 设置初始缩放比例，initial-scale=1.0，1.0 表示原始比例大小。
- 设置允许缩放的最小比例，minimum-scale=1.0。
- 设置允许缩放的最大比例，maximum-scale=1.0。
- 设置用户是否可以缩放，user-scalable=no，no 表示不可以缩放。

上述代码中，允许缩放的最大、最小比例其实就已经限制，无法缩放了，和最后一个是否可以缩放有同样的功能。

因为不同的手机，分辨率也不同，所以图片一定要能够自适应等比例缩放，才能保证布局的正确性。在 CSS 样式文件中，图片样式代码如下。

```
    img { display: block; max-width: 100%; }
```

设置 max-width 为 100%后，图片开始自适应。

四、物理分辨率和逻辑分辨率设置

通俗地说，物理分辨率是硬件所支持的，逻辑分辨率是软件可以达到的。物理尺寸是指屏幕的实际大小，大的屏幕同时必须要配备高分辨率，也就是在这个尺寸下可以显示多少个像素，显示的像素越多，可以表现的余地越大。

移动端设备多种多样，如 iPhone X 的物理分辨率（物理尺寸）为 1125px×2436px，而 iPhone 12 的物理分辨率（物理尺寸）为 1170px×2532px，它们的逻辑分辨率分别为 375px×812px、390px×844px，由数据可以看出物理分辨率为逻辑分辨率的 3 倍，它们之间是倍率的关系。

表 10.1 是 iOS 系统常见的几种屏幕尺寸对照表。

表 10.1　iOS 系统常见的几种屏幕尺寸对照表

物理分辨率/px×px	逻辑分辨率/px×px	倍率
1125×2436	375×812	3
828×1792	414×896	2
1170×2532	390×844	3

物理分辨率除以倍率，就得到逻辑分辨率。只要两个屏幕逻辑分辨率相同，它们的显示效果就是相同的。因此，设计移动端网页，通常采用逻辑分辨率。

注意

倍率为 2 的屏幕无论在 iOS 还是 Android 方面都是主流，而且是 2 倍屏幕中逻辑分辨率最小的，所以图片的尺寸可以保持在较小的水平，页面加载速度快。缺点是在倍率为 3 的设备上查看时，图片不是特别清晰。如果追求图片质量，愿意牺牲加载速度，那么可以按照最大的屏幕来设计。

项目实训一　移动 Web 布局

实训概述

桌面网站的布局一般采用固定布局或流体布局，而在移动网站中通常采用流体布局，以适应不同移动端设备的尺寸。本实训制作两个简单的移动网页，使用不同的布局方式，网页浏览时可呈现出不同的效果。

实训目的

1）掌握移动网站的流体布局技巧。

2）掌握移动网站横向显示与纵向显示的差别。

实训步骤

01 新建目录 d:/buju。

02 运行 Sublime Text 3，新建文件 test-a.html。

03 在文件 test-a.html 中编写如下代码。

```
<!DOCTYPE html>
<html lang="en">
<head>
    <meta charset="UTF-8">
```

```
        <meta name="viewport" content="width=device-width, initial-scale=
1.0,minimum-scale=1.0, maximum-scale=1.0,user-scalable=no">
        <title>项目引导</title>
        <style type="text/css">
        body, #main ul , #main li,h1{  //元素样式初始化
            margin: 0;
            padding: 0;
        }
        body{
            background: #FFFFA6;        //设置页面背景色
        }
        #container{
            width: 300px;               //设置宽度
            margin: 0 auto;             //设置边距
            font-family: Arial;         //设置字体
        }
        header,footer{
            display: block;             //设置为块元素
        }
        #main li{
            list-style: none;           //list 项前面无修饰
            height: 40px;               //设置元素高度
            background: #29D9c2;
            margin-bottom: 0.5em;       //设置底边距
            line-height: 40px;          //设置行高
            -moz-border-radius:15px;    //Firefox 浏览器私有属性
            -webkit-border-radius:15px; //基于 webkit 内核私有属性
            border-radius: 15px;        //设置边框圆角弧度
        }
        #main li a{
            color: white;               //设置字体为白色
            text-decoration: none;      //设置清除超链接的默认下画线
            margin-left: 1em;           //设置左边距为 1em
        }
        </style>
    </head>
    <body>
        <div id="container">
            <header>
                    <h1>移动 Web 布局</h1>
            </header>
            <nav id="main">
                <li><a href="#">首页</a></li>
                <li><a href="#">联系我们</a></li>
                <li><a href="#">位置</a></li>
                <li><a href="#">产品</a></li>
                <li><a href="#">关于</a></li>
            </nav>
        </div>
        <footer>
            <div id="container">友情链接</div>
```

```
        </footer>
    </body>
    </html>
```

04 打开 Chrome 浏览器，将文件 test-a.html 拖放到浏览器内，选择 iPhone X 设备，横向显示效果如图 10.10 所示。

图 10.10　test-a.html 网页横向显示效果

05 新建文件 test-b.html，在文件中编写如下代码。

```
    <!DOCTYPE html>
    <html lang="en">
    <head>
        <meta charset="UTF-8">
        <meta name="viewport" content="width=device-width, initial-scale=
1.0,minimum-scale=1.0, maximum-scale=1.0,user-scalable=no">
        <title>移动 web 布局</title>
        <style type="text/css">
        body, #main ul , #main li,h1{   //元素样式初始化
            margin: 0;
            padding: 0;
        }
        body{
            background: #FFFFA6;        //设置页面背景色
        }
        #container{
            margin: 0 10px;             //设置边距
            font-family: Arial;         //设置字体
        }
        header,footer{
            display: block;             //设置为块元素
        }
        #main li{
            list-style: none;           //list 项前面无修饰
            height: 40px;               //设置元素高度
            background: #29D9c2;
            margin-bottom: 0.5em;       //设置底边距
            line-height: 40px;          //设置行高
            -moz-border-radius:15px;    //Firefox 浏览器私有属性
            -webkit-border-radius:15px; //基于 webkit 内核私有属性
```

```
            border-radius: 15px;            //设置边框圆角弧度
        }
        #main li a{
            color: white;                   //设置字体为白色
            text-decoration: none;          //设置清除超链接的默认下画线
            margin-left: 1em;               //设置左边距为 1em
        }
        </style>
</head>
<body>
        <div id="container">
            <header>
                    <h1>移动 Web 布局</h1>
            </header>
            <nav id="main">
                <li><a href="#">首页</a></li>
                <li><a href="#">联系我们</a></li>
                <li><a href="#">位置</a></li>
                <li><a href="#">产品</a></li>
                <li><a href="#">关于</a></li>
            </nav>
        </div>
        <footer>
            <div id="container">友情链接</div>
        </footer>
</body>
</html>
```

06 打开 Chrome 浏览器，将文件 test-b.html 拖放到浏览器内，选择 iPhone X 设备，横向显示效果如图 10.11 所示。

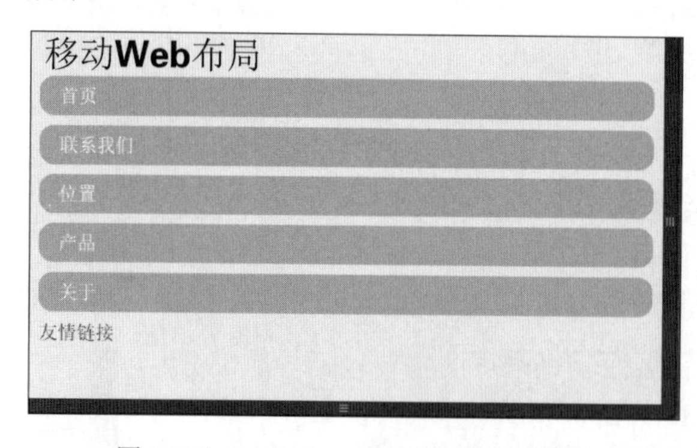

图 10.11　test-b.html 网页横向显示效果

扼要重述

两个网页纵向显示时，几乎没有差别，但横向浏览时差别很大。test-a.html 网页布局采用固定布局，居中显示，网页两边出现空白；test-b.html 网页布局则采用流体布局，宽度不设定，横向显示时内容充满整个屏幕。移动设备屏幕空间很有限，要充分利用好每一像素。

项目实训二 制作学校微网站

实训概述

学校微网站是综合性移动门户网站，模块众多，内容丰富。本实训制作学校微网站时采用固定布局与流动布局相结合的方式，运用 CSS 样式美化页面，整个网站图文并茂，个性风格突出。

实训目的

1）掌握移动微网站的制作方法。

2）掌握固定布局与流动布局相结合的方法。

3）熟练运用文本、颜色、边框、背景图像和超链接等 CSS 样式设置。

4）参考本实训提示，自己创新，设计出独特风格的网页。

实训步骤

本微网站总体设计内容重点突出，风格简洁大方，色彩注重黑白搭配，突出内容使用橘红色；首页设计图文并茂，字体大小合适，便于阅读。

采用固定布局与流动布局相结合的方法，导航部分使用流动全屏布局，该网站也能够在 PC 端浏览器中浏览，其他部分则采用固定布局，高度实现自适应。

通过 Chrome 移动端测试工具可以得知，手机设计逻辑分辨率一般不会小于 320px，最大不超过 640px，因此，本项目宽度采用的最大逻辑分辨率为 640px。

整个网站包括 4 个页面，即“首页”页面、“专业”页面、“招生”页面和“关于”页面。每个页面主要包括导航部分、主体部分和页脚部分。

首页设计完成后，在 Chrome 浏览器中的手机调试模式下，整体效果如图 10.12 所示。

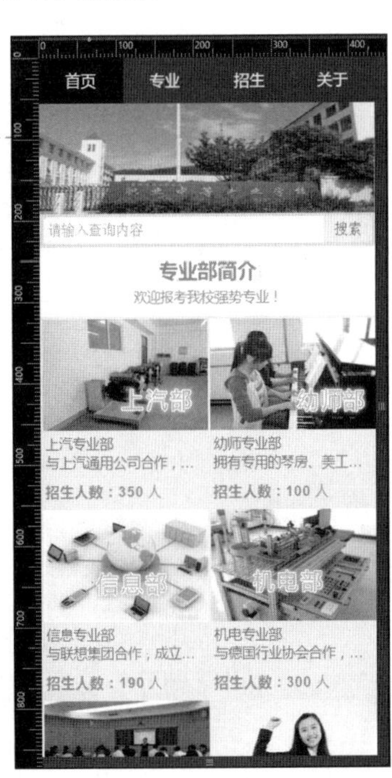

图 10.12 学校微网站整体效果

1. 创建文件

01 新建目录 d:\wwz。

02 新建子目录 css，在目录 css 下新建 CSS 样式文件 style.css。

03 新建子目录 img，在该目录下保存所有的图片文件。

04 运行 Sublime Text 3，新建文件 index.html、information.html、depart.html 和 about.html。微网站 4 个功能页面与文件的对应关系如表 10.2 所示。

表 10.2 页面与文件对照表

页面名称	文件	备注
首页	index.html	学校综合信息
专业	information.html	专业介绍
招生	depart.html	招生信息、报名
关于	about.html	学校联系信息

2. 初始化 CSS 样式

初识化所有网页的 CSS 样式，代码如下。

```
html {
    font-size: 625%;
}
body,h1,h2,h3,h4,p,ul,ol,form,fieldset,fiqure {//块元素初始化
    margin: 0;
    padding: 0;
}
body {
    background-color: #fff;
    font-family: "Helvetica Neue", Helvetica, Arial, "Microsoft Yahei UI",
"Microsoft YaHei", SimHei, "\5B8B\4F53", simsun, sans-serif;
    font-size: .16rem;                              //字体默认 16px
}
ul,ol {
    list-style: outside none none;                  //Firefox、IE 浏览器兼容
}
a {
    text-decoration: none;
}
img {
    display: block;                                 //内联元素转换为块元素
    max-width: 100%;
}
div,figure,figcaption {                             //布局省去边框计算
    box-sizing: border-box;     //为元素设定的宽度和高度决定了元素的边框盒
}
.none {
    display: none;
}
.clearfix:after {               //:after 伪元素,占位清除浮动
    content: '.';
    display: block;
    clear: both;
```

```
        height: 0;
        visibility: hidden;
    }
```

3. “首页”页面制作

“首页”页面文件名为 index.html，包括头部区、轮播区、搜索区、内容区和底部区 5 个部分。

（1）头部区制作

头部区包括 Logo 图、标题、背景图片和搜索框 4 个部分。

头部区制作用的是全屏流体 100%，高度为 45px，分为四栏，每栏两个中文字，再多就容易溢出。头部区制作效果如图 10.13 所示。

图 10.13　头部区制作效果

头部区 HTML 代码如下。

```
<header id="header">
    <nav class="link">
        <h2 class="none">网站导航</h2>
        <ul>
            <li class="active"><a href="index.html">首页</a></li>
            <li><a href="information.html">专业</a></li>
            <li><a href="major.html">招生</a></li>
            <li><a href="about.html">关于</a></li>
        </ul>
    </nav>
</header>
```

该项目采用新的相对单位：rem，在 html{}的 CSS 中设置 62.5%相当于 10px，在 Chrome 浏览器中却出现偏差。那么统一解决的方法就是设置 625%，默认是 100px，这样就可达到全兼容，计算也方便。

```
html {
    font-size: 625%;     //默认 100px
}
```

头部区 CSS 代码如下。

```
#header {
    width: 100%;                        //全屏流体 100%
    height: .45rem;                     //高度 45px
    background-color: #333;
    font-size: 0.16rem;                 //设置字体 16px
    position: fixed;                    //生成绝对定位的元素，相对于浏览器窗口进行定位
    top: 0;                             //距离页面顶部 0px
    z-index: 9999;                      //一直显示在最前面，不被别的元素覆盖
}
#header .link {                         //设置未访问超链接属性
```

```
        height: .45rem;
        line-height: .45rem;
        color: #eee;
    }
    #header .link li {                    //设置超链接列表属性
        width: 25%;                       //分为四栏,各占 25%
        text-align: center;
        float: left;                      //设置 li 元素左浮动
    }
    #header .link a {                     //设置超链接文本属性
        color: #eee;
        display: block;                   //设置为块元素
    }
    #header .link a:hover,                //中间为逗号,并列关系
    #header .active a {                   //设置鼠标指针悬停在链接上及被选择链接时的属性
        background-color: #000;
    }
```

（2）轮播区制作

轮播区制作比较简单，该项目并没有真正做图片轮播，而是用一张图片做了替代，因为该设计涉及 JavaScript 或 jQuery 部分知识，并且还涉及移动端触摸及滑动知识，暂时略过。轮播区制作效果如图 10.14 所示。

图 10.14　轮播区制作效果

轮播区 HTML 代码如下。

```
    <div id="adver">
        <img src="img/school.jpg" alt="">
    </div>
```

轮播区 CSS 代码如下。

```
    #adver {
        max-width: 6.4rem;
        margin: 0 auto;
        padding: .45rem 0 0 0;
    }
```

（3）搜索区制作

搜索区包含三部分内容，即背景区块、文本框和按钮。搜索区制作效果如图 10.15 所示。

请输入查询内容　搜索

图 10.15　搜索区制作效果

搜索区 HTML 代码如下。

```
<div id="search">
    <input type="text" class="search" placeholder="请输入查询内容">
    <button class="button">搜索</button>
</div>
```

以上代码中使用了 HTML5 的文本框新属性 placeholder，是更为人性化的文本提示。

搜索区 CSS 代码如下。

```
#search {
    max-width: 6.4rem;                     //搜索背景最大宽度为 640px
    height: .33rem;                        //高度为 33px
    margin: 0 auto;
    background-color: #ddd;
    padding: .03rem 0 0 0;                 //上边距 3px
    position: relative;                    //相对定位
}
#search .search {
    width: 95%;                            //搜索文本框占 95%
    height: .27rem;
    border-radius: .04rem;                 //文本框圆角角度 4px
    border: none;
    outline: none;                         //不设置元素周围的轮廓线
    background-color: #fff;
    display: block;                        //内联元素转化为块元素
    margin: 0 auto;                        //设置居中
    font-size: .14rem;
    padding: 0 .05rem;
}
#search .button {
    display: block;                        //内联元素转化为块元素
    outline: none;
    width: .5rem;
    height: .27rem;
    color: #666;
    border: none;
    background-color: #eee;
    border-top-right-radius: .04rem;       //按钮右上角为 4px
    border-bottom-right-radius: .04rem;    //按钮右下角为 4px
    font-size: .14rem;
    position: absolute;                    //绝对定位
    top: .03rem;                           //上边距 3px
    right: 1%;                             //右边距 1%
}
```

（4）内容区制作

内容区是首页的主体部分，重点介绍各专业部的情况。内容区包括标题部分和图片介绍部分。内容区制作效果如图 10.16 所示。

1）标题部分 HTML 代码如下。

```
<hgroup>
    <h2>专业部简介</h2>
    <h3>欢迎报考我校强势专业！</h3>
</hgroup>
```

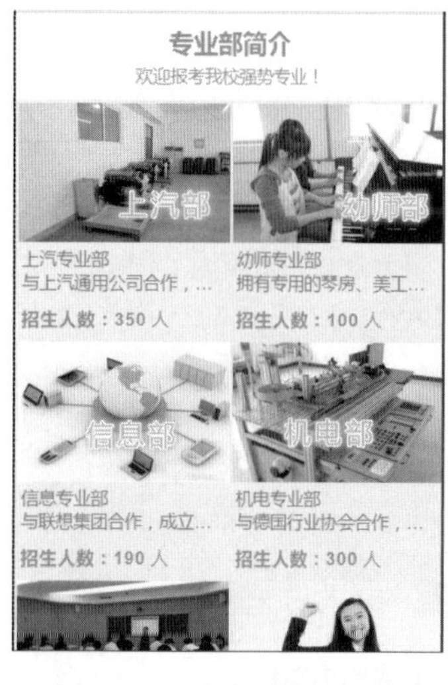

图 10.16　内容区制作效果

标题部分 CSS 代码如下。

```
#depart {
    max-width:6.4rem;           //最大宽度 640px
    margin:.1rem auto 0 auto;//设置上下左右边距
}
#depart h2 {
    text-align: center;
    color: #666;
    font-size: .26rem;
}
#depart h3 {
    text-align: center;
    color: #666;
    font-weight: normal;      //设置粗体
    font-size: .16rem;
    margin: .05rem 0 .1rem 0;
}
```

2）图片介绍部分 HTML 代码如下。

```
<div>
    <figure>
        <img src="img/shangqi.jpg" alt="">
        <figcaption>
            <h4>上汽专业部</h4>
            <p>与上汽通用公司合作,培养汽车行业的金蓝领</p>
            <div class="info">
        <span class="num"> <strong>招生人数:350</strong> 人</span>
            </div>
        </figcaption>
    </figure>
    <figure>
        <img src="img/youshi.jpg" alt="">
        <figcaption>
            <h4>幼师专业部</h4>
            <p>拥有专用的琴房、美工技能室、画室、舞蹈教室</p>
            <div class="info">
        <span class="num"><strong>招生人数: 100</strong> 人</span>
            </div>
        </figcaption>
    </figure>
    <figure>
        <img src="img/xinxibu.jpg" alt="">
        <figcaption>
            <h4>信息专业部</h4>
            <p>与联想集团合作,成立联想班</p>
```

```
                <div class="info">
            <span class="num"><strong>招生人数:190</strong> 人</span>
                </div>
            </figcaption>
        </figure>
    <figure>
            <img src="img/jidianbu.jpg" alt="">
            <figcaption>
                <h4>机电专业部</h4>
                <p>与德国行业协会合作,获得德国行会认证</p>
                <div class="info">
            <span class="num"><strong>招生人数:300</strong> 人</span>
                </div>
            </figcaption>
        </figure>
            <figure>
        <img src="img/zonghebu.jpg" alt="">
            <figcaption>
                <h4>综合专业部</h4>
                <p>高职直通车,获得职业资格证书</p>
                <div class="info">
            <span class="num"><strong>招生人数:150</strong> 人</span>
                </div>
            </figcaption>
        </figure>
           <figure>
            <img src="img/waiguoyubu.jpg" alt="">
            <figcaption>
                <h4>日韩语言专业部</h4>
                <p>通往国外桥梁,实现国外留学的梦想</p>
                <div class="info">
            <span class="num"><strong>招生人数:50</strong> 人</span>
                </div>
            </figcaption>
        </figure>
        <div class="clearfix"></div>
    </div>
```

图片介绍部分 CSS 代码如下。

```
    #depart figure {
        width: 50%;                         //宽度占 50%,即 320px
        float: left;                        //左浮动
        background-color: #eee;
        font-size: .16rem;
        padding: 0 0 .05rem 0;
    }
    #depart figure img {
        padding: .02rem;
        border-radius: .04rem;              //圆角的弧度 4px
    }
```

```
    #depart figcaption {
        color: #666;
        font-size: .16rem;
        padding: .02rem .05rem;
    }
    #depart h4 {
        font-weight: normal;
        white-space: nowrap;                //文本不会换行
        overflow: hidden;                   //溢出部分隐藏
        text-overflow: ellipsis;            //当对象内文本溢出时显示省略标记（...）
    }
    #depart p {
        white-space: nowrap;
        overflow: hidden;
        text-overflow: ellipsis;
    }
    #depart .info {
        padding: .1rem 0 0 0;
        font-size: .16rem;
    }
    #depart .num {
        color: #f60;
    }
    #depart .num strong {
        letter-spacing: .01rem;             //字符间距 1px
    }
```

（5）底部区制作

底部宽度为 640px，主要内容为不同版本的链接和网站的版权信息。底部区制作效果如图 10.17 所示。

图 10.17　底部区制作效果

底部区 HTML 代码如下。

```
    <footer id="footer">
        <div class="top">
            客户端 | 触屏版 | 电脑版
        </div>
        <div class="bottom">
            Copyright © xueyi 青岛开发区职专 | 备案序号鲁 ICP 备 12028950 号
        </div>
    </footer>
```

底部区 CSS 代码如下。

```
    #footer {
        max-width: 6.4rem;                  //最大宽度 640px
        background-color: #222;             //背景色
        color: #777;                        //字体颜色
        margin: 0 auto;
        text-align: center;
        padding: .1rem 0;
        font-size: .16rem;
```

```
}
#footer .top {
    padding: 0 0 .05rem 0;
}
```

（6）媒体查询

媒体查询分为两个范围段，一是大于 480px 小于 640px，二是小于 480px，分别对字体设定大小，代码如下。

```
//媒体查询，大于 480px 小于 640px
@media (min-width: 480px) and (max-width: 640px) {
    #depart h2,.information .num strong {
        font-size: .26rem;
    }
    #depart h3, #footer, #depart figcaption, #depart .info, .list {
        font-size: .16rem;
    }
}
//媒体查询,小于 480px
@media (max-width: 480px) {
    #depart h2,.information .num strong {
        font-size: .20rem;
    }
    #depart h3, #depart figcaption, #depart .info, .list {
        font-size: .14rem;
    }
    #footer {
        font-size: .12rem;
    }
}
```

4. “专业”页面制作

“专业”页面的文件名为 information.html，包括头部区、标题区、内容区和底部区 4 个部分。

（1）头部区制作

“专业”页面的头部区制作与“首页”页面头部区制作一致，只是“专业”链接处于激活状态。

```
<header id="header">
    <nav class="link">
        <h2 class="none">网站导航</h2>
        <ul>
            <li><a href="index.html">首页</a></li>
            <li class="active"><a href="information.html">专业</a></li>
            <li><a href="major.html">招生</a></li>
            <li><a href="about.html">关于</a></li>
        </ul>
    </nav>
</header>
```

一般来说，栏目的导航部分总是固定在移动设备的某一个方位。该项目将头部的导航永远固定在头部，不会随着页面向下滑动而更改。

固定定位代码如下。

```
#header {
    position: fixed;        //生成绝对定位的元素,相对于浏览器窗口进行定位
    top: 0;                 //距离页面顶部 0px
    z-index: 9999;          //一直显示在最前面,不被别的元素覆盖
}
```

相应地向下移动 45px 的代码如下。

```
#adver {
    padding: .45rem 0 0 0;
}
```

（2）标题区制作

标题区采用固定布局，栏目有一个图片背景及大小标题，如图 10.18 所示。

图 10.18　标题区制作效果

标题区 HTML 代码如下。

```
<div id="headline">
    <img src="img/headline.png" alt="">
    <hgroup>
        <h2>专业信息</h2>
        <h3>介绍各种专业信息、专业特色、专业方向等</h3>
    </hgroup>
</div>
```

标题区 CSS 代码如下。

```
#headline {
    max-width: 6.4rem;
    margin: 0 auto;
    padding: .45rem 0 0 0;
    position: relative;         //相对定位,为标题组绝对定位做铺垫
}
#headline hgroup {
    position: absolute;         //绝对定位
    top: 48%;                   //上边距 48%处
    left: 10%;                  //左边距 10%处
    color:#F80911;
}
```

```
        #headline h2 {
            font-size: .22rem;
        }
        #headline h3 {
            font-size: .14rem;
        }
```

（3）内容区制作

内容区主要介绍各部开设的专业、方向和特色等，图文并茂，可让人快速了解各部的专业情况，内容区制作效果如图 10.19 所示。

热门专业

上汽专业部
该部集汽修、数控、电气焊、3+2教学...
350人

幼师专业部
开发区职业中专于1987年就开设幼师...
100人

信息专业部
现开设计算机网络技术应用、多媒体技...
190人

机电专业部
机电技术应用、电子技术应用、物联网...
300人

图 10.19　内容区制作效果

内容区 HTML 代码如下。

```
        <div class="list information">
            <h2>热门专业</h2>
            <figure>
                <img src="img/shangqi.jpg" alt="">
                <figcaption>
                    <hgroup>
                        <h2 class="title">上汽专业部
</h2>
                        <h3 class="small_title">该部
集汽修、数控、电气焊、3+2 教学班等多专业为一体,现有教学班 12
个,教师 30 余人。</h3>
                    </hgroup>
                    <div class="num"><strong>350</strong>人</div>
                </figcaption>
            </figure>
            <figure>
                <img src="img/youshi.jpg" alt="">
                <figcaption>
                    <hgroup>
                        <h2 class="title">幼师专业部</h2>
                        <h3 class="small_title">开发区职业中专于1987年就开设幼师(学
前教育)专业,历时 27 年的发展,为开发区幼教事业输送了数千名幼儿教师,做出了突出贡献。</h3>
                    </hgroup>
                    <div class="num"><strong>100</strong>人</div>
                </figcaption>
            </figure>
            <figure>
                <img src="img/xinxibu.jpg" alt="">
                <figcaption>
                    <hgroup>
                        <h2 class="title">信息专业部</h2>
                        <h3 class="small_title">现开设计算机网络技术应用、多媒体技术
应用和动漫与游戏设计三个专业。现有在校生 300 余人,专职教师 24 人。</h3>
                    </hgroup>
                    <div class="num"><strong>190</strong>人</div>
                </figcaption>
```

```
        </figure>
        <figure>
            <img src="img/jidianbu.jpg" alt="">
            <figcaption>
                <hgroup>
                    <h2 class="title">机电专业部</h2>
                    <h3 class="small_title">机电技术应用、电子技术应用、物联网专
业。以着力打造"素质全面,人格健全,技能突出,特色明显"的骨干专业为目标,全力培养学生的专业能力、
方法能力和社会能力。</h3>
                </hgroup>
                <div class="num"><strong>300</strong>人</div>
            </figcaption>
        </figure>
        <figure>
            <img src="img/zonghebu.jpg" alt="">
            <figcaption>
                <hgroup>
                    <h2 class="title">综合专业部</h2>
                    <h3 class="small_title"> 综合部以本科升学为目标,创建"精、竞、
静、净"的学习环境,营造和谐、人气、积极、上进的学习氛围,工作精细化、人性化、制度化。</h3>
                </hgroup>
                <div class="num"><strong>150</strong>人</div>
            </figcaption>
        </figure>
        <figure>
            <img src="img/waiguoyubu.jpg" alt="">
            <figcaption>
                <hgroup>
                    <h2 class="title">外国语专业部</h2>
                    <h3 class="small_title">该部主要有日语、韩语专业,现有教学
班 5 个,教师 10 人,实行小班化管理。</h3>
                </hgroup>
                <div class="num"><strong>50</strong>人</div>
            </figcaption>
            <br style="clear:both">
        </figure>
    </div>
```

内容区 CSS 代码如下。

```
    .information figure:after {          //:after 伪元素,占位清除浮动
        content: '.';                    //设置插入生成的内容
        display: block;                  //设置块元素
        clear: both;                     //清除两端浮动
        height: 0;                       //高度为 0
        visibility: hidden;              //可见部分隐藏
    }
    .information figure {
        margin: .15rem 0 0 0;
        position: relative;              //相对定位
```

```
    }
    .information figure img {
        width: 50%;                        //设置宽度占父元素的 50%
        float: left;                       //设置左浮动
    }
    .information figure figcaption {
        width: 48%;          //设置宽度占 48%,与 img 合计占 98%,两元素间距占 2%
        float: right;                      //设置右浮动
    }
    .information .title {
        border: none;
        padding: 0 0 .05rem 0;
        overflow: hidden;                  //溢出部分隐藏
        display: -webkit-box;              //元素作为弹性伸缩盒子模型显示
        -webkit-line-clamp: 1;             //块元素显示的文本的行数
        -webkit-box-orient: vertical;      //从上向下垂直排列子元素
    }
    .information .small_title {           //设置小标题属性
        font-weight: normal;
        padding: 0;
        overflow: hidden;
        display: -webkit-box;
        -webkit-line-clamp: 2;             //显示 2 行文本
        -webkit-box-orient: vertical;
    }
    .information .num {
        color: #f60;
        position: absolute;                //绝对定位
        bottom: 0;                         //底部间距为 0
    }
    .information .num strong {            //数字强调加粗
        font-size: .26rem;
    }
```

（4）底部区制作

“专业”页面底部区制作与“首页”页面底部区制作相同，参照“首页”页面底部区制作方法完成。

5. “招生”页面制作

“招生”页面的文件名为 major.html，包括头部区、标题区、内容区和底部区 4 个部分。

（1）头部区制作

“招生”页面头部区制作与“首页”页面头部区制作一致，只是“招生”链接处于激活状态。

头部区 HTML 代码如下。

```
    <header id="header">
        <nav class="link">
            <h2 class="none">网站导航</h2>
```

```
            <ul>
                <li><a href="index.html">首页</a></li>
                <li><a href="information.html">专业</a></li>
                <li class="active"><a href="major.html">招生</a></li>
                <li><a href="about.html">关于</a></li>
            </ul>
        </nav>
    </header>
```

（2）标题区制作

“招生”页面标题区与“专业”页面标题区一样，制作一个背景图片和大小标题栏目，标题区制作效果如图 10.20 所示。

图 10.20　标题区制作效果

标题区 HTML 代码如下。

```
    <div id="headline">
        <img src="img/headline.png" alt="">
        <hgroup>
            <h2>报名登记</h2>
            <h3>请按格式填写个人信息</h3>
        </hgroup>
    </div>
```

“招生”页面标题区 CSS 代码与“专业”页面标题区代码相同，不再重复。

（3）内容区制作

内容区有报名栏目和招生计划栏目。报名栏目主要包括个人基本信息和报考专业，制作效果如图 10.21 所示。

图 10.21　报名栏目制作效果

报名栏目 HTML 代码如下。

```
    <form action="###">
            <h2>个人信息</h2>
            <fieldset class="form">
                <p>
        <label for="xingming">姓名</label>
        <input type="text" name="xingming" id="xingming" placeholder=
"姓名">
                </p>
                <p>
        <label for="xingbie">性别</label>
        <input type="text" name="xingbie" id="xingbie" placeholder=
"城市名">
```

```
                </p>
                <p>
        <label for="chushengriqi">出生日期</label>
        <input type="text" name="chushengriqi" id="chushengriqi"
placeholder="出生日期">
                </p>
                <p>
        <label for="xuexiao">毕业学校</label>
        <input type="text" name="xuexiao" id="xuexiao" placeholder=
"毕业学校">
                </p>
                <p>
        <label for="zhuanye">报考专业</label>
        <input type="text" name="zhuanye" id="zhuanye" placeholder=
"报考专业">
                </p>
            </fieldset>
            <fieldset class="form">
                <p>
                    <button type="submit" class="submit">提交</button>
                </p>
            </fieldset>
    </form>
```

报名栏目 CSS 代码如下。

```
    .major .form {
        border: none;
    }
    .major .form p {
        margin: .1rem 0;
    }
    .major .form label {
        display: block;              //设置块元素
        margin: 0 0 .05rem 0;        //下边距 5px
    }
    .major .form input {
        width: 97%;                  //宽度占 97%
        height: .2rem;
        border: 1px solid #ccc;
        background-color: #fff;
        border-radius: .04rem;       //设置圆角,弧度 4px
        padding: .05rem;
        color: #666;
    }
    .major .submit {
        width: 30%;                  //宽度占父元素 30%
        border-radius: .04rem;
        background-color: #f60;
        color: #fff;
        text-align: center;          //文本居中
```

```
        border: none;
        cursor: pointer;                //鼠标指针变成手的形状
        padding: .1rem;
        margin: 0 auto;                 //按钮居中
        display: block;                 //设置为块元素
    }
```

招生计划栏目位于报名栏目下面，为报名提供准确信息，使用传统表格布局，制作效果如图 10.22 所示。

招生计划栏目 HTML 代码如下。

```
<div class="new">
    <h2>开发区职业中专 2021 年招生计划</h2>
    <ul>
        <li>热门专业：</li>
        <li>网络技术</li>
        <li>动漫专业</li>
        <li>学前教育专业</li>
        <li>物流专业</li>
        <li>机电专业</li>
    </ul>
    <table>
        <thead>
            <tr>
                <th>专业部</th>
                <th>专业名称</th>
                <th>班级</th>
                <th class="min">计划</th>
                <th class="min">合计</th>
            </tr>
        </thead>
        <tbody>
            <tr>
                <td>综合部</td>
                <td>财会、机电、幼师专业</td>
                <td class="num">财会班、机电班、幼师班</td>
                <td class="min">50、50、50</td>
                <td class="min">150</td>
            </tr>
            <tr>
                <td>机电部</td>
                <td>机电技术应用专业</td>
                <td class="num">机电部、三二连读班、EGB 班</td>
                <td class="min">160、100、40</td>
                <td class="min">300</td>
            </tr>
            <tr>
                <td>上汽部</td>
                <td>数控技术、汽车应用与维修专业</td>
                <td class="num">数控技术、汽车应用与维修、中德诺浩班</td>
```

图 10.22　招生计划栏目制作效果

```
                    <td class="min">200、115、35</td>
                    <td class="min">350</td>
                </tr>
                <tr>
                    <td>社会服务部</td>
                    <td>酒店管理、财会、物流专业</td>
                    <td class="num">酒店管理班、财会班、物流班</td>
                    <td class="min">100、100、150</td>
                    <td class="min">450</td>

                </tr>
                <tr>
                    <td>信息部</td>
                    <td>网络技术、动漫、多媒体专业</td>
                    <td class="num">网络技术、动漫、多媒体、联想班</td>
                    <td class="min">50、50、50、40</td>
                    <td class="min">190</td>
                </tr>
                <tr>
                    <td>幼师部</td>
                    <td>学前教育专业</td>
                    <td class="num">学前教育班</td>
                    <td class="min">100</td>
                    <td class="min">100</td>
                </tr>
            </tbody>
            <tfoot>
                <td colspan="7"><a href="###" class="more2">
更多选择...</a></td>
            </tfoot>
        </table>
    </div>
```

以上代码中，<thead>表示表格表头，<tbody>表示表格主体部分，<tfoot>表示表格页脚，<td colspan="7">标签设置属性为跨 7 个单元格。

招生计划栏目 CSS 代码如下。

```
    .major .new {
        margin: .2rem 0 0 0;
    }
    .major .new ul {
        margin: 20px 0 0 0;
    }
    .major .new li {
        display: inline-block;          //内联块元素
        padding: 5px 10px;
    }
    .major .new li:first-child {        //选择列表中的第一个<li>元素并设置其样式
        padding-left: 0;
    }
```

```
.major .new li:nth-child(2) {          //定义父元素的第二个子元素的样式
    background-color: #458B00;
    border-radius: 4px;
    color: #fff;
}
.major table {
    width: 100%;                       //流体布局,设置宽度 100%
    border-collapse:collapse;          //设置表格的边框合并为一个单一的边框
    margin: 20px 0 0 0;                //上边距 20px
    border: 1px solid #ddd;            //设置边框属性
    font-size: .10rem;                 //字体 10px
}
.major table th {                      //设置表头样式
    padding: .15rem 0;
    border-bottom: 1px solid #ddd;
    font-weight: normal;
    text-align: left;
}
.major table td {                      //设置单元格样式
    padding: .15rem 0;
    text-align: left;
    border-bottom: 1px solid #ddd;
}
.major table tr:nth-child(2n) {        //设置偶数行样式
    background-color: #fafafa;
}
.major table tr:hover {                //设置鼠标指针移动到行时的样式
    background-color: #eee;
}
.major .num {                          //设置数字样式
    color: #f60;
}
.major .more2 {                        //设置"更多"链接样式
    text-align: center;
    margin: 0 auto;
    cursor: pointer;
    display: block;
    color: #666;
}
```

（4）底部区制作

底部区制作与“首页”页面底部区制作相同，参照“首页”页面底部区制作方法完成。

6. “关于”页面制作

“关于”页面主要介绍学校的基本信息、联系方式，页面制作比较简单。页面制作效果如图 10.23 所示。

（1）头部区制作

“关于”页面的文件名为 about.html，头部区制作与“首页”页面头部区制作一致，只是“关于”链接处于激活状态。

头部区 HTML 代码如下。

```
<header id="header">
    <nav class="link">
        <h2 class="none">网站导航</h2>
        <ul>
            <li><a href="index.html">首页</a></li>
            <li><a href="information.html">专业</a></li>
            <li><a href="major.html">招生</a></li>
            <li class="active"><a href="about. html">关于</a></li>
        </ul>
    </nav>
</header>
```

图 10.23　“关于”页面制作效果

（2）标题区制作

“关于”页面与“专业”页面一样，制作一个背景图片和大小标题栏目。制作效果如图 10.24 所示。

图 10.24　标题区制作效果

```
<div id="headline">
    <img src="img/headline.png" alt="">
    <hgroup>
        <h2>学校简介</h2>
        <h3>学校的发展历程、获得荣誉以及联系方式</h3>
    </hgroup>
</div>
```

（3）内容区制作

“关于”页面有两部分内容，一是介绍学校的基本情况，二是显示学校的联系方式。

内容区 HTML 代码如下。

```
<div class="list about">
    <section>
        <h2>关于我们</h2>
```

```
            <p>青岛开发区职业中专始建于1981年,是一所"国家级重点职业学校""国家中等职业教育改革发展示范校立项学校",是全区唯一一所国办职业中专。学校致力于"为学生就业升学铺路,为学生终身发展奠基",贯彻落实科学发展观,坚持"创办特色精品学校,建设社会需求专业,塑造理实一体教师,培养术业专攻学生"的办学思路,办学规模和质量有了较大发展和提高。</p>
            <p>学校现占地9万平方米,建筑面积7万平方米,建有综合办公教学楼2栋,实训楼1栋,学生宿舍楼2栋,学生餐厅1个,体育馆1个,专用实验、实训室(车间)35个,图书12余万册。全校固定资产达8000余万元。</p>
            <p>国家级中职示范校、全国重点职业学校</p>
        </section>
        <section>
            <h2>联系我们</h2>
            <address>
                <ul>
                    <li>青岛开发区职业中等专业学校</li>
                    <li>地址:青岛开发区阿里山路219号</li>
                    <li>邮编:266555</li>
                    <li>电话:0532-86108912</li>
                    <li>传真:0532-86889357</li>
                </ul>
            </address>
        </section>
    </div>
```

以上代码中,运用了 HTML5 语义元素<section>、<address>,页面布局更为清晰合理。内容区 CSS 代码如下。

```
    .about p {
        line-height: 2;
        margin: .2rem 0;
    }
    .about address {
        font-style: normal;
        line-height: 1.6;
        margin: .2rem 0;
    }
```

(4)底部区制作

底部区制作与“首页”页面底部区制作相同,参照“首页”页面底部区制作方法完成。

拓展链接 App 开发简介

本项目采用 Web 开发移动端技术,运用 HTML5+CSS3 制作微网站,客户端使用浏览器浏览网页,与之相对应的是 App 开发技术。

App 开发,是指专注于手机应用软件开发与服务。App 是 application 的缩写,通常专指手机上的应用软件,或称手机客户端。苹果公司的 App store 开创了手机软件业发展的新篇章，使得第三方软件的提供者参与其中的积极性空前高涨。随着智能手机的普及，用户越发依赖手机软件商店，App 开发的市场需求与发展前景也逐渐蓬勃。

移动互联网时代是全民的移动互联网时代，是每个人的时代，也是每个企业的时代。App 便捷了每个人的生活，App 开发让每个企业都开始了移动信息化进程。

项 目 小 结

本项目讲述了移动互联网的基本概念和发展，讲解了微网站设计工具、调试浏览器及微网站设计之前必须了解的基础知识，为微网站设计做了铺垫。通过学校微网站的制作过程讲解，学生能够逐步掌握微网站的制作技巧与方法，掌握微网站的布局和样式表的运用，自己制作出具有个性风格的微网站。

思考与练习

一、简答题

1．移动互联网有哪些特点？
2．什么是 CSS 媒体查询？在项目实训中是如何运用的？
3．为什么 HTML5 适合移动应用的开发？
4．物理分辨率与逻辑分辨率有什么区别？
5．Dreamweaver CS6 如何使用 HTML5 布局？

二、操作题

创建一个 Web 页面并使用 meta 标签，制作完成后，在 Chrome 浏览器上用 iPhone X 进行测试，并将测试效果截图保存。

参 考 文 献

畅利红，2019．DIV+CSS 3 网页样式与布局全程揭秘[M]．3 版．北京：清华大学出版社．

陆凌牛，2011．HTML 5 开发精要与实例详解[M]．北京：机械工业出版社．

朱印宏，2012．DIV+CSS 网站布局从入门到精通[M]．北京：北京希望电子出版社．